普通高等教育"十二五"规划教材

数学物理方法教程

主　编　蔡　托
副主编　桑　田

科学出版社
北　京

内 容 简 介

全书共分 9 章,第 1 章为预备知识,包含级数、留数定理及其应用、傅里叶级数与积分、傅里叶变换和拉普拉斯变换,其主要目的是给读者作简要的复习和适当的知识补充,为学习后面各章节知识作必要的准备. 第 2 至第 8 章详细地讲述了数学物理方程的导出、基本的求解方法和技巧. 第 9 章讲解了一些常见的非线性微分方程及其解法.

本书可作为高等师范院校和理工院校相关专业学生的教材,也可作为相关工程技术人员的参考书.

图书在版编目(CIP)数据

数学物理方法教程/蔡托主编. —北京:科学出版社,2015.7
普通高等教育"十二五"规划教材
ISBN 978-7-03-045111-8

Ⅰ.①数⋯　Ⅱ.①蔡⋯　Ⅲ.①数学物理方法-高等学校-教材
Ⅳ.①O411.1

中国版本图书馆 CIP 数据核字(2015)第 132950 号

责任编辑:罗　吉　昌　盛／责任校对:胡小洁
责任印制:徐晓晨／封面设计:迷底书装

科 学 出 版 社 出版
北京东黄城根北街 16 号
邮政编码:100717
http://www.sciencep.com

北京厚诚则铭印刷科技有限公司 印刷
科学出版社发行　各地新华书店经销
*
2015 年 7 月第 一 版　　开本:720×1000 B5
2018 年 7 月第三次印刷　印张:17
字数:328 000
定价:39.00元
(如有印装质量问题,我社负责调换)

序

有幸拜读蔡托教授所著《数学物理方法教程》，仿佛又回到 30 年前风华正茂的岁月，置身于古朴淡雅的校园，重逢求知若渴的学子，特别是在多年追求所谓攀登科学高峰之碌碌无为中，人心已尽显浮躁，不经意间便沦为虚荣浮华之徒. 深入蔡托教授的著作，被其中纯朴的语言和详尽的公式所吸引，暂且远离了喧嚣的尘世，细细品尝着科学本来的韵味.

蔡托教授集数十载讲授数学物理方法之经验为一体，汇聚多年扎根教学一线的心得，给我们将要步入自然科学殿堂的青年学子奉献了一份掌握数学物理方法基础的厚礼. 蔡托教授把枯燥无味的数学物理公式和概念以通俗易懂的方式表达，注重数理方程的物理源头导引，深入浅出、条理清楚、逻辑严密、涉猎广泛，是理工科学生和青年科技工作者难得的一本入门和掌握数理方法基础的好书.

素闻蔡托教授讲授数学物理方法一课之精彩，读其书犹如身临其境，如未来有幸聆听蔡教授授课，当面求教，定会受益匪浅.

武向平

2014 年 7 月 12 日于北京

前　言

本书是在作者总结多年从事"数学物理方法"课程教学经验的基础上,经过对历年教案的整理、提炼和充实并参阅部分相关优秀著作之后写成的.

全书主要由三部分组成,即"线性数学物理方程"、"特殊函数"和"非线性微分方程"."线性数学物理方程"部分主要讲解了数学物理方程的导出以及三类典型的二阶线性偏微分方程各种定解问题的一些常用解法,包括分离变量法、行波法、积分变换法、格林函数法以及近似方法.在这些解法中,重点介绍了分离变量法,较详细地讨论了三类典型方程在不同坐标系中进行分离变量的一般步骤及各种边界条件的处理."特殊函数"部分主要讲解了贝塞尔函数及勒让德多项式,包括如何从求解数学物理方程的定解问题引出贝塞尔方程和勒让德方程,两个方程通解的表达式,贝塞尔函数和勒让德多项式的一些重要性质以及利用这两种特殊函数来解决数学物理方程的一些定解问题的全过程."非线性微分方程"部分介绍并讲解了一些最为常见的数学物理方程的结构及其解法.但一般而言,大多数非线性微分方程并无确定的解法可循,故对这部分未作更为深入的讨论,仅作为一个简短的入门来介绍,目的是让读者对非线性方程及其求解方法有一个基本的了解.

数学物理方程的内容是极其丰富的,作为高等师范院校和理工院校的教材,要想将所有的内容都包罗吸收进来并作详细的讲解是不可能的.如何根据高等教育改革的需要,使学生在较短的时间内有效地掌握必需的数学工具,这是作者一直在思考的问题,也是促成作者完成此书写作的动因.

在组织写作过程中,作者摒弃了大部分艰涩的、过于"数学"的证明过程,在保证数学严谨性的前提下尽可能地用比较通俗易懂的语言表述各种概念和定义,书中例题部分的讲解充分体现了作者本人长期总结得出的一些巧妙而简练的讲解技巧和解题技巧,这些都是本书的特色所在.在内容的编排上,注重突出了各部分知识的系统性、连贯性和实用性,突出了对数学物理方程解的物理图景的分析,这些则是本书不同于其他同类书籍的地方.

写作初期,中科院理论物理所的蔡荣根研究员、北京工业大学理论物理所的黄永畅教授给作者提供了不少建设性意见.完稿后,中科院的武向平院士审阅了全稿.此外,在拟定编写大纲过程中,唐延林教授、童红教授和岳莉教授提出了很好的建议,任银拴、周武雷老师和郑勇老师参与了部分章节的校对工作,在此一并深表谢意.

由于作者水平有限,书中疏漏和不足在所难免,敬请广大读者批评指正并不吝赐教.

作　者
2014 年 10 月

目　　录

序
前言
第1章　预备知识 ·· 1
　1.1　复数及其运算 ··· 1
　　1.1.1　复数及其共轭 ··· 1
　　1.1.2　复数的运算 ··· 1
　1.2　复变函数的导数和积分 ·· 2
　　1.2.1　复变函数 ··· 2
　　1.2.2　复变函数的微商(导数) ·· 3
　　1.2.3　复变函数的积分 ··· 4
　　1.2.4　平面标量场 ··· 9
　1.3　级数 ·· 10
　　1.3.1　复数项级数 ·· 10
　　1.3.2　泰勒级数 ·· 11
　　1.3.3　洛朗级数 ·· 12
　1.4　留数定理及其应用 ··· 13
　　1.4.1　奇点的类型 ·· 13
　　1.4.2　留数定理 ·· 14
　　1.4.3　留数定理在实变函数定积分计算中的应用 ·· 16
　1.5　傅里叶级数与积分 ··· 19
　　1.5.1　傅里叶级数 ·· 20
　　1.5.2　复数形式的傅里叶级数 ·· 21
　　1.5.3　实数傅里叶级数与复数傅里叶级数的比较 ·· 22
　　1.5.4　傅里叶积分 ·· 22
　1.6　傅里叶变换 ··· 24
　1.7　拉普拉斯变换 ··· 27
　习题1 ··· 32
第2章　定解问题 ··· 34
　2.1　定解问题的提法 ··· 34

2.2 数学物理方程的导出与归类 · · · · · · 34
2.2.1 波动方程 · · · · · · 34
2.2.2 运输方程 · · · · · · 42
2.2.3 稳定分布问题 · · · · · · 45
2.2.4 其他常见的数学物理方程 · · · · · · 46
2.3 定解条件 · · · · · · 47
2.3.1 初始条件 · · · · · · 47
2.3.2 边界条件 · · · · · · 47
2.4 定解问题的适定性 · · · · · · 49
2.5 线性偏微分方程与叠加原理 · · · · · · 49
2.6 δ 函数 · · · · · · 50
2.6.1 δ 函数的定义及其性质 · · · · · · 50
2.6.2 δ 函数的导数及其性质 · · · · · · 52
2.6.3 δ 函数在定解问题中的应用 · · · · · · 53
2.7 二阶线性偏微分方程的分类 · · · · · · 54
2.7.1 方程的分类 · · · · · · 54
2.7.2 方程的标准形式 · · · · · · 55
习题 2 · · · · · · 59

第 3 章 分离变量法 · · · · · · 61
3.1 齐次方程齐次边界条件的定解问题 · · · · · · 61
3.1.1 问题的提出 · · · · · · 61
3.1.2 解的物理意义 · · · · · · 64
3.2 分离变量法应用实例 · · · · · · 67
3.3 非齐次波动方程和输运方程的解法 · · · · · · 73
3.4 非齐次边界条件的处理 · · · · · · 78
3.5 具有非齐次边界条件的定解问题 · · · · · · 82
3.6 泊松方程的特解法 · · · · · · 88
3.6.1 泊松方程任意特解的构造 · · · · · · 88
3.6.2 泊松方程的解 · · · · · · 89
3.7 施图姆-刘维尔本征值问题 · · · · · · 92
3.7.1 施图姆-刘维尔方程 · · · · · · 92
3.7.2 施图姆-刘维尔本征值问题 · · · · · · 93
3.7.3 施图姆-刘维尔本征值问题的普遍性质 · · · · · · 93

3.7.4　施图姆-刘维尔本征值问题与厄米算符本征值问题的关系 …………… 97
　习题3 ………………………………………………………………………………… 100

第4章　行波法与积分变换法 …………………………………………………… 102
　4.1　一维波动方程的达朗贝尔公式 ………………………………………………… 102
　4.2　三维无界空间中的波动方程 …………………………………………………… 106
　4.3　积分变换法 ……………………………………………………………………… 113
　　4.3.1　傅里叶变换的应用 ……………………………………………………… 113
　　4.3.2　拉普拉斯变换的应用 …………………………………………………… 116
　习题4 ………………………………………………………………………………… 120

第5章　格林函数法 ………………………………………………………………… 122
　5.1　拉普拉斯方程两种常见的定解问题 …………………………………………… 122
　　5.1.1　内问题 …………………………………………………………………… 122
　　5.1.2　外问题 …………………………………………………………………… 123
　5.2　调和函数的基本性质 …………………………………………………………… 124
　5.3　格林函数 ………………………………………………………………………… 128
　习题5 ………………………………………………………………………………… 133

第6章　贝塞尔函数 ………………………………………………………………… 134
　6.1　贝塞尔方程的导出 ……………………………………………………………… 134
　6.2　贝塞尔方程的解 ………………………………………………………………… 136
　6.3　n为整数时贝塞尔方程的通解 ………………………………………………… 139
　6.4　贝塞尔函数的递推公式 ………………………………………………………… 140
　6.5　将函数展为贝塞尔函数的级数 ………………………………………………… 144
　　6.5.1　贝塞尔函数的零点 ……………………………………………………… 144
　　6.5.2　贝塞尔函数的正交性 …………………………………………………… 145
　　6.5.3　广义傅里叶级数 ………………………………………………………… 147
　6.6　虚宗量贝塞尔函数与开尔文函数 ……………………………………………… 151
　习题6 ………………………………………………………………………………… 153

第7章　勒让德多项式 ……………………………………………………………… 155
　7.1　勒让德方程的导出 ……………………………………………………………… 155
　7.2　勒让德方程的解 ………………………………………………………………… 157
　　7.2.1　勒让德方程的解 ………………………………………………………… 157
　　7.2.2　勒让德多项式 …………………………………………………………… 159
　7.3　勒让德多项式的性质 …………………………………………………………… 162

7.3.1 勒让德多项式的几条基本性质 …………………………………… 162
7.3.2 勒让德多项式的正交性 …………………………………………… 162
7.3.3 勒让德多项式的母函数(或生成函数) …………………………… 164
7.3.4 勒让德多项式的递推公式 ………………………………………… 166
7.4 勒让德多项式的应用 ………………………………………………………… 168
7.5 连带勒让德方程的解 ………………………………………………………… 171
7.5.1 连带勒让德函数 …………………………………………………… 171
7.5.2 球函数 ……………………………………………………………… 175
习题 7 ………………………………………………………………………………… 177

第 8 章 求解线性偏微分方程近似方法简介 ………………………………………… 179
8.1 变分法 ………………………………………………………………………… 179
8.1.1 泛函 ………………………………………………………………… 179
8.1.2 变分问题 …………………………………………………………… 179
8.1.3 变分法的类型及例子 ……………………………………………… 180
8.1.4 带有附加条件的变分问题 ………………………………………… 184
8.2 差分法 ………………………………………………………………………… 185
8.2.1 将微分方程化为差分方程 ………………………………………… 185
8.2.2 差分方程的求解方法 ……………………………………………… 187
习题 8 ………………………………………………………………………………… 194

第 9 章 非线性微分方程 ……………………………………………………………… 195
9.1 特殊高次一阶微分方程的解法 ……………………………………………… 195
9.2 非线性数学物理方程 ………………………………………………………… 199
9.2.1 非线性常微分方程 ………………………………………………… 199
9.2.2 非线性偏微分方程 ………………………………………………… 202
9.2.3 函数方程 …………………………………………………………… 204
9.3 某些非线性微分方程的求解方法 …………………………………………… 205
9.4 椭圆方程及其雅可比椭圆函数解 …………………………………………… 210
9.4.1 第一类椭圆方程 …………………………………………………… 210
9.4.2 第二类椭圆方程 …………………………………………………… 216
9.4.3 第三类椭圆方程 …………………………………………………… 219
9.4.4 第四类椭圆方程 …………………………………………………… 220
9.5 二阶非线性微分方程及其解法 ……………………………………………… 222
9.6 非线性微分方程的物理分析 ………………………………………………… 226

 9.7 非线性微分方程的行波法 ·· 236
 习题 9 ·· 238
习题参考答案 ·· 240
参考书目 ·· 251
附录 ··· 252
 附录 A 矢量微分算符∇的相关公式 ··· 252
 附录 B Γ 函数 ·· 254
 附录 C 椭圆积分与椭圆函数 ·· 256
 附录 D 拉普拉斯变换简表 ·· 258

第 1 章 预 备 知 识

1.1 复数及其运算

1.1.1 复数及其共轭

任一复数均可表为某一实数 x 与某一纯虚数 $\mathrm{i}y$ 之和,即
$$z=x+\mathrm{i}y \tag{1.1.1}$$
且将 $x=\mathrm{Re}z$ 和 $y=\mathrm{Im}z$ 分别称为复数 z 的实部和虚部.

若将 x、y 看成平面上点的坐标,则复数 z 将与平面上的点一一对应,这一平面称为复平面,x 轴与 y 轴分别称为实轴与虚轴. 这样一来,复数 z 就相当于复平面上的矢量(图 1.1).

在平面极坐标下,因为 $x=\rho\cos\theta$,$y=\rho\sin\theta$,于是复数 z 可分别用三角函数形式或指数函数形式表为
$$z=\rho(\cos\theta+\mathrm{i}\sin\theta) \quad \text{或} \quad z=\rho\mathrm{e}^{\mathrm{i}\theta} \tag{1.1.2}$$
其中 ρ 称为该复数的模($|z|$),而 θ 则称为该复数的辐角($\mathrm{arg}z$).

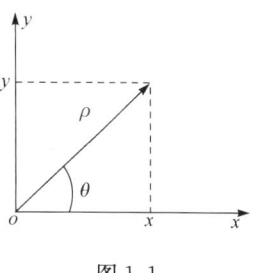

图 1.1

值得强调的是:复数的复角不能唯一地确定,它可增减 2π 的整数倍.

复数 z 的共轭复数用 z^* 表示,即
$$z^*=x-\mathrm{i}y=\rho(\cos\theta-\mathrm{i}\sin\theta)=\rho\mathrm{e}^{-\mathrm{i}\theta} \tag{1.1.3}$$

1.1.2 复数的运算

1. 复数的和与差

设有复数 $z_1=x_1+\mathrm{i}y_1$,$z_2=x_2+\mathrm{i}y_2$,则其和定义为
$$z=z_1+z_2=(x_1+x_2)+\mathrm{i}(y_1+y_2) \tag{1.1.4}$$
即实部与实部相加,虚部与虚部相加,显然有
$$|z_1+z_2|\leqslant|z_1|+|z_2| \tag{1.1.5}$$
而复数 $z_1=x_1+\mathrm{i}y_1$ 与 $z_2=x_2+\mathrm{i}y_2$ 的差则定义为
$$z=z_1-z_2=(x_1-x_2)+\mathrm{i}(y_1-y_2) \tag{1.1.6}$$
即实部与实部、虚部与虚部分别相减,显然有
$$|z_1-z_2|\geqslant|z_1|-|z_2| \tag{1.1.7}$$

2. 复数的积与商

复数 $z_1 = x_1 + \mathrm{i} y_1$ 与 $z_2 = x_2 + \mathrm{i} y_2$ 的积定义为

$$z = z_1 z_2 = (x_1 x_2 - y_1 y_2) + \mathrm{i}(x_1 y_2 + x_2 y_1) \tag{1.1.8}$$

即复数的积满足乘法交换律、结合律和分配律.

复数 $z_1 = x_1 + \mathrm{i} y_1$ 与 $z_2 = x_2 + \mathrm{i} y_2$ 的商定义为

$$z = \frac{z_1}{z_2} = \frac{z_1 z_2^*}{z_2 z_2^*} = \frac{x_1 x_2 + y_1 y_2}{x_2^2 + y_2^2} + \mathrm{i} \frac{x_2 y_1 - x_1 y_2}{x_2^2 + y_2^2} \tag{1.1.9}$$

3. 复数的乘方与开方

为方便计算,我们采用复数的指数式或三角式表示. 复数的 n 次幂定义为

$$z^n = \rho^n \mathrm{e}^{\mathrm{i} n \theta} = \rho^n (\cos n\theta + \mathrm{i} \sin n\theta) \tag{1.1.10}$$

而复数的 n 次根式为

$$\sqrt[n]{z} = \sqrt[n]{\rho} \, \mathrm{e}^{\mathrm{i} \frac{\theta}{n}} = \sqrt[n]{\rho} \left(\cos \frac{\theta}{n} + \mathrm{i} \sin \frac{\theta}{n} \right) \tag{1.1.11}$$

由于复角 θ 可增减 2π 的整数倍,于是根式 $\sqrt[n]{z}$ 的辐角 θ/n 也可增减 $2\pi/n$ 的整数倍. 故对给定的 z 而言, $\sqrt[n]{z}$ 可取 n 个不同的值. 对于复数的积与商,采用三角式与指数式同样是方便的,它们分别表示为

$$z_1 z_2 = \rho_1 \rho_2 \mathrm{e}^{\mathrm{i}(\theta_1 + \theta_2)} = \rho_1 \rho_2 [\cos(\theta_1 + \theta_2) + \mathrm{i} \sin(\theta_1 + \theta_2)] \tag{1.1.12}$$

$$\frac{z_1}{z_2} = \frac{\rho_1}{\rho_2} \mathrm{e}^{\mathrm{i}(\theta_1 - \theta_2)} = \frac{\rho_1}{\rho_2} [\cos(\theta_1 - \theta_2) + \mathrm{i} \sin(\theta_1 - \theta_2)] \tag{1.1.13}$$

特别需要强调的是: z^2 与 $|z|^2$ 是不同的, $z^2 = zz$ 是复数 z 的自乘, 而 $|z|^2$ 是复数 z 的模方, $|z|^2 = zz^*$, 即模方是复数 z 与其共轭 z^* 的积.

1.2 复变函数的导数和积分

1.2.1 复变函数

当复变数 z 在复平面上的某一区域 Ω 中连续变化时,若复变数 ω 的值随着 z 的值而变,则称 ω 为该区域上的复变数 z 的函数. 记为

$$\omega = f(z)$$

若区域 Ω 包括边界上的点,则称为闭域;若 Ω 不包括边界上的点而只包括边界内的点,则称 Ω 为开域(设 Ω 是连通的). 由定义可知

$$f(z) = \mathrm{e}^z, \quad f(z) = \cos z, \quad f(z) = \mathrm{sh} z, \quad f(z) = \ln z$$

……

$$f(z) = a_0 + a_1 z + a_2 z^2 + \cdots + a_n z^n$$

等都是复变函数的具体例子.

需要指出的是：

(1) 在实数域中有 $|\cos\theta|\leqslant 1$，但在复数域中，由欧拉公式及复数定义可得

$$|\cos z|=\frac{1}{2}|e^{iz}+e^{-iz}|=\frac{1}{2}\sqrt{(e^{2y}+e^{-2y})+2(\cos^2 x-\sin^2 x)}$$

可见，在复数域中，复变函数 $\cos z$(或 $\sin z$)的模完全可以大于 1.

(2) 在实数域中，负数的对数无意义．但在复数域中，若 z 取负值，则

$$\ln z=\ln(|z|e^{i\pi})=\ln(|z|e^{i\pi+i2n\pi})=\ln|z|+i(2n+1)\pi$$

即在复数域中，负复变数的对数仍有意义．

1.2.2 复变函数的微商(导数)

定义：当 Δz 无论以何种方式趋于零时，比值

$$\frac{f(z+\Delta z)-f(z)}{\Delta z}$$

总是趋于同一有限的极限，则该极限称为复函数 $f(z)$ 在点 z 上的微商，表示为

$$f'(z)=\frac{\mathrm{d}f(z)}{\mathrm{d}z}=\lim_{\Delta z\to 0}\frac{f(z+\Delta z)-f(z)}{\Delta z} \tag{1.2.1}$$

由以上定义可知，复变函数的导数在形式上与实变函数导数的定义一样，故关于导数的规则与公式，可从实变函数论中借用过来，即

$$\frac{\mathrm{d}}{\mathrm{d}z}(\omega_1\pm\omega_2)=\frac{\mathrm{d}\omega_1}{\mathrm{d}z}\pm\frac{\mathrm{d}\omega_2}{\mathrm{d}z}, \quad \frac{\mathrm{d}}{\mathrm{d}z}(\omega_1\omega_2)=\omega_2\frac{\mathrm{d}\omega_1}{\mathrm{d}z}+\omega_1\frac{\mathrm{d}\omega_2}{\mathrm{d}z}$$

$$\frac{\mathrm{d}}{\mathrm{d}z}\left(\frac{\omega_1}{\omega_2}\right)=\frac{\omega_1'\omega_2-\omega_2'\omega_1}{\omega_2^2}, \quad \frac{\mathrm{d}}{\mathrm{d}z}F(\omega)=\frac{\mathrm{d}F}{\mathrm{d}\omega}\cdot\frac{\mathrm{d}\omega}{\mathrm{d}z}, \quad \frac{\mathrm{d}}{\mathrm{d}z}(e^z)=e^z$$

$$\frac{\mathrm{d}}{\mathrm{d}z}(z^n)=nz^{n-1}, \quad \frac{\mathrm{d}}{\mathrm{d}z}(\sin z)=\cos z$$

……

需要注意的是：复变数 Δz 可沿复平面上的任意曲线趋于零．现在将说明：复变函数可导的必要条件是实部与虚部满足柯西-黎曼方程．

将复变函数 $f(z)$ 用实部 $u(x,y)$ 和虚部 $v(x,y)$ 表示为

$$f(z)=u(x,y)+iv(x,y) \tag{1.2.2}$$

若 Δz 只沿实轴趋于零，则有 $\Delta y\equiv 0,\Delta z=\Delta x\to 0$，于是

$$\lim_{\Delta z\to 0}\frac{f(z+\Delta z)-f(z)}{\Delta z}=\lim_{\Delta x\to 0}\frac{u(x+\Delta x,y)+iv(x+\Delta x,y)-u(x,y)-iv(x,y)}{\Delta x}$$

$$=\lim_{\Delta x\to 0}\left[\frac{u(x+\Delta x,y)-u(x,y)}{\Delta x}+i\frac{v(x+\Delta x,y)-v(x,y)}{\Delta x}\right]$$

$$=\frac{\partial u}{\partial x}+\mathrm{i}\frac{\partial v}{\partial x}$$

若 Δz 沿虚轴趋于零,则有 $\Delta x\equiv 0, \Delta z=\Delta y\to 0$,于是

$$\lim_{\Delta z\to 0}\frac{f(z+\Delta z)-f(z)}{\Delta z}=\lim_{\Delta y\to 0}\frac{u(x,y+\Delta y)+\mathrm{i}v(x,y+\Delta y)-u(x,y)-\mathrm{i}v(x,y)}{\mathrm{i}\Delta y}$$

$$=\lim_{\Delta y\to 0}\left[\frac{v(x,y+\Delta y)-v(x,y)}{\Delta y}-\mathrm{i}\frac{u(x,y+\Delta y)-u(x,y)}{\Delta y}\right]$$

$$=\frac{\partial v}{\partial y}-\mathrm{i}\frac{\partial u}{\partial y}$$

若 $f(z)$ 在 z 点可导,上面两个极限应相等,即

$$\frac{\partial u}{\partial x}+\mathrm{i}\frac{\partial v}{\partial x}=\frac{\partial v}{\partial y}-\mathrm{i}\frac{\partial u}{\partial y}$$

上式恒等的条件是等号两边的实部与虚部分别相等,即

$$\frac{\partial u}{\partial x}=\frac{\partial v}{\partial y}, \qquad \frac{\partial v}{\partial x}=-\frac{\partial u}{\partial y} \tag{1.2.3}$$

这两个公式称为柯西-黎曼方程,这是复变函数可导的必要条件.由此看出,复变函数可导要比实变函数可导更为严格.

1.2.3 复变函数的积分

在复平面上,复变函数 $f(z)$ 沿任意一条光滑曲线 l 的积分定义为

$$\int_l f(z)\mathrm{d}z = \lim_{n\to\infty}\sum_{k=1}^n f(\xi_k)\Delta z_k \tag{1.2.4}$$

将 z 和 $f(z)$ 都用实部和虚部表出,有

$$\int_l f(z)\mathrm{d}z = \left[\int_l u(x,y)\mathrm{d}x - \int_l v(x,y)\mathrm{d}y\right] + \mathrm{i}\left[\int_l v(x,y)\mathrm{d}x + \int_l u(x,y)\mathrm{d}y\right] \tag{1.2.5}$$

这就把复变函数的积分归结为两个实变函数的积分,它们分别是路径积分的实部和虚部.

1. 柯西定理

现在来讨论复变函数论中一个有用的定理——柯西定理,进而给出柯西公式.

将 $f(z)$ 看成复平面上的矢量,则其实部 $u(x,y)$ 和虚部 $v(x,y)$ 就是该矢量的两个直角分量.在式(1.2.5)中,第一个积分就相当于功函数,而第二个积分则相当于通量.若积分

$$\oint_l [u(x,y)\mathrm{d}x - v(x,y)\mathrm{d}y] = 0$$

即积分与路径无关,则说明复矢量场的旋度$\nabla \times \boldsymbol{f}(z)=0$,即

$$\frac{\partial u}{\partial y}-\frac{\partial (-v)}{\partial x}=0 \tag{1.2.6}$$

若积分

$$\oint_l (v\mathrm{d}x + u\mathrm{d}y) = 0$$

即穿过 l 所围曲面的通量为零,则说明复矢量场的散度$\nabla \cdot \boldsymbol{f}(z)=0$,即

$$\frac{\partial v}{\partial y}-\frac{\partial u}{\partial x}=0 \tag{1.2.7}$$

式(1.2.6)和式(1.2.7)不是别的,它们正是柯西-黎曼方程. 对解析函数而言,柯西-黎曼方程总是满足的,于是我们得到**柯西定理:回路 l 所围区域上的解析函数 $f(z)$ 沿 l 的回路积分**

$$\oint_l f(z)\mathrm{d}z = 0 \tag{1.2.8}$$

2. 奇点

若复变函数 $f(z)$ 在某点 z_0 不可导,则点 z_0 称为 $f(z)$ 的奇点. 若 $f(z)$ 在某个奇点有限小的邻域(不含该奇点)上是解析的,则这类奇点称为孤立奇点. 例如,点 a 是 $1/(z-a)$ 的孤立奇点.

柯西定理指出:复变函数 $f(z)$ 在无奇点的区域上沿闭合回路 l 的线积分为零. 但若在 l 包围的区域内存在孤立奇点,则将该奇点及其小邻域"挖掉",此时 l 所围区域将围成所谓的复通区域(图 1.2). 与此对应,无孤立奇点的区域则称为单通区域. 在复通区域 Ω 上 $f(z)$ 仍为处处解析. 将柯西定理应用于该区域有

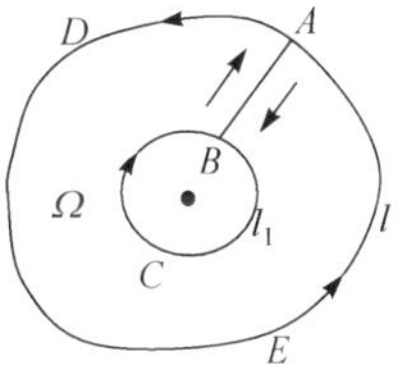

图 1.2

$$\oint_{ABCBADEA} f(z)\mathrm{d}z = \int_{AB} f(z)\mathrm{d}z + \oint_{l_1} f(z)\mathrm{d}z + \int_{BA} f(z)\mathrm{d}z + \oint_l f(z)\mathrm{d}z$$
$$= \oint_l f(z)\mathrm{d}z + \oint_{l_1} f(z)\mathrm{d}z = 0 \tag{1.2.9}$$

线积分的方向为:当人沿着边界线行进时,区域始终保持在人的左边. 这样约定之后,式(1.2.9)中的积分箭头可略去,有

$$\oint_l f(z)\mathrm{d}z + \oint_{l_1} f(z)\mathrm{d}z = 0 \tag{1.2.10}$$

这说明沿内外边界线的正方向积分之和为零.

若 l 内含有多个孤立奇点(图 1.3),可将柯西定理推广为

$$\oint_l f(z)\mathrm{d}z = -\sum_{k=1}^n \oint_{l_k} f(z)\mathrm{d}z \tag{1.2.11}$$

即解析函数沿外边界线正方向的积分等于沿所有内边界线正方向积分之和的负值. 柯西定理还指出, 只要积分起点和终点不变, 积分路径连续变形不会改变路径积分的值.

现在考察一重要积分 $\oint_l (z-\alpha)^n dz$ (n 为整数). 若回路 l 不包含点 α, 被积函数在 l 所围区域上为解析, 按柯西定理积分值为零. 若 $n<0$, 且 l 包含点 α 时, 则被积函数包含奇点 α (图1.4). 此时可将 l 变形为以点 α 为圆心、任意大小的 R 为半径的圆周 C, 则在 C 上, $z-\alpha = Re^{i\theta}$, 于是

$$I = \oint_l (z-\alpha)^n dz = \oint_c R^n e^{in\theta} d(\alpha + Re^{i\theta}) = \int_0^{2\pi} R^n e^{in\theta} R e^{i\theta} i d\theta$$
$$= iR^{n+1} \int_0^{2\pi} e^{i(n+1)\theta} d\theta$$

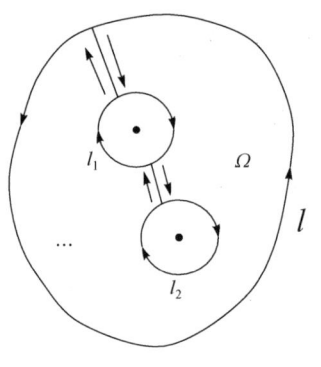

图1.3

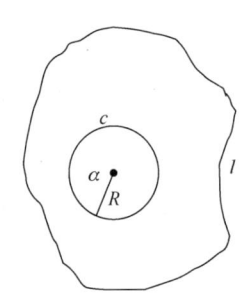

图1.4

若 $n \neq -1$, $I = iR^{n+1} \int_0^{2\pi} e^{i(n+1)\theta} d\theta = iR^{n+1} \dfrac{1}{i(n+1)} e^{i(n+1)\theta} \Big|_0^{2\pi} = 0$

若 $n = -1$, $I = i\int_0^{2\pi} d\theta = 2\pi i$

合并而得

$$\frac{1}{2\pi i} \oint_l \frac{dz}{z-\alpha} = \begin{cases} 0, & l \text{ 不含 } \alpha \\ 1, & l \text{ 含 } \alpha \end{cases} \quad (1.2.12)$$

$$\oint_l (z-\alpha)^n dz = 0, \quad n \neq -1, \quad l \text{ 不含 } \alpha \quad (1.2.13)$$

3. 柯西公式

设 α 是 l 所围的一内点, $f(z)$ 在该区域上解析, 可将式 (1.2.12) 表示为

$$f(\alpha) = \frac{1}{2\pi i} \oint_l \frac{f(\alpha)}{z-\alpha} dz \quad (1.2.14)$$

现以 α 为圆心，ε 为半径作一小圆周 c（图 1.5），我们将证明式（1.2.14）右边被积函数中的 $f(\alpha)$ 可用 $f(z)$ 代替．为此，只需证明

$$\oint_l \frac{f(z)-f(\alpha)}{z-\alpha}\mathrm{d}z = 0$$

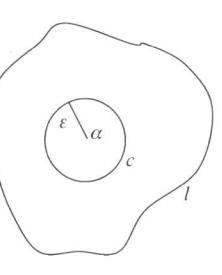

图 1.5

即可．将 c 所围区域挖掉，则在 l 与 c 所围的闭复通区域上 $[f(z)-f(\alpha)]/(z-\alpha)$ 单值解析．由柯西定理有

$$\oint_l \frac{f(z)-f(\alpha)}{z-\alpha}\mathrm{d}z = \oint_{c_\varepsilon} \frac{f(z)-f(\alpha)}{z-\alpha}\mathrm{d}z$$

上式左边积分与 ε 无关，故右边的积分实际上也不依赖于 ε 的大小．右边积分可估算出

$$\left|\oint_c \frac{f(z)-f(\alpha)}{z-\alpha}\mathrm{d}z\right| \leqslant 2\pi\max|f(z)-f(\alpha)|$$

其中，$\max|f(z)-f(\alpha)|$ 为 $|f(z)-f(\alpha)|$ 在 c 上的最大值．当 $\varepsilon\to 0$，即 $c\to\alpha$ 时，由于 $f(z)$ 连续，故 $f(z)\to f(\alpha)$，所以有

$$\lim_{\varepsilon\to 0}\max|f(z)-f(\alpha)|\to 0$$

所以式（1.2.14）的被积函数中的 $f(\alpha)$ 用 $f(z)$ 代替是自然的．再将区域的内点用 z 表示，而沿边界的积分变量用 ξ 表示，则有第一柯西公式如下：

$$f(z) = \frac{1}{2\pi\mathrm{i}}\oint_l \frac{f(\xi)}{\xi-z}\mathrm{d}\xi \tag{1.2.15}$$

该公式指出：只要知道解析函数 $f(\xi)$ 沿边界线 l 如何变化，则解析函数在任意一个内点 z 上的值 $f(z)$ 便可由边界线上的回路积分表出．从物理上看，解析函数与平面标量场紧密联系，而平面标量场的边界条件决定了区域内场的分布．由式（1.2.15）对内点依次求导得

$$f'(z) = \frac{1}{2\pi\mathrm{i}}\oint_l \frac{f(\xi)}{(\xi-z)^2}\mathrm{d}\xi$$

……

$$f^{(n)}(z) = \frac{n!}{2\pi\mathrm{i}}\oint_l \frac{f(\xi)}{(\xi-z)^{n+1}}\mathrm{d}\xi \tag{1.2.16}$$

式（1.2.16）称为第二柯西公式．这说明解析函数的任意阶导数都存在．换言之，复变函数只要处处存在一阶导数，则其任意阶导数也处处存在．

若附加上条件 $\lim\limits_{z\to\infty}f(z)\to 0$，则可将第一柯西公式推广到无界情形，即

$$f(z) = \frac{1}{2\pi\mathrm{i}}\oint_l \frac{f(\xi)}{\xi-z}\mathrm{d}\xi \tag{1.2.17}$$

只是此时路径积分的方向为顺时针方向，即规定：人沿边界线行进时，保持区域始

终在人的右手边.

柯西-黎曼方程相互联系,两者并非互相独立.因此,只要知道解析函数的实部(或虚部),就能通过柯西-黎曼方程求出其虚部(或实部).例如,已知解析函数 $f(z)$ 的实部 $u(x,y)=x^2-y^2$,可求得

$$\frac{\partial u}{\partial x}=2x, \quad \frac{\partial u}{\partial y}=-2y$$

由柯西-黎曼方程知

$$\frac{\partial v}{\partial y}=2x, \quad \frac{\partial v}{\partial x}=2y$$

所以

$$\mathrm{d}v=\frac{\partial v}{\partial x}\mathrm{d}x+\frac{\partial v}{\partial y}\mathrm{d}y=2y\mathrm{d}x+2x\mathrm{d}y=\mathrm{d}(2xy)$$

积分得

$$v(x,y)=2xy+c$$

从而求得解析函数 $f(z)$ 为

$$f(z)=(x^2-y^2)+\mathrm{i}(2xy+c)=z^2+\mathrm{i}c$$

解析函数与物理学中的平面标量场(如静电场、稳定温度场)有着密切的联系. 将柯西-黎曼方程,即式(1.2.3)中的两式相乘得

$$\frac{\partial u}{\partial x}\frac{\partial v}{\partial x}=-\frac{\partial u}{\partial y}\frac{\partial v}{\partial y}$$

即

$$\frac{\partial u}{\partial x}\frac{\partial v}{\partial x}+\frac{\partial u}{\partial y}\frac{\partial v}{\partial y}=0$$

这说明解析函数实部的梯度与虚部的梯度相互正交,这正好与物理学中的平面标量场的等势线与力线相互正交对应.因此可将"u(或 v)=常数"看成等势线,则"v(若 u)=常数"就是与之正交的力线.

将式(1.2.3)的前一式对 x 求导,后一式对 y 求导并相加得

$$\frac{\partial^2 u}{\partial x^2}+\frac{\partial^2 u}{\partial y^2}=0$$

同理可得

$$\frac{\partial^2 v}{\partial x^2}+\frac{\partial^2 v}{\partial y^2}=0$$

这说明解析函数的实部与虚部都是调和函数[①].此外,可证明解析函数的任意阶导

---

① 调和函数是指具有二阶连续偏导数且满足拉普拉斯方程的连续函数.

数都存在[①].

1.2.4 平面标量场

现在说明解析函数与平面标量场的直接联系. 对于三维静电场,若沿 z 方向静电场无变化,此时实际上归结为二维静电场问题. 需要注意的是:在此情形下,所谓"曲线"指的是跟平面相垂直的柱面,"曲线"就是柱面的截口,所谓"点",指的是过该点而垂直于平面的直线.

研究静电场,找出其电势分布是方便的,静电场的电势满足拉普拉斯(Laplace)方程(无自由电荷区域).因此,某区域上的任意一个解析函数 $f(z)=u(x,y)+\mathrm{i}v(x,y)$ 的实部或虚部就表示该区域上平面静电场的电势(因为 u 或 v 都满足拉普拉斯方程),而解析函数 $f(z)$ 则称为该平面静电场的复势.

若用实部 $u(x,y)$ 表示电势,则 $u(x,y)=$ 常数就是等势线族,而此时虚部 $v(x,y)=$ 常数就是垂直于等势线族 $u(x,y)=$ 常数的电场线族. 这样一来,平面上任意两点的 v 值之差 $v(x_2,y_2)-v(x_1,y_1)$ 就应是在这两点之间穿过的电通量,证明如下:

由图 1.6 知,穿过连接 A、B 两点的任意曲线 l 的电通量为

$$\phi = \int_A^B E_n \mathrm{d}l$$

曲线 l 的切线的方向余弦为 $\dfrac{\mathrm{d}x}{\mathrm{d}l}$ 和 $\dfrac{\mathrm{d}y}{\mathrm{d}l}$,故法线 $\boldsymbol{n}$ 的方向余弦为

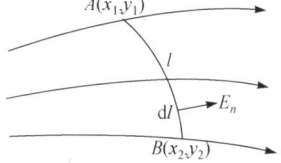

图 1.6

$$n_x = -\frac{\mathrm{d}y}{\mathrm{d}l} \quad \text{和} \quad n_y = \frac{\mathrm{d}x}{\mathrm{d}l}$$

因此

$$E_n = \boldsymbol{E} \cdot \boldsymbol{n} = (-\nabla u) \cdot \boldsymbol{n} = \left(-\frac{\partial u}{\partial x}\boldsymbol{i} - \frac{\partial u}{\partial y}\boldsymbol{j}\right) \cdot (n_x\boldsymbol{i} + n_y\boldsymbol{j})$$

$$= \frac{\partial u}{\partial x}\frac{\mathrm{d}y}{\mathrm{d}l} - \frac{\partial u}{\partial y}\frac{\mathrm{d}x}{\mathrm{d}l}$$

于是

$$\phi = \int_A^B E_n \mathrm{d}l = \int_A^B \left(\frac{\partial u}{\partial x}\mathrm{d}y - \frac{\partial u}{\partial y}\mathrm{d}x\right) = \int_A^B \left(\frac{\partial v}{\partial y}\mathrm{d}y + \frac{\partial v}{\partial x}\mathrm{d}x\right)$$

$$= \int_A^B \mathrm{d}v = v(x_2,y_2) - v(x_1,y_1)$$

---

① 参阅梁昆淼《数学物理方法》第二版,p34.

这说明,当选定实部 u 为电势之后,虚部 v 是电通量函数. 由此可见,知道了复势,就知道了电势分布和电场线方程,且给出电通量密度和电荷密度.

在液体的无旋流动中,速度矢量可表示为某个标量的梯度,称为速度势. 因此,可把平面无旋液流问题表示为平面标量场问题. 在无源(或汇)的区域,速度势满足拉普拉斯方程. 故在某区域上的解析函数

$$f(z) = u(x,y) + iv(x,y)$$

的实部(或虚部)可表示为该区域上平面无旋液流的速度势,而虚部(或实部)则是流量函数.

此外,对于稳定温度分布,存在平面温度场. 均匀物体中的稳定温度分布满足拉普拉斯方程. 因此某区域上的解析函数 $f(z) = u(x,y) + iv(x,y)$ 的实部(或虚部)即为该温度场的热流量函数.

1.3 级 数

1.3.1 复数项级数

复数项级数形式为

$$\sum_{k=1}^{\infty} \omega_k = \omega_1 + \omega_2 + \cdots + \omega_k + \cdots \tag{1.3.1}$$

将每一项均用实部和虚部表示为

$$\sum_{k=1}^{\infty} \omega_k = \sum_{k=1}^{\infty} u_k + i \sum_{k=1}^{\infty} v_k \tag{1.3.2}$$

因此,复数项级数敛散性问题便归结为两个实数项级数的敛散性问题. 这样一来,复数项级数的收敛判据可表示为:复数项级数式(1.3.1)收敛的充要条件是:对一个给定的任意小的正数 ε,必存在 N,使得当 $n > N$ 时,不等式

$$\left| \sum_{k=1}^{n} \omega_k \right| < \varepsilon \tag{1.3.3}$$

成立. 这称为柯西判据. 若式(1.3.1)各项的模组成的级数

$$\sum_{k=1}^{\infty} |\omega_k| = \sum_{k=1}^{\infty} \sqrt{u_k^2 + v_k^2} \tag{1.3.4}$$

收敛,则复数项级数式(1.3.1)称为绝对收敛,而绝对收敛的复数项级数必是收敛的. 形式为

$$\sum_{k=1}^{\infty} \omega_k(z) = \omega_1(z) + \omega_2(z) + \cdots + \omega_k(z) + \cdots \tag{1.3.5}$$

的级数称为复变项级数,它的各项都是 z 的函数,且在某区域 Ω 上所有的点,式(1.3.5)都收敛,则称式(1.3.5)在 Ω 上收敛. 其收敛判据仍是柯西判据,但 N 可能与 z 有关. 即

$$\left|\sum_{k=1}^{n>N(z)}\omega_k(z)\right|<\varepsilon \qquad (1.3.6)$$

若 N 与 z 无关,就称复变项级数式(1.3.5)在 Ω 上一致收敛.

若在某区域 Ω 上所有的点 z,复变项级数式(1.3.5)各项的模 $|\omega_k(z)|\leqslant m_k$,而正的常数项级数 $\sum_{k=1}^{\infty}m_k$ 收敛,则称复变项级数在 Ω 上绝对且一致收敛.

1.3.2 泰勒级数

由于解析函数的任意阶导数都存在,故可将解析函数展为复变项的泰勒级数,这只要将解析函数用柯西公式表示,并把 $\dfrac{1}{\xi-z}$ 展为幂级数即可.

设复变函数 $f(z)$ 在点 z_0 的闭邻域 Ω 上是解析的(图 1.7),则有柯西公式

$$f(z)=\frac{1}{2\pi\mathrm{i}}\oint_{C_R}\frac{f(\xi)}{\xi-z}\mathrm{d}\xi \qquad (1.3.7)$$

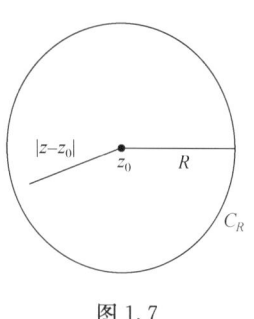

图 1.7

以 z_0 为展开中心,则 $\dfrac{1}{\xi-z}$ 可改写为

$$\frac{1}{\xi-z}=\frac{1}{(\xi-z_0)-(z-z_0)}=\frac{1}{\xi-z_0}\cdot\frac{1}{1-\dfrac{z-z_0}{\xi-z_0}}$$

将 $\dfrac{1}{1-\dfrac{z-z_0}{\xi-z_0}}$ 展开为幂级数有

$$\frac{1}{1-\dfrac{z-z_0}{\xi-z_0}}=1+\frac{z-z_0}{\xi-z_0}+\left(\frac{z-z_0}{\xi-z_0}\right)^2+\cdots$$

于是 $\dfrac{1}{\xi-z}=\dfrac{1}{\xi-z_0}\cdot\sum_{k=0}^{\infty}\dfrac{(z-z_0)^k}{(\xi-z_0)^k}=\sum_{k=0}^{\infty}\dfrac{(z-z_0)^k}{(\xi-z_0)^{k+1}}$,代入式(1.3.7)后逐项积分得

$$f(z)=\sum_{k=0}^{\infty}(z-z_0)^k\frac{1}{2\pi\mathrm{i}}\oint_{C_R}\frac{f(\xi)}{(\xi-z_0)^{k+1}}\mathrm{d}\xi$$

$$=\sum_{k=0}^{\infty}\frac{f^{(k)}(z_0)}{k!}(z-z_0)^k \quad (|z-z_0|<R) \qquad (1.3.8)$$

这里已利用了第二柯西公式 $f^{(n)}(z)=\dfrac{n!}{2\pi\mathrm{i}}\oint_l\dfrac{f(\xi)}{(\xi-z)^{n+1}}\mathrm{d}\xi$.

下面证明:以 z_0 为中心的泰勒级数是唯一的. 设另有一个以 z_0 为中心的异

于式(1.3.8)的泰勒级数

$$f(z) = \sum_{k=0}^{\infty} a_k (z-z_0)^k \qquad (1.3.9)$$

但由于式(1.3.8)与式(1.3.9)是同一复变函数的展开式,故两者应相等,即

$$a_0 + a_1(z-z_0) + a_2(z-z_0)^2 + \cdots = f(z_0) + \frac{f'(z_0)}{1!}(z-z_0) + \frac{f''(z_0)}{2!}(z-z_0)^2 + \cdots \qquad (1.3.10)$$

令 $z=z_0$,得 $a_0=f(z_0)$. 对式(1.3.10)两边依次求一阶、二阶、$\cdots$、n 阶导数并令 $z=z_0$,便依次得到

$$a_1 = f'(z_0), a_2 = \frac{1}{2!}f''(z_0), a_3 = \frac{1}{3!}f'''(z_0), \cdots\cdots$$

这就证明了式(1.3.8)与式(1.3.9)是完全相同的,即解析函数的泰勒展开是唯一的,同时也由此说明了解析函数与泰勒级数的密切联系.

1.3.3 洛朗级数

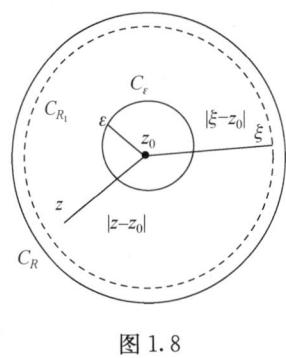

图 1.8

设 z_0 是函数 $f(z)$ 的孤立奇点. 以 z_0 为圆心,z_0 与其最邻近的奇点间的距离为半径作圆 C_R(图 1.8),并将其稍稍缩小为 C_{R_1},再以 z_0 为圆心,以任意小的半径 ε 作圆 C_ε,则 $f(z)$ 在两圆之间的圆环域上为解析. 应用柯西公式有

$$f(z) = \frac{1}{2\pi i} \oint_{C_{R_1}} \frac{f(\xi)}{\xi - z} d\xi + \frac{1}{2\pi i} \oint_{C_\varepsilon} \frac{f(\xi)}{\xi - z} d\xi \qquad (1.3.11)$$

将式(1.3.11)右边第一项中的 $1/(\xi-z)$ 展开为幂级数

$$\frac{1}{\xi - z} = \frac{1}{(\xi-z_0)-(z-z_0)} = \frac{1}{\xi-z_0} \cdot \frac{1}{1 - \frac{z-z_0}{\xi-z_0}}$$

$$= \frac{1}{\xi-z_0} \cdot \sum_{k=0}^{\infty} \frac{(z-z_0)^k}{(\xi-z_0)^k} = \sum_{k=0}^{\infty} \frac{(z-z_0)^k}{(\xi-z_0)^{k+1}}, \quad \left|\frac{z-z_0}{\xi-z_0}\right| < 1 \qquad (1.3.12)$$

至于式(1.3.11)第二项中的 $1/(\xi-z)$,由于 $|z-z_0| > |\xi-z_0|$,故其幂级数为

$$\frac{1}{\xi-z} = \frac{1}{(\xi-z_0)-(z-z_0)} = -\frac{1}{z-z_0} \cdot \frac{1}{1 - \frac{\xi-z_0}{z-z_0}}$$

$$= -\frac{1}{z-z_0} \cdot \sum_{l=0}^{\infty} \frac{(\xi-z_0)^l}{(z-z_0)^l} = -\sum_{l=0}^{\infty} \frac{(\xi-z_0)^l}{(z-z_0)^{l+1}} \qquad (1.3.13)$$

将式(1.3.12)与式(1.3.13)代入式(1.3.11)右边并逐项积分得

$$f(z) = \sum_{k=0}^{\infty}(z-z_0)^k \frac{1}{2\pi i}\oint_{C_{R_1}} \frac{f(\xi)}{(\xi-z_0)^{k+1}}\mathrm{d}\xi$$

$$-\sum_{l=0}^{\infty}(z-z_0)^{-(l+1)}\frac{1}{2\pi i}\oint_{C_\varepsilon}(\xi-z_0)^l f(\xi)\mathrm{d}\xi \quad (1.3.14)$$

在上式右边第二项中,令 $k=-(l+1)$,有

$$-\sum_{l=0}^{\infty}(z-z_0)^{-(l+1)}\frac{1}{2\pi i}\oint_{C_\varepsilon}(\xi-z_0)^l f(\xi)\mathrm{d}\xi$$

$$=-\sum_{k=-1}^{-\infty}(z-z_0)^k \frac{1}{2\pi i}\oint_{C_\varepsilon}(\xi-z_0)^{-(k+1)} f(\xi)\mathrm{d}\xi$$

$$=-\sum_{k=-1}^{-\infty}(z-z_0)^k \frac{1}{2\pi i}\oint_{C_\varepsilon}\frac{f(\xi)}{(\xi-z_0)^{k+1}}\mathrm{d}\xi$$

上式中对回路 C_ε 的积分由柯西定理换为对 C_{R_1} 的积分后得

$$-\sum_{l=0}^{\infty}(z-z_0)^{-(l+1)}\frac{1}{2\pi i}\oint_{C_\varepsilon}(\xi-z_0)^l f(\xi)\mathrm{d}\xi$$

$$=\sum_{k=-\infty}^{0}(z-z_0)^k \frac{1}{2\pi i}\oint_{C_{R_1}}\frac{f(\xi)}{(\xi-z_0)^{k+1}}\mathrm{d}\xi$$

代回式(1.3.14)得

$$f(z) = \sum_{k=-\infty}^{\infty}(z-z_0)^k \frac{1}{2\pi i}\oint_{C_{R_1}} \frac{f(\xi)}{(\xi-z_0)^{k+1}}\mathrm{d}\xi$$

$$= \sum_{k=-\infty}^{\infty} a_k(z-z_0)^k \quad (1.3.15)$$

其中

$$a_k = \frac{1}{2\pi i}\oint_{C_{R_1}} \frac{f(\xi)}{(\xi-z_0)^{k+1}}\mathrm{d}\xi \quad (1.3.16)$$

称式(1.3.15)为挖去孤立奇点 z_0 而形成的环域上解析函数 $f(z)$ 的洛朗(Laurent)级数,而式(1.3.16)则为其展开系数.解析函数在某区域上的洛朗展开也是唯一的.

1.4 留数定理及其应用

1.4.1 奇点的类型

为便于讨论留数定理,我们先来了解奇点的分类.洛朗级数 $f(z) = \sum_{k=-\infty}^{\infty} a_k(z-z_0)^k$ 的正幂部分和负幂部分分别称为解析部分和主要部分(或无限部分). $f(z)$ 的洛朗

级数如果:(1)无负幂项;(2)只有有限个负幂项;(3)有无限个负幂项,则分别称 z_0 为 $f(z)$ 的可去奇点、极点、本性奇点. 可去奇点将不作为奇点看待.

若 z_0 是 $f(z)$ 的极点,则在圆环域 $0<|z-z_0|<R$ 上的洛朗级数为

$$f(z) = a_{-m}(z-z_0)^{-m} + a_{-m+1}(z-z_0)^{-m+1} + \cdots + a_0 + a_1(z-z_0) + \cdots$$
$$= \sum_{k=-m}^{\infty} a_k(z-z_0)^k \qquad (1.4.1)$$

显然有

$$\lim_{z \to z_0} f(z) = \infty \qquad (1.4.2)$$

m 称为极点 z_0 的阶,一阶极点又叫作单极点.

若 z_0 是 $f(z)$ 的本性奇点,则在 $0<|z-z_0|<R$ 上的洛朗级数为

$$f(z) = \sum_{k=-\infty}^{\infty} a_k(z-z_0)^k \qquad (1.4.3)$$

$f(z)$ 的极限随 $z \to z_0$ 的方式而定.

1.4.2 留数定理

若回路 l 内不含奇点,$f(z)$ 在 l 所围区域上解析,由柯西定理知 $\oint_l f(z)\mathrm{d}z = 0$. 下面讨论 l 内包含 $f(z)$ 的奇点的情况.

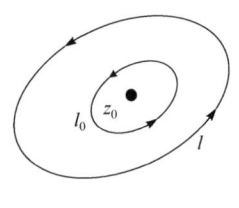

图 1.9

设 l 内含有 $f(z)$ 的一个孤立奇点 z_0,作回路 l 和 l_0 (图 1.9),按柯西定理有

$$\oint_l f(z)\mathrm{d}z = \oint_{l_0} f(z)\mathrm{d}z$$

在 l 与 l_0 所围圆环域上将 $f(z)$ 在 z_0 的邻域展为洛朗级数后代入上式右边并逐项积分得

$$\oint_l f(z)\mathrm{d}z = \sum_{k=-\infty}^{\infty} a_k \oint_{l_0} (z-z_0)^k \mathrm{d}z \qquad (1.4.4)$$

根据式(1.2.12)和式(1.2.13)知,上式右边除 $k=-1$ 这项之外,其余项的积分全为零. 而 $k=-1$ 这项的积分为 $2\pi\mathrm{i}$,所以

$$\oint_l f(z)\mathrm{d}z = 2\pi\mathrm{i}a_{-1} \qquad (1.4.5)$$

上式说明了洛朗级数中 $(z-z_0)^{-1}$ 这一项的系数 a_{-1} 的重要地位,它被称为 $f(z)$ 在点 z_0 的留数,记作 $\mathrm{Res}f(z_0)$. 因此

$$\oint_l f(z)\mathrm{d}z = 2\pi\mathrm{i}\,\mathrm{Res}f(z_0) \qquad (1.4.6)$$

若 l 包围着 $f(z)$ 的 n 个孤立奇点 $a_1,a_2,a_3,\cdots,a_n$,则作回路 $l_1,l_2,l_3,\cdots,l_n$ 分别紧紧包围这 n 个奇点,由柯西定理有

$$\oint_l f(z)\mathrm{d}z = \oint_{l_1} f(z)\mathrm{d}z + \oint_{l_2} f(z)\mathrm{d}z + \cdots + \oint_{l_n} f(z)\mathrm{d}z$$

于是得**留数定理**

$$\oint_l f(z)\mathrm{d}z = 2\pi\mathrm{i}[\mathrm{Res}f(\alpha_1) + \mathrm{Res}f(\alpha_2) + \cdots + \mathrm{Res}f(\alpha_n)] \quad (1.4.7)$$

留数定理把 $f(z)$ 沿复平面的回路积分归结为求被积函数在回路所围各奇点的留数之和.

现在来讨论留数的计算. 因为留数是洛朗展开的 $(z-z_0)^{-1}$ 项的系数,故一般而言,只要在以奇点为圆心的圆环域上将函数展为洛朗级数然后取该项的系数即可,但这种做法实在太麻烦,事实上存在简洁的求解方法.

(1) 若 z_0 是 $f(z)$ 的单极点,洛朗级数为

$$f(z) = \frac{a_{-1}}{z-z_0} + a_0 + a_1(z-z_0) + a_2(z-z_0)^2 + \cdots$$

用 $(z-z_0)$ 遍乘上式各项得

$$(z-z_0)f(z) = a_{-1} + a_0(z-z_0) + a_1(z-z_0)^2 + a_2(z-z_0)^3 + \cdots$$

取极限 $z \to z_0$ 有

$$\lim_{z \to z_0}[(z-z_0)f(z)] = a_{-1} = \mathrm{Res}f(z_0) = 非零有限值 \quad (1.4.8)$$

式(1.4.8)即为计算 $f(z)$ 在单极点 z_0 的留数的公式,并可由它判断 z_0 是否为单极点.

(2) 若 z_0 是 $f(z)$ 的 m 阶极点,则其洛朗展开为

$$f(z) = \frac{a_{-m}}{(z-z_0)^m} + \frac{a_{-m+1}}{(z-z_0)^{m-1}} + \cdots + \frac{a_{-1}}{z-z_0} + a_0 + a_1(z-z_0) + a_2(z-z_0)^2 + \cdots$$

$$(1.4.9)$$

用 $(z-z_0)^m$ 遍乘上式各项得

$$(z-z_0)^m f(z) = a_{-m} + a_{-m+1}(z-z_0) + \cdots + a_{-1}(z-z_0)^{m-1} + a_0(z-z_0)^m + \cdots$$

取极限得

$$\lim_{z \to z_0}[(z-z_0)^m f(z)] = 非零有限值 \quad (1.4.10)$$

式(1.4.10)可用于判断极点 z_0 的阶数,而式(1.4.9)是 $(z-z_0)^m f(z)$ 的泰勒级数,函数 $f(z)$ 在 m 阶极点 z_0 的留数 a_{-1} 是 $(z-z_0)^{m-1}$ 项的系数,参照第二柯西公式和式(1.3.18)得

$$a_{-1} = \mathrm{Res}f(z_0) = \lim_{z \to z_0} \frac{1}{(m-1)!}\left\{\frac{\mathrm{d}^{m-1}}{\mathrm{d}z^{m-1}}[(z-z_0)^m f(z)]\right\} \quad (1.4.11)$$

此即为 $f(z)$ 在 m 阶极点 z_0 的留数的计算公式. 有了式(1.4.8)、式(1.4.10)和式(1.4.11),我们不必将 $f(z)$ 展为洛朗级数就可判断极点的阶数,并求出 $f(z)$ 在极点的留数.

例 确定 $f(z)=(z+2i)/(z^5+4z^3)$ 的极点,并求出函数在这些极点的留数.

解 $f(z)=\dfrac{z+2i}{z^5+4z^3}=\dfrac{z+2i}{z^3(z^2+4)}=\dfrac{z+2i}{z^3(z+2i)(z-2i)}=\dfrac{1}{z^3(z-2i)}$

有两个极点 $z_1=2i$ 和 $z_2=0$,而

$$\lim_{z\to 2i}[(z-2i)f(z)]=\lim_{z\to 2i}\frac{1}{z^3}=\frac{i}{8}=\text{非零有限值}$$

因此 $z_1=2i$ 是单极点,其留数即为 $\dfrac{i}{8}$,

$$\lim_{z\to 0}[z^3 f(z)]=\frac{i}{2}=\text{非零有限值}$$

可见 $z_2=0$ 是三阶极点,$f(z)$ 在该奇点的留数为

$$\mathrm{Res}f(0)=\lim_{z\to 0}\frac{1}{2!}\left\{\frac{d^2}{dz^2}[z^3 f(z)]\right\}=\lim_{z\to 0}\frac{1}{2!}\left[\frac{d^2}{dz^2}\left(\frac{1}{z-2i}\right)\right]=\frac{1}{8i}=-\frac{i}{8}$$

1.4.3 留数定理在实变函数定积分计算中的应用

对于某些实变函数的定积分,应用留数定理将会变得非常简便. 关键是要把实变函数的定积分与复变函数的回路积分联系起来. 例如,实变函数 $f(x)$ 的定积分 $\int_a^b f(x)dx$ 可视为复平面上实轴的一段 l_1(图 1.10). 这样一来,要么将 l_1 变换为某个新的复平面上的回路,要么补上一段 l_2 使 l_1 与 l_2 构成回路 l 便可应用留数定理了. 当然,对后一种方法,需将 $f(x)$ 解析延拓到闭区域 Ω(简单地说,就是将 $f(x)$ 换为 $f(z)$ 即可),并取回路积分

$$\oint_l f(z)dz=\int_{l_1} f(x)dx+\int_{l_2} f(z)dz$$

上式左边可应用留数定理,而右边第一积分即为所求的定积分,右边第二个积分如果能够方便地算出(往往为零或可用第一积分表示出),问题即告解决.

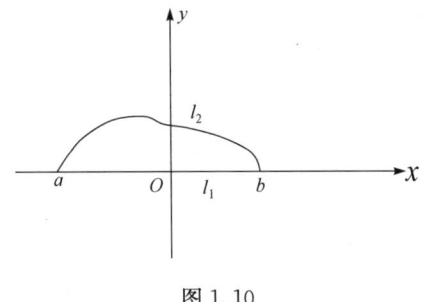

图 1.10

对下面几种类型的实变定积分应用留数定理是方便的.

类型 I 被积函数为三角函数的有理式,积分区间为 $[0,2\pi]$,即

$$\int_0^{2\pi} f(\cos x,\sin x)dx$$

方法是作变量变换

$$z=e^{ix} \tag{1.4.12}$$

当 x 从 0 变到 2π 时,则复变数 $z=e^{ix}$ 就从 $z=1$ 出发沿单位圆 $|z|=1$ 逆时针绕一

圈回到 $z=1$，这就使实变函数的定积分转化成了复变函数的回路积分，这样便可应用留数定理了．实变量和复变量以及它们的微分需作如下变换：

$$\cos x = \frac{1}{2}(z+z^{-1}), \quad \sin x = \frac{1}{2\mathrm{i}}(z-z^{-1}), \quad \mathrm{d}x = \frac{1}{\mathrm{i}z}\mathrm{d}z \qquad (1.4.13)$$

例 1 计算 $I = \int_0^{2\pi} \dfrac{\mathrm{d}x}{1-2\varepsilon\cos x+\varepsilon^2}$ $(0<\varepsilon<1)$.

解 按式(1.4.12) 和式(1.4.13) 作变换后有

$$I = \oint_{|z|=1} \frac{\mathrm{d}z}{\mathrm{i}z[1-\varepsilon(z+z^{-1})+\varepsilon^2]} = \oint_{|z|=1} \frac{\mathrm{i}}{(\varepsilon z-1)(z-\varepsilon)}\mathrm{d}z$$

被积函数有两个极点：$z_1 = \dfrac{1}{\varepsilon}$ 和 $z_2 = \varepsilon$. 因为 $z_1 > 1$ 不在 $|z|=1$ 之内，故不予考虑；而 $z_2 = \varepsilon$ 在 $|z|=1$ 之内，所以必须考虑．由式(1.4.8)得该点的留数为

$$\lim_{z\to\varepsilon}\left[(z-\varepsilon)\frac{\mathrm{i}}{(\varepsilon z-1)(z-\varepsilon)}\right] = \frac{\mathrm{i}}{\varepsilon^2-1}$$

由留数定理式(1.4.7)得

$$I = 2\pi\mathrm{i}\frac{\mathrm{i}}{\varepsilon^2-1} = \frac{2\pi}{1-\varepsilon^2}$$

类型 II 广义实变积分

$$\int_{-\infty}^{\infty} f(x)\mathrm{d}x$$

对于该类型，要求在作解析延拓时，$f(z)$ 在实轴上无奇点，在上平面除有限个奇点外是解析的，且当 z 在上半平面和在实轴上趋于无穷大时 $zf(z)$ 一致地趋于零．

如图 1.11 作回路 l，有

$$\oint_l f(z)\mathrm{d}z = \int_{-R}^{R} f(x)\mathrm{d}x + \int_{C_R} f(z)\mathrm{d}z$$

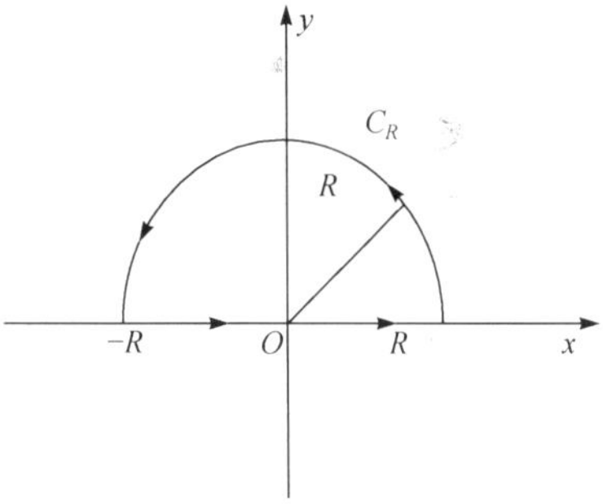

由留数定理有

图 1.11

$$\int_{-R}^{R} f(x)\mathrm{d}x + \int_{C_R} f(z)\mathrm{d}z = 2\pi\mathrm{i}\{f(z) \text{ 在 } l \text{ 所围半圆内各奇点的留数之和}\}$$

当 $R\to\infty$ 时，上式右边为 $2\pi\mathrm{i}\{f(z)$ 在上半平面上所有奇点的留数之和$\}$，左边第一项即为所求积分，而左边积分 $\int_{C_R} f(z)\mathrm{d}z$ 可证明趋于零：

$$\left|\int_{C_R} f(z)\mathrm{d}z\right| = \left|\int_{C_R} zf(z)\frac{\mathrm{d}z}{z}\right| \leqslant \int_{C_R}\left|zf(z)\right|\frac{|\mathrm{d}z|}{|z|}$$

$$\leqslant \max|zf(z)|\frac{\pi R}{R} = \pi\cdot\max|zf(z)| \to 0$$

其中 $\max|zf(z)|$ 为 $|zf(z)|$ 在 C_R 上的最大值. 因此,最后得

$$\int_{-\infty}^{\infty} f(x)\mathrm{d}x = 2\pi\mathrm{i}\{f(z) \text{ 在上半平面上所有奇点留数之和}\} \quad (1.4.14)$$

例 2 计算积分 $\int_{-\infty}^{\infty} \dfrac{\mathrm{d}x}{1+x^2}$.

解 $f(z)=\dfrac{1}{1+z^2}=\dfrac{1}{(z+\mathrm{i})(z-\mathrm{i})}$ 存在单极点 $z=\pm\mathrm{i}$,但只有 $z=+\mathrm{i}$ 在上半平面上,其留数为

$$\operatorname{Res} f(+\mathrm{i}) = \lim_{z\to \mathrm{i}}[(z-\mathrm{i})f(z)] = \frac{1}{2\mathrm{i}}$$

由式(1.4.14)得

$$\int_{-\infty}^{\infty} f(x)\mathrm{d}x = 2\pi\mathrm{i} \cdot \operatorname{Res} f(+\mathrm{i}) = \pi$$

类型 Ⅲ $\int_0^{\infty} F(x)\cos mx\,\mathrm{d}x$,$\int_0^{\infty} G(x)\sin mx\,\mathrm{d}x$,积分区间为 $(0,\infty)$;设 $F(x)$ 和 $G(x)$ 分别为偶函数和奇函数且在实轴上无奇点,在上半平面除有限个奇点外是解析的;当 z 在实轴和上半平面趋于无穷大时,$F(x)$ 和 $G(x)$ 一致地趋于零.

该类型可先用复数形式表示为

$$\int_0^{\infty} F(x)\cos mx\,\mathrm{d}x = \int_0^{\infty} F(x)\frac{1}{2}(\mathrm{e}^{\mathrm{i}mx}+\mathrm{e}^{-\mathrm{i}mx})\mathrm{d}x$$

$$= \frac{1}{2}\int_0^{\infty} F(x)\mathrm{e}^{\mathrm{i}mx}\mathrm{d}x + \frac{1}{2}\int_0^{\infty} F(x)\mathrm{e}^{-\mathrm{i}mx}\mathrm{d}x$$

对右边第二个积分中作变换 $x=-y$,而 $F(x)$ 为偶函数,有

$$\int_0^{\infty} F(x)\cos mx\,\mathrm{d}x = \frac{1}{2}\int_0^{\infty} F(x)\mathrm{e}^{\mathrm{i}mx}\mathrm{d}x - \frac{1}{2}\int_0^{-\infty} F(y)\mathrm{e}^{\mathrm{i}my}\mathrm{d}y$$

$$= \frac{1}{2}\int_0^{\infty} F(x)\mathrm{e}^{\mathrm{i}mx}\mathrm{d}x + \frac{1}{2}\int_{-\infty}^{0} F(x)\mathrm{e}^{\mathrm{i}mx}\mathrm{d}x$$

$$= \frac{1}{2}\int_{-\infty}^{\infty} F(x)\mathrm{e}^{\mathrm{i}mx}\mathrm{d}x \quad (1.4.15)$$

而

$$\int_0^{\infty} G(x)\sin mx\,\mathrm{d}x = \frac{1}{2\mathrm{i}}\int_{-\infty}^{\infty} G(x)\mathrm{e}^{\mathrm{i}mx}\mathrm{d}x \quad (1.4.16)$$

可见,该类积分已化为类型Ⅱ,于是可按类型Ⅱ的方法进行计算. 需要注意的是:对此情形,当 z 在实轴和上半平面上趋于无穷大时,$zF(z)\mathrm{e}^{\mathrm{i}mz}$(或 $zG(z)\mathrm{e}^{\mathrm{i}mz}$)一致地趋于零. 为使该要求得以简化,下面不加证明地引用**约当引理**:

如 m 为正数,C_R 是以原点为圆心位于上半平面的半圆周,若当 z 在上半平面或实轴上趋于无穷大时 $F(z)$ 一致地趋于零,则

$$\lim_{R\to\infty}\int_{C_R} F(z)\mathrm{e}^{\mathrm{i}mz}\mathrm{d}z = 0$$

当 m 为负数时,约当引理为

$$\lim_{R\to\infty}\int_{C'_R} F(z)\mathrm{e}^{\mathrm{i}mz}\mathrm{d}z = 0$$

其中 C'_R 是 C_R 关于实轴的映像. 由约当引理,可得类型Ⅲ的计算公式为

$$\int_0^\infty F(x)\cos mx\,\mathrm{d}x = \pi\mathrm{i}\{F(z)\mathrm{e}^{\mathrm{i}mz} \text{ 在上半平面上所有奇点的留数之和}\}$$
(1.4.17)

$$\int_0^\infty G(x)\sin mx\,\mathrm{d}x = \pi\{G(z)\mathrm{e}^{\mathrm{i}mz} \text{ 在上半平面上所有奇点的留数之和}\}$$
(1.4.18)

例 3 计算 $\int_0^\infty \dfrac{x\sin mx}{(x^2+a^2)^2}\mathrm{d}x$.

解 由类型Ⅲ知,此处的 $G(z)\mathrm{e}^{\mathrm{i}mz} = \dfrac{z}{(z^2+a^2)^2}\mathrm{e}^{\mathrm{i}mz}$,而 $\dfrac{z}{(x^2+a^2)^2} = \dfrac{z}{[(z+\mathrm{i}a)(z-\mathrm{i}a)]^2}$,可知 $z=\pm\mathrm{i}a$ 是两个二阶极点,其中 $z=+\mathrm{i}a$ 在上半平面,而 $\dfrac{z}{(x^2+a^2)^2}\mathrm{e}^{\mathrm{i}mz}$ 在极点 $+\mathrm{i}a$ 的留数为

$$\begin{aligned}\mathrm{Res}f(+\mathrm{i}a) &= \lim_{z\to\infty}\frac{1}{1!}\frac{\mathrm{d}}{\mathrm{d}z}\left[(z-\mathrm{i}a)^2\frac{2}{(z^2+a^2)^2}\mathrm{e}^{\mathrm{i}mz}\right] = \lim_{z\to\mathrm{i}a}\frac{\mathrm{d}}{\mathrm{d}z}\left[\frac{z}{(z+\mathrm{i}a)^2}\mathrm{e}^{\mathrm{i}mz}\right] \\ &= \lim_{z\to\mathrm{i}a}\left[\frac{1}{(z+\mathrm{i}a)^2}\mathrm{e}^{\mathrm{i}mz} + \frac{z}{(z+\mathrm{i}a)^2}\mathrm{i}m\mathrm{e}^{\mathrm{i}mz} - 2\frac{z\mathrm{e}^{\mathrm{i}mz}}{(z+\mathrm{i}a)^3}\right] \\ &= -\frac{1}{4a^2}\mathrm{e}^{-ma} + \frac{ma}{4a^2}\mathrm{e}^{-ma} + \frac{1}{4a^2}\mathrm{e}^{-ma} = \frac{m}{4a}\mathrm{e}^{-ma}\end{aligned}$$

由式(1.4.18)得

$$\int_0^\infty \frac{x\sin mx}{(x^2+a^2)^2}\mathrm{d}x = \frac{m\pi}{4a}\mathrm{e}^{-ma}$$

1.5 傅里叶级数与积分

傅里叶级数在物理学中具有广泛的应用,其原因有两个:第一,周期函数的傅里叶级数可把平稳成分、基波和各谐波成分分析得非常详尽清楚;第二,任何满足给定边界条件的非周期函数(如 $f(x)=x, 0<x<l$)亦可按傅里叶级数展开. 这两点都是幂级数展开所办不到的.

在科学技术各领域,存在着各种频率的谐振动,同时还存在着更多、更复杂的

非简谐振动方式,而这些复杂的振动方式可分解为各种频率的谐振动的叠加,在数学上就是把这些周期函数分解为傅里叶级数.

1.5.1 傅里叶级数

1. 正交完备的三角函数系

我们把下列函数系列

$$1, \cos\frac{\pi x}{l}, \cos\frac{2\pi x}{l}, \cdots, \cos\frac{n\pi x}{l}, \cdots, \sin\frac{\pi x}{l}, \sin\frac{2\pi x}{l}, \cdots, \sin\frac{n\pi x}{l}, \cdots$$
(1.5.1)

称为在区间$[-l,l]$上正交完备的三角函数系. 其正交性和完备性可分别表述如下:

1) 正交性表述

若函数系列中任两个不同函数的乘积在其定义的闭区间$[-l,l]$内的积分为零,则该函数系称为正交函数系. 对式(1.5.1)的三角函数系,其正交性的数学表述为

$$\int_{-l}^{l} 1\cos\frac{n\pi x}{l} dx = 0, \qquad n \neq 0$$

$$\int_{-l}^{l} 1\sin\frac{n\pi x}{l} dx = 0$$

$$\int_{-l}^{l} \cos\frac{n\pi x}{l}\cos\frac{k\pi x}{l} dx = 0, \quad n \neq k \qquad (1.5.2)$$

$$\int_{-l}^{l} \sin\frac{n\pi x}{l}\sin\frac{k\pi x}{l} dx = 0, \quad n \neq k$$

$$\int_{-l}^{l} \sin\frac{n\pi x}{l}\cos\frac{k\pi x}{l} dx = 0$$

2) 完备性表述

定义在区间$[-l,l]$上的任意绝对可积(或平方可积)函数$f(x)$必可展开为

$$f(x) = \sum_{n=0}^{\infty}\left(A_n\cos\frac{n\pi x}{l} + B_n\sin\frac{n\pi x}{l}\right) \qquad (1.5.3)$$

式(1.5.3)右边便称为傅里叶级数.

这里顺便指出,在某一区间上绝对可积(或平方可积)的函数是指$\int_{-\infty}^{\infty}|f(x)|dx =$ 有限值,显然有 $f(x)|_{x\to\infty} \to 0$.

在第6、第7章我们将会看到,除三角函数系之外,贝塞尔(Bessel)函数和勒让德(Legendre)多项式也组成正交完备的函数系.

至于傅里叶级数的收敛性问题,在此我们不作深入的讨论,仅限于给出**迪里西利定理**:**(1)** 若周期函数 $f(x)$ 处处连续,或在每个周期中只有有限个间断点,且在间断点的跃变是有限的;**(2)** 在每个周期中只有有限个极值,则傅里叶级数式(1.5.3)收敛,其和为

$$\sum_{n=0}^{\infty}\left(A_n\cos\frac{n\pi x}{l}+B_n\sin\frac{n\pi x}{l}\right)=\begin{cases}f(x) & (在连续点)\\ \dfrac{1}{2}[f(x+0)+f(x-0)] & (在间断点)\end{cases}$$

2. 傅里叶系数的计算

在函数 $f(x)$ 的傅里叶级数

$$f(x)=\sum_{n=0}^{\infty}\left(A_n\cos\frac{n\pi x}{l}+B_n\sin\frac{n\pi x}{l}\right)=A_0+\sum_{n=1}^{\infty}\left(A_n\cos\frac{n\pi x}{l}+B_n\sin\frac{n\pi x}{l}\right)$$

中,分别用 1、$\cos\dfrac{n\pi x}{l}$、$\sin\dfrac{n\pi x}{l}$ 乘两边后再在区间 $[-l,l]$ 上对 x 积分,并注意到正交性关系(1.5.2)得

$$\begin{aligned}A_0&=\frac{1}{2l}\int_{-l}^{l}f(x)\mathrm{d}x\\ A_n&=\frac{1}{l}\int_{-l}^{l}f(x)\cos\frac{n\pi x}{l}\mathrm{d}x\\ B_n&=\frac{1}{l}\int_{-l}^{l}f(x)\sin\frac{n\pi x}{l}\mathrm{d}x\end{aligned} \qquad (1.5.4)$$

1.5.2 复数形式的傅里叶级数

利用欧拉公式

$$\cos\frac{n\pi x}{l}=\frac{1}{2}(\mathrm{e}^{\mathrm{i}\frac{n\pi x}{l}}+\mathrm{e}^{-\mathrm{i}\frac{n\pi x}{l}}),\quad \sin\frac{n\pi x}{l}=\frac{1}{2\mathrm{i}}(\mathrm{e}^{\mathrm{i}\frac{n\pi x}{l}}-\mathrm{e}^{-\mathrm{i}\frac{n\pi x}{l}})$$

可用下面基本函数族代替式(1.5.1)

$$\cdots,\mathrm{e}^{-\mathrm{i}\frac{n\pi x}{l}},\cdots,\mathrm{e}^{-\mathrm{i}\frac{\pi x}{l}},\cdots,1,\mathrm{e}^{\mathrm{i}\frac{\pi x}{l}},\cdots,\mathrm{e}^{\mathrm{i}\frac{n\pi x}{l}},\cdots \qquad (1.5.5)$$

于是可将周期函数 $f(x)$ 展为复数形式的傅里叶级数

$$f(x)=\sum_{n=-\infty}^{\infty}c_n\mathrm{e}^{\mathrm{i}\frac{n\pi x}{l}} \qquad (1.5.6)$$

易于验证,式(1.5.5)中的任意两个都是正交的,即

$$\int_{-l}^{l}\mathrm{e}^{\mathrm{i}\frac{k\pi x}{l}}\left[\mathrm{e}^{\mathrm{i}\frac{n\pi x}{l}}\right]^{*}\mathrm{d}x=\begin{cases}2l, & k=n\\ 0, & k\neq n\end{cases} \qquad (1.5.7)$$

其中 $\left[\mathrm{e}^{\mathrm{i}\frac{n\pi x}{l}}\right]^{*}=\mathrm{e}^{-\mathrm{i}\frac{n\pi x}{l}}$ 是 $\mathrm{e}^{\mathrm{i}\frac{n\pi x}{l}}$ 的复共轭.

用 $[e^{i\frac{n\pi x}{l}}]^*$ 遍乘式(1.5.6)后在 $[-l,l]$ 上对 x 积分,注意到正交性(1.5.7)得

$$\int_{-l}^{l} f(x)[e^{i\frac{n\pi x}{l}}]^* \mathrm{d}x = c_n \int_{-l}^{l} e^{i\frac{n\pi x}{l}} [e^{i\frac{n\pi x}{l}}]^* \mathrm{d}x = 2lc_n$$

即

$$c_n = \frac{1}{2l}\int_{-l}^{l} f(x)[e^{i\frac{n\pi x}{l}}]^* \mathrm{d}x \qquad (1.5.8)$$

这是复数形式的傅里叶级数的系数计算公式,其中 $\int_{-l}^{l} e^{i\frac{n\pi x}{l}}[e^{i\frac{n\pi x}{l}}]^* \mathrm{d}x$ 称为 $e^{i\frac{n\pi x}{l}}$ 的模方.

1.5.3 实数傅里叶级数与复数傅里叶级数的比较

对实数傅里叶级数,一般而言,需要计算 A_0、A_n、B_n 三个展开系数,而对复数傅里叶级数,其展开系数只有一个 c_n. 就此而言,将函数 $f(x)$ 展开为复数形式的傅里叶级数是方便的.

对于实函数 $f(x)$,由式(1.5.8)可知 $c_{-n} = c_n^*$. 现考察 $e^{i\frac{n\pi x}{l}}$ 和 $e^{-i\frac{n\pi x}{l}}$ 两项之和

$$c_n e^{i\frac{n\pi x}{l}} + [c_n e^{i\frac{n\pi x}{l}}]^* = c_n(e^{i\frac{n\pi x}{l}} + e^{-i\frac{n\pi x}{l}})$$
$$= 2\mathrm{Re}(c_n e^{i\frac{n\pi x}{l}}) = 2|c_n|\cos\left(\frac{n\pi x}{l} + \arg c_n\right)$$

可见,这正是 n 次谐波,而 $|c_n|$ 就是 n 次谐波幅值的一半. 由此可看出复数傅里叶级数的另一优点——简洁明了. 但对于奇函数或偶函数的傅里叶级数,采用复数形式时,其奇偶性不能在级数中反映出来,这是复数形式傅里叶级数的不足之处.

1.5.4 傅里叶积分

1. 实数形式的傅里叶积分

前面所讨论的将周期函数展为傅里叶级数的过程,就是把周期函数分解为一系列的谐函数. 而以 $[-l,l]$ 为周期的函数的傅里叶展开式,当 $l\to\infty$ 时便成为非周期函数的展开式. 在周期性函数的展开式中令 $\omega = \frac{n\pi}{l}$,任意相邻两谐函数的 ω 的变化量为 $\Delta\omega = \frac{\pi}{l}$,于是原来周期函数展开式中的求和就转化为积分.

考察 $f(x) = a_0 + \sum_{\omega}^{\infty} a_\omega \cos\omega x + \sum_{\omega}^{\infty} b_\omega \sin\omega x$ 的各项在 $l\to\infty$ 时的极限,第一项为

$$\lim_{l\to\infty} a_0 = \lim_{l\to\infty} \frac{1}{2l}\int_{-l}^{l} f(x)\mathrm{d}x$$

若 $\int_{-\infty}^{\infty} f(x)\mathrm{d}x$ 有限,则 $\lim_{l\to\infty} a_0 = 0$. 右边第一个和项的极限为

$$\lim_{l\to\infty} \sum_{\omega}^{\infty} \left[\frac{1}{l}\int_{-l}^{l} f(\xi)\cos\omega\xi \mathrm{d}\xi\right]\cos\omega x$$

$$= \lim_{l\to\infty} \sum_{\omega}^{\infty} \left[\frac{1}{\pi}\int_{-l}^{l} f(\xi)\cos\omega\xi \mathrm{d}\xi\right]\cos\omega x \cdot \Delta\omega$$

$$= \int_0^{\infty} \left[\frac{1}{\pi}\int_{-\infty}^{\infty} f(\xi)\cos\omega\xi \mathrm{d}\xi\right]\cos\omega x \mathrm{d}\omega$$

同理得右边第二个和项的极限为

$$\int_0^{\infty} \left[\frac{1}{\pi}\int_{-\infty}^{\infty} f(\xi)\sin\omega\xi \mathrm{d}\xi\right]\sin\omega x \mathrm{d}\omega$$

于是当 $l \to \infty$ 时的傅里叶级数为

$$f(x) = \int_0^{\infty} A(\omega)\cos\omega x \mathrm{d}\omega + \int_0^{\infty} B(\omega)\sin\omega x \mathrm{d}\omega \tag{1.5.9}$$

其中

$$\begin{cases} A(\omega) = \dfrac{1}{\pi}\int_{-\infty}^{\infty} f(\xi)\cos\omega\xi \mathrm{d}\xi \\ B(\omega) = \dfrac{1}{\pi}\int_{-\infty}^{\infty} f(\xi)\sin\omega\xi \mathrm{d}\xi \end{cases} \tag{1.5.10}$$

式(1.5.10)称为 $f(x)$ 的傅里叶变换式,简称傅里叶变换. 而式(1.5.9)则称为非周期函数 $f(x)$ 的傅里叶积分.

类似于傅里叶级数,奇函数和偶函数的傅里叶积分分别是傅里叶正弦积分和傅里叶余弦积分,即

$$f(x) = \int_0^{\infty} B(\omega)\sin\omega x \mathrm{d}\omega, \text{其中} B(\omega) = \frac{2}{\pi}\int_0^{\infty} f(x)\sin\omega x \mathrm{d}x \tag{1.5.11}$$

$$f(x) = \int_0^{\infty} A(\omega)\cos\omega x \mathrm{d}\omega, \text{其中} A(\omega) = \frac{2}{\pi}\int_0^{\infty} f(x)\cos\omega x \mathrm{d}x$$

傅里叶正弦积分和傅里叶余弦积分分别满足条件

$$\begin{cases} f(0)=0, & \text{正弦积分} \\ f'(0)=0, & \text{余弦积分} \end{cases} \tag{1.5.12}$$

2. 复数形式的傅里叶积分

从复数形式的傅里叶级数出发,由

$$f(x) = \sum_{n=-\infty}^{\infty} c_n \mathrm{e}^{\mathrm{i}\frac{n\pi x}{l}} = \sum_{n=-\infty}^{\infty} \left\{\frac{1}{2l}\int_{-l}^{l} f(\xi)\, (\mathrm{e}^{\mathrm{i}\frac{n\pi \xi}{l}})^* \mathrm{d}\xi\right\} \mathrm{e}^{\mathrm{i}\frac{n\pi x}{l}}$$

对 $l\to\infty$ 取极限得

$$f(x) = \lim_{l\to\infty}\left\{\sum_{n=-\infty}^{\infty}\left[\frac{1}{2l}\int_{-l}^{l}f(\xi)\,(\mathrm{e}^{\mathrm{i}\frac{n\pi\xi}{l}})^{*}\,\mathrm{d}\xi\right]\mathrm{e}^{\mathrm{i}\frac{n\pi x}{l}}\right\}$$

$$= \lim_{l\to\infty}\left\{\sum_{n=-\infty}^{\infty}\left[\frac{1}{2\pi}\int_{-l}^{l}f(\xi)\,(\mathrm{e}^{\mathrm{i}\frac{n\pi\xi}{l}})^{*}\,\mathrm{d}\xi\right]\mathrm{e}^{\mathrm{i}\frac{n\pi x}{l}}\cdot\Delta\omega\right\}$$

$$= \int_{-\infty}^{\infty}\left\{\frac{1}{2\pi}\int_{-\infty}^{\infty}f(\xi)\,(\mathrm{e}^{\mathrm{i}\omega\xi})^{*}\,\mathrm{d}\xi\right\}\mathrm{e}^{\mathrm{i}\omega x}\,\mathrm{d}\omega = \int_{-\infty}^{\infty}c(\omega)\mathrm{e}^{\mathrm{i}\omega x}\,\mathrm{d}\omega \quad (1.5.13)$$

式(1.5.13)即为非周期函数 $f(x)$ 的复数形式的傅里叶积分. 其中

$$c(\omega) = \frac{1}{2\pi}\int_{-\infty}^{\infty}f(x)\,(\mathrm{e}^{\mathrm{i}\omega x})^{*}\,\mathrm{d}x \quad (1.5.14)$$

称为 $f(x)$ 的傅里叶变换.

1.6 傅里叶变换

通常将式(1.5.13)和式(1.5.14)写成下面对称的形式

$$\begin{cases} f(x) = \dfrac{1}{\sqrt{2\pi}}\displaystyle\int_{-\infty}^{\infty}\overline{f}(\omega)\,\mathrm{e}^{\mathrm{i}\omega x}\,\mathrm{d}\omega \\ \overline{f}(\omega) = \dfrac{1}{\sqrt{2\pi}}\displaystyle\int_{-\infty}^{\infty}f(x)\,(\mathrm{e}^{\mathrm{i}\omega x})^{*}\,\mathrm{d}x \end{cases} \quad (1.6.1)$$

我们把式(1.6.1)的第二式称为函数 $f(x)$ 的傅里叶变换,而第一式则称为傅里叶逆变换. 简记为

$$\begin{aligned}\overline{f}(\omega) &= \mathscr{F}[f(x)] \quad \text{正变换} \\ f(x) &= \mathscr{F}^{-1}[\overline{f}(\omega)] \quad \text{逆变换}\end{aligned} \quad (1.6.2)$$

可见,傅里叶变换就是傅里叶积分系数,而逆变换就是傅里叶积分. 傅里叶变换具有下面几个重要的基本性质:

1. 线性性质

$$\mathscr{F}[c_1 f_1 + c_2 f_2] = c_1\mathscr{F}[f_1] + c_2\mathscr{F}[f_2] \quad (1.6.3)$$

此性质直接代入傅里叶变换定义即可证明. 其中 c_1、c_2 为任意常数.

2. 导数定理

$$\mathscr{F}[f'(x)] = \mathrm{i}\omega\mathscr{F}[f(x)] \quad (1.6.4)$$

证明

$$\text{左边} = \mathscr{F}[f'(x)] = \frac{1}{\sqrt{2\pi}}\int_{-\infty}^{\infty}\frac{\mathrm{d}f(x)}{\mathrm{d}x}\mathrm{e}^{-\mathrm{i}\omega x}\,\mathrm{d}x$$

$$= \frac{1}{\sqrt{2\pi}} \left[f(x) \mathrm{e}^{-\mathrm{i}\omega x} \Big|_{-\infty}^{\infty} - \int_{-\infty}^{\infty} f(x)(-\mathrm{i}\omega) \mathrm{e}^{-\mathrm{i}\omega x} \mathrm{d}x \right]$$

$$= \mathrm{i}\omega \frac{1}{\sqrt{2\pi}} \int_{-\infty}^{\infty} f(x) \mathrm{e}^{-\mathrm{i}\omega x} \mathrm{d}x = \mathrm{i}\omega \mathscr{F}[f(x)]$$

$$= 右边$$

证明中已利用了在$(-\infty,\infty)$区间上$f(x)$绝对可积的性质,而只有$\lim\limits_{x\to\pm\infty} f(x) \to 0$才能保证$f(x)$绝对可积. 性质2可推广到任意阶导数,即

$$\mathscr{F}\left[\frac{\mathrm{d}^n f(x)}{\mathrm{d}x^n}\right] = (\mathrm{i}\omega)^n \mathscr{F}[f(x)] \tag{1.6.5}$$

证明 由数学归纳法,当$n=0$时,式(1.6.5)化为$\mathscr{F}[f(x)] = \mathscr{F}[f(x)]$,即$n=0$时式(1.6.5)成立;当$n=1$时,式(1.6.5)变为式(1.6.4),可见$n=1$时成立;设$n=m$时式(1.6.5)成立,有

$$\mathscr{F}\left[\frac{\mathrm{d}^m f(x)}{\mathrm{d}x^m}\right] = (\mathrm{i}\omega)^m \mathscr{F}[f(x)]$$

令$g(x) = \dfrac{\mathrm{d}^m f(x)}{\mathrm{d}x^m}$,则上式写为

$$\mathscr{F}[g(x)] = (\mathrm{i}\omega)^m \mathscr{F}[f(x)]$$

当$n=m+1$时,式(1.6.5)

$$左边 = \mathscr{F}\left[\frac{\mathrm{d}^{m+1} f(x)}{\mathrm{d}x^{m+1}}\right] = \mathscr{F}\left[\frac{\mathrm{d}g(x)}{\mathrm{d}x}\right] = \mathrm{i}\omega \mathscr{F}[g(x)] = (\mathrm{i}\omega)^{m+1} \mathscr{F}[f(x)]$$

可见当$n=m+1$时式(1.6.5)也成立,所以式(1.6.5)对任意正整数n均成立.

3. 积分定理

$$\mathscr{F}\left[\int_{x_0}^{x} f(\xi) \mathrm{d}\xi\right] = \frac{1}{\mathrm{i}\omega} \mathscr{F}[f(x)] \tag{1.6.6}$$

证明

令

$$g(x) = \int_{x_0}^{x} f(\xi) \mathrm{d}\xi$$

则

$$f(x) = g'(x)$$

对上式进行傅里叶变换,有

$$\mathscr{F}[f(x)] = \mathscr{F}[g'(x)] = \mathrm{i}\omega \mathscr{F}[g(x)]$$

即

$$\mathscr{F}[g(x)] = \frac{1}{\mathrm{i}\omega} \mathscr{F}[f(x)] = \mathscr{F}\left[\int_{x_0}^{x} f(\xi) \mathrm{d}\xi\right]$$

这就证明了积分定理.

4. 延迟定理

$$\mathscr{F}[f(x-x_0)] = e^{-i\omega x_0}\mathscr{F}[f(x)] \tag{1.6.7}$$

证明

在式(1.6.7)中

$$左边 = \frac{1}{\sqrt{2\pi}}\int_{-\infty}^{\infty} f(x-x_0)e^{-i\omega x}dx$$

$$= e^{-i\omega x_0}\frac{1}{\sqrt{2\pi}}\int_{-\infty}^{\infty} f(x-x_0)e^{-i\omega(x-x_0)}d(x-x_0)$$

$$= e^{-i\omega x_0}\frac{1}{\sqrt{2\pi}}\int_{-\infty}^{\infty} f(\xi)e^{-i\omega\xi}d\xi$$

$$= e^{-i\omega x_0}\mathscr{F}[f(x)] = 右边$$

5. 位移定理

$$\mathscr{F}[e^{i\omega_0 x}f(x)] = \bar{f}(\omega-\omega_0) \tag{1.6.8}$$

证明

$$左边 = \frac{1}{\sqrt{2\pi}}\int_{-\infty}^{\infty} e^{i\omega_0 x}f(x)e^{-i\omega x}dx$$

$$= \frac{1}{\sqrt{2\pi}}\int_{-\infty}^{\infty} f(x)e^{-i(\omega-\omega_0)x}dx$$

$$= \bar{f}(\omega-\omega_0) = 右边$$

6. 卷积定理

定义函数 $f_1(x)$ 和 $f_2(x)$ 的卷积为

$$f_1(x)*f_2(x) = \frac{1}{\sqrt{2\pi}}\int_{-\infty}^{\infty} f_1(x-\xi)f_2(\xi)d\xi$$

且若 $\mathscr{F}[f_1(x)] = \bar{f_1}(\omega), \mathscr{F}[f_2(x)] = \bar{f_2}(\omega)$,则有卷积定理

$$\mathscr{F}[f_1(x)*f_2(x)] = \bar{f_1}(\omega)\cdot\bar{f_2}(\omega) \tag{1.6.9}$$

证明

$$左边 = \frac{1}{\sqrt{2\pi}}\int_{-\infty}^{\infty}\left[\frac{1}{\sqrt{2\pi}}\int_{-\infty}^{\infty} f_1(x-\xi)f_2(\xi)d\xi\right]e^{-i\omega x}dx$$

$$= \frac{1}{2\pi}\int_{-\infty}^{\infty}\left[\int_{-\infty}^{\infty} f_1(x-\xi)e^{-i\omega x}dx\right]f_2(\xi)d\xi$$

$$= \frac{1}{2\pi}\int_{-\infty}^{\infty}\left[\int_{-\infty}^{\infty} f_1(x-\xi)e^{-i\omega(x-\xi)}d(x-\xi)\right]e^{-i\omega\xi}f_2(\xi)d\xi$$

$$= \frac{1}{2\pi}\int_{-\infty}^{\infty}\left[\int_{-\infty}^{\infty}f_1(y)\mathrm{e}^{-\mathrm{i}\omega y}\mathrm{d}y\right]f_2(\xi)\mathrm{e}^{-\mathrm{i}\omega\xi}\mathrm{d}\xi$$

$$= \left[\frac{1}{\sqrt{2\pi}}\int_{-\infty}^{\infty}f_1(y)\mathrm{e}^{-\mathrm{i}\omega y}\mathrm{d}y\right]\left[\frac{1}{\sqrt{2\pi}}\int_{-\infty}^{\infty}f_2(\xi)\mathrm{e}^{-\mathrm{i}\omega\xi}\mathrm{d}\xi\right]$$

$$= \left[\frac{1}{\sqrt{2\pi}}\int_{-\infty}^{\infty}f_1(x)\mathrm{e}^{-\mathrm{i}\omega x}\mathrm{d}x\right]\left[\frac{1}{\sqrt{2\pi}}\int_{-\infty}^{\infty}f_2(x)\mathrm{e}^{-\mathrm{i}\omega x}\mathrm{d}x\right] = \overline{f_1}(\omega)\cdot\overline{f_2}(\omega)$$

傅里叶变换的延迟定理、位移定理和卷积定理在反演求原函数的运算中是很有用的,望读者认真掌握.

1.7 拉普拉斯变换

拉普拉斯变换在数学、物理和工程技术中都有着广泛的应用.

1. 拉普拉斯变换

定义

$$\overline{f}(p) = \int_0^{\infty} f(t)\mathrm{e}^{-pt}\mathrm{d}t \tag{1.7.1}$$

式(1.7.1)称为函数 $f(t)$ 的拉普拉斯变换式,简称拉氏变换.其中 p 称为变换参量,即拉普拉斯像函数的变量.通常将式(1.7.1)简记为

$$\overline{f}(p) = \mathscr{L}[f(t)] \quad \text{或} \quad \overline{f}(p) \doteqdot f(t) \tag{1.7.2}$$

而称

$$f(t) = \mathscr{L}^{-1}[\overline{f}(p)] \quad \text{或} \quad f(t) \doteqdot \overline{f}(p) \tag{1.7.3}$$

为拉普拉斯逆变换,$f(t)$ 称为原函数,而 $\overline{f}(p)$ 则称为像函数.其中 t 为实数,而 p 一般为复数.在式(1.7.2)和式(1.7.3)的后一个表达式中,要注意"等号"上下点的位置,上面的点必须靠近原函数,而下面的点必须靠近像函数.

2. 几个基本像函数

1) $\varphi(t)=1$ 的像函数

由式(1.7.1),在 $\mathrm{Re}\,p>0$ 的半平面上有

$$\overline{\varphi}(p) = \int_0^{\infty}\mathrm{e}^{-pt}1\mathrm{d}t = \frac{1}{p} \quad \text{或} \quad 1 \doteqdot \frac{1}{p} \tag{1.7.4}$$

2) $\varphi(t)=t$ 的像函数

在 $\mathrm{Re}\,p>0$ 的半平面上有

$$\overline{\varphi}(p) = \int_0^{\infty}\mathrm{e}^{-pt}t\mathrm{d}t = -\frac{1}{p}\int_0^{\infty}t\mathrm{d}(\mathrm{e}^{-pt})$$

$$= \left[-\frac{1}{p}te^{-pt}\right]_0^\infty + \frac{1}{p}\int_0^\infty e^{-pt}dt = \frac{1}{p^2}$$

即
$$t \doteqdot \frac{1}{p^2} \quad \text{或} \quad \frac{1}{p^2} \doteqdot t \tag{1.7.5}$$

3) $\varphi(t)=e^{st}$（s 为实数）的像函数

在 $\mathrm{Re}\, p > s$ 的半平面上有

$$\bar{\varphi}(t) = \int_0^\infty e^{st} e^{-pt} dt = \int_0^\infty e^{-(p-s)t} dt = \frac{1}{p-s}$$

即
$$e^{st} \doteqdot \frac{1}{p-s} \quad \text{或} \quad \frac{1}{p-s} \doteqdot e^{st} \tag{1.7.6}$$

4) $\varphi(t)=te^{st}$ 的像函数

在 $\mathrm{Re}\, p > s$ 的半平面上有

$$\bar{\varphi}(p) = \int_0^\infty e^{-pt} e^{st} t \, dt = -\frac{1}{p-s}\int_0^\infty t\, d[e^{-(p-s)t}]$$

$$= \left[-\frac{1}{p-s}te^{-(p-s)t}\right]_0^\infty + \frac{1}{p-s}\int_0^\infty e^{-(p-s)t}dt = \frac{1}{(p-s)^2}$$

即
$$te^{st} \doteqdot \frac{1}{(p-s)^2} \quad \text{或} \quad \frac{1}{(p-s)^2} \doteqdot te^{st} \tag{1.7.7}$$

5) $\varphi(t)=t^n e^{st}$ 的像函数

先计算 $\phi(t)=t^3 e^{st}$ 的像函数，在 $\mathrm{Re}\, p > s$ 的半平面上有

$$\bar{\varphi}(p) = \int_0^\infty e^{-pt} e^{st} t^3 dt = -\frac{1}{p-s}\int_0^\infty t^3 d[e^{-(p-s)t}]$$

$$= -\frac{1}{p-s}[t^3 e^{-(p-s)t}]_0^\infty + \frac{3}{p-s}\int_0^\infty e^{-(p-s)t} t^2 dt$$

$$= -\frac{3}{(p-s)^2}\int_0^\infty t^2 d[e^{-(p-s)t}]$$

$$= -\frac{3}{(p-s)^2}[t^2 e^{-(p-s)t}]_0^\infty + \frac{3\cdot 2}{(p-s)^2}\int_0^\infty te^{-(p-s)t}dt$$

$$= -\frac{3\cdot 2}{(p-s)^3}\left[te^{-(p-s)t}\Big|_0^\infty - \int_0^\infty e^{-(p-s)t}dt\right]$$

$$= -\frac{3\cdot 2\cdot 1}{(p-s)^4}\int_0^\infty d(e^{-(p-s)t}) = \frac{3\cdot 2\cdot 1}{(p-s)^4} = \frac{3!}{(p-s)^{3+1}}$$

由此可推得

$$t^n e^{st} \risingdotseq \frac{n!}{(p-s)^{n+1}} \quad \text{或} \quad \frac{n!}{(p-s)^{n+1}} \risingdotseq t^n e^{st} \tag{1.7.8}$$

6) $\sin\omega t$ 和 $\cos\omega t$ 的像函数

由拉氏变换的线性性质,即

$$\mathscr{L}[c_1\varphi_1(t)+c_2\varphi_2(t)]=c_1\overline{\varphi_1}(p)+c_2\overline{\varphi_2}(p)$$

将 $\sin\omega t=\dfrac{1}{2i}(e^{i\omega t}-e^{-i\omega t})$ 中的 $e^{i\omega t}$ 和 $e^{-i\omega t}$ 按式(1.7.6)变换得

$$e^{i\omega t}\risingdotseq\frac{1}{p-i\omega}, \quad e^{-i\omega t}\risingdotseq\frac{1}{p+i\omega}$$

于是

$$\sin\omega t \risingdotseq \frac{1}{2i}\left(\frac{1}{p-i\omega}-\frac{1}{p+i\omega}\right)=\frac{\omega}{p^2+\omega^2} \tag{1.7.9}$$

同理有

$$\cos\omega t \risingdotseq \frac{p}{p^2+\omega^2} \tag{1.7.10}$$

3. 导数和积分式的拉氏变换

1) 导数 $\dfrac{d\varphi}{dt}$ 的拉氏变换

由定义得

$$\frac{d\varphi}{dt} \risingdotseq \int_0^\infty e^{-pt}\frac{d\varphi}{dt}dt = \int_0^\infty e^{-pt}d\varphi$$

$$= [\varphi e^{-pt}]_0^\infty + p\int_0^\infty \varphi e^{-pt}dt$$

$$= \lim_{t\to\infty}\varphi(t)e^{-pt} - \varphi(0) + p\overline{\varphi}(p)$$

选 $\text{Re}p$ 为足够大的正数可使 $\lim\limits_{t\to\infty}\varphi(t)e^{-pt}=0$,于是有

$$\frac{d\varphi}{dt} \risingdotseq p\overline{\varphi}(p)-\varphi(0) \tag{1.7.11}$$

对于 $\varphi(0)=0$,有

$$\frac{d\varphi}{dt} \risingdotseq p\overline{\varphi}(p) \tag{1.7.12}$$

若 $\lim\limits_{t\to\infty}e^{-pt}\varphi^{(k)}(t)=0$ $(k=0,1,2,\cdots,n-1)$,则将式(1.7.11)推广到 $\varphi(t)$ 的 n 阶导数有

$$\varphi^{(n)}(t) \risingdotseq p^n\overline{\varphi}(p)-p^{n-1}\varphi(0)-p^{n-2}\varphi'(0)-\cdots-p\varphi^{(n-2)}(0)-\varphi^{(n-1)}(0) \tag{1.7.13}$$

2) 定积分 $\int_0^t \varphi(\tau)\mathrm{d}\tau$ 的拉氏变换

根据定积分求导规则,令 $g(t) = \int_0^t \varphi(\tau)\mathrm{d}\tau$,两边对 t 求导得

$$\frac{\mathrm{d}g(t)}{\mathrm{d}t} = \varphi(t)$$

根据式(1.7.4),对上式两边施行拉氏变换得

$$p\bar{g}(p) - g(0) = \bar{\varphi}(p)$$

因为

$$g(0) = \int_0^0 \varphi(\tau)\mathrm{d}\tau = 0$$

所以

$$\bar{g}(p) = \frac{1}{p}\bar{\varphi}(p)$$

即

$$\mathscr{L}[g(t)] = \mathscr{L}\left[\int_0^t \varphi(\tau)\mathrm{d}\tau\right] = \frac{1}{p}\bar{\varphi}(p) \tag{1.7.14}$$

例 对下面定解问题施行拉氏变换

$$\begin{cases} \dfrac{\mathrm{d}^2 y}{\mathrm{d}t^2} + a\dfrac{\mathrm{d}y}{\mathrm{d}t} + by = f(t) \\ y(0) = k_1, \quad y'(0) = k_2 \end{cases}$$

解 根据初始条件,由方程各项对变量 t 进行拉氏变换后得

$$[p^2\bar{y}(p) - pk_1 - k_2] + [ap\bar{y}(p) - ak_1] + b\bar{y}(p) = \bar{f}(p)$$

即

$$(p^2 + ap + b)\bar{y}(p) - (p+a)k_1 - k_2 = \bar{f}(p)$$

可见,进行拉氏变换的同时,相应的定解条件也被考虑进去了,这就提示我们,要使拉氏变换能实现必须知道相应的定解条件.

4. 拉氏变换的反演(求原函数)

1) 公式法

若能将有理分式分解为分项分式之和,即可利用下面几个基本反演公式完成反演而求得原函数.

$$\frac{1}{p^{n+1}} \doteqdot \frac{1}{n!}t^n, \qquad \frac{1}{(p-s)^{n+1}} \doteqdot \frac{1}{n!}t^n \mathrm{e}^{st}$$

$$\frac{\omega}{p^2 + \omega^2} \doteqdot \sin\omega t, \qquad \frac{p}{p^2 + \omega^2} \doteqdot \cos\omega t$$

第1章 预备知识

$$\frac{p+\dfrac{b}{2a}}{ap^2+bp+c} \doteq \frac{1}{a} e^{-\frac{b}{2a}t} \cos \frac{\sqrt{4ac-b^2}}{2a} t$$

例 求 $\bar{\varphi}(p) = \dfrac{p^3+2p^2-9p+36}{p^4-81}$ 的原函数.

解 对分母分解因式得

$$p^4-81 = (p^2-9)(p^2+9) = (p-3)(p+3)(p^2+9)$$

于是

$$\begin{aligned}\bar{\varphi}(p) &= \frac{p^3+2p^2-9p+36}{(p-3)(p+3)(p^2+9)} = \frac{A}{p-3} + \frac{B}{p+3} + \frac{Cp+D}{p^2+9} \\ &= \frac{1}{2}\frac{1}{p-3} - \frac{1}{2}\frac{1}{p+3} + \frac{p-1}{p^2+9} \\ &= \frac{1}{2}\frac{1}{p-3} - \frac{1}{2}\frac{1}{p+3} + \frac{p}{p^2+9} - \frac{1}{3}\frac{3}{p^2+9}\end{aligned}$$

利用上面相关反演公式得

$$\varphi(t) = \mathscr{L}^{-1}[\bar{\varphi}(p)] = \frac{1}{2}e^{3t} - \frac{1}{2}e^{-3t} + \cos 3t - \frac{1}{3}\sin 3t$$

2) 查表法

可从较完备的拉氏变换函数手册中查出一般常见像函数的原函数(见附录 D),但要充分发挥拉氏变换函数手册的作用,应掌握下面三个定理:

(1) **延迟定理**

若 $\bar{\varphi}(p) \doteq \varphi(t)$,则 $e^{-\tau p}\bar{\varphi}(p) \doteq \varphi(t-\tau)$ \hfill (1.7.15)

证明

$$\varphi(t-\tau) \doteq \int_0^\infty e^{-pt}\varphi(t-\tau)dt = \int_0^\infty e^{-(t-\tau)p} e^{-p\tau}\varphi(t-\tau)d(t-\tau)$$

$$= e^{-p\tau}\int_0^\infty e^{-p\xi}\varphi(\xi)d\xi = e^{-p\tau}\bar{\varphi}(p)$$

(2) **位移定理**

如果 $\varphi(t) \doteq \bar{\varphi}(p)$,则 $\bar{\varphi}(p+\lambda) \doteq e^{\lambda t}\varphi(t)$. \hfill (1.7.16)

证明 $e^{-\lambda t}\varphi(t) \doteq \int_0^\infty e^{-pt}[e^{-\lambda t}\varphi(t)]dt = \int_0^\infty e^{-(p+\lambda)t}\varphi(t)dt$

与 $\bar{\varphi}(p) = \int_0^\infty e^{-pt}\varphi(t)dt$ 比较,即得

$$\bar{\varphi}(p+\lambda) = \int_0^\infty e^{-(p+\lambda)t}\varphi(t)dt$$

亦即

$$e^{-\lambda t}\varphi(t) \risingdotseq \overline{\varphi}(p+\lambda)$$

(3) 卷积定理

若 $\varphi_1(t) \risingdotseq \overline{\varphi_1}(p), \varphi_2(t) \risingdotseq \overline{\varphi_2}(p)$，则

$$\varphi_1(t) * \varphi_2(t) \risingdotseq \overline{\varphi_1}(p)\overline{\varphi_2}(p) \tag{1.7.17}$$

其中，$\varphi_1(t) * \varphi_2(t) = \int_0^t \varphi_1(\tau)\varphi_2(t-\tau)d\tau$ 称为 $\varphi_1(t)$ 和 $\varphi_2(t)$ 的卷积①.

证明
$$\int_0^t \varphi_1(\tau)\varphi_2(t-\tau)d\tau \risingdotseq \int_0^\infty e^{-pt}dt \int_0^t \varphi_1(\tau)\varphi_2(t-\tau)d\tau$$
$$= \int_0^\infty \varphi_1(\tau)e^{-p\tau}d\tau \int_\tau^\infty e^{-p(t-\tau)}\varphi_2(t-\tau)d(t-\tau)$$

作变量变换 $\xi = t - \tau$ 有

$$\int_0^t \varphi_1(\tau)\varphi_2(t-\tau)d\tau \risingdotseq \int_0^\infty \varphi_1(\tau)e^{-p\tau}d\tau \int_0^\infty e^{-p(\xi)}\varphi_2(\xi)d(\xi) = \overline{\varphi_1}(p)\overline{\varphi_2}(p)$$

在进行反演时以上 3 个定理是非常有用的，尤其是卷积定理. 现举例加以说明.

例 求 $\dfrac{e^{-ap}}{p(p+b)}$ 的原函数.

解 将题给像函数拆分为 $\dfrac{1}{p}e^{-ap}$ 和 $\dfrac{1}{p+b}$ 两个因子之积，为便于书写，引进阶跃函数 $H(t) = \begin{cases} 1, & t>0 \\ 0, & t<0 \end{cases}$，即把原函数 1 用阶跃函数 $H(t)$ 表示，根据反演公式(1.7.14)有 $\dfrac{1}{p} \risingdotseq 1 = H(t)$，由延迟定理(1.7.15)得

$$\frac{1}{p}e^{-ap} \risingdotseq H(t-a), \text{而} \frac{1}{p+b} \risingdotseq e^{-bt}$$

由卷积定理即得

$$\frac{e^{-ap}}{p(p+b)} \risingdotseq \int_0^t H(\tau-a)e^{-b(t-\tau)}d\tau = H(t-a)\int_a^t e^{-b(t-\tau)}d\tau$$
$$= H(t-a)\frac{1}{b}[e^{-b(t-\tau)}]_a^t = \frac{H(t-a)}{b}[1-e^{-b(t-a)}]$$

习 题 1

1. 将复数 $1+i\sqrt{3}$ 用三角式和指数式表示；将复数 e^{1+i} 用代数式和三角式表示.
2. 计算(1) $\sqrt{a+ib}$；(2) $\sin 5\theta$；(3) i^i.
3. 已知解析函数的实部分别为(1) $u = e^x \sin y$，(2) $u = x^2 - y^2 + xy$，$f(0) = 0$，求与之相应的解析函数.

---

① 被积函数中哪个函数的变量取 τ 或 $t-\tau$ 是无关紧要的，因此，亦可写成 $\varphi_1(t-\tau)\varphi_2(\tau)$.

4. 已知等势线族的方程为 $x^2+y^2=$ 常数,求复势.

5. 已知电场线为跟实轴相切于原点的圆族,求复势.

6. 在指定的点 z_0 的邻域上把下面函数展开为泰勒级数.

   (1) $\ln z$ 在 $z_0=\mathrm{i}$;(2) $\dfrac{1}{\mathrm{e}^{1-z}}$ 在 $z_0=0$;(3) $\sin^2 z$ 和 $\cos^2 z$ 在 $z_0=0$.

7. 将下面函数在挖去奇点的环域或指定的环域上展为洛朗级数.

   (1) $z^5 \mathrm{e}^{1/z}$ 在 $z_0=0$;(2) $\mathrm{e}^{1/(1-z)}$ 在 $|z|>1$;(注意奇点是 $z=1$)

   (3) $(1-\cos z)/z$ 在奇点.

8. 利用留数定理计算下列实变函数的定积分.

   (1) $\displaystyle\int_0^{2\pi} \dfrac{\sin^2 x \mathrm{d}x}{a+b\cos x}$ $(a>b>0)$;   (2) $\displaystyle\int_0^\infty \dfrac{x^2}{(x^2+a^2)^2}\mathrm{d}x$;

   (3) $\displaystyle\int_0^\infty \dfrac{\cos x}{(x^2+a^2)(x^2+b^2)}\mathrm{d}x$.

9. 对下列函数进行傅里叶变换.

   (1) $f(x)=\mathrm{e}^{-3x^2+\mathrm{i}x}$, $-\infty<x<\infty$;

   (2) $\begin{cases} \dfrac{\partial u(x,t)}{\partial t}=a^2\dfrac{\partial^2 u(x,t)}{\partial x^2}+f(x,t), & -\infty<x<\infty, \quad t>0 \\ u(x,0)=\varphi(x), & -\infty<x<\infty \end{cases}$

10. 对下列方程进行拉氏变换.

    (1) $\dfrac{\mathrm{d}^3 y}{\mathrm{d}t^3}+3\dfrac{\mathrm{d}^2 y}{\mathrm{d}t^2}+3\dfrac{\mathrm{d}y}{\mathrm{d}t}+y=6\mathrm{e}^{-t}$, $y(0)=0$, $\left.\dfrac{\mathrm{d}y}{\mathrm{d}t}\right|_{t=0}=0$, $\left.\dfrac{\mathrm{d}^2 y}{\mathrm{d}t^2}\right|_{t=0}=0$;

    (2) $\begin{cases} \dfrac{\mathrm{d}y}{\mathrm{d}t}+2y+2z=10\mathrm{e}^{2t} \\ \dfrac{\mathrm{d}z}{\mathrm{d}t}-2y+z=7\mathrm{e}^{2t} \end{cases}$ $\begin{cases} y(0)=1 \\ z(0)=3 \end{cases}$

11. 求下列像函数的原函数.

    (1) $\bar{j}(p)=\dfrac{E_0 \omega}{(R+1/pc)(p^2+\omega^2)}$;   (2) $\bar{I}=\dfrac{\pi}{2}\dfrac{1}{P(P+1)}$.

第 2 章 定解问题

在这一章里,我们将讨论某些物理量在空间中随时间的变化规律,例如,电场强度或电势、磁感强度、温度、杂质浓度、声压、流体力学中的速度势等.一般而言,这些物理量是空间坐标和时间的多元函数.因此,其所遵循的运动规律在数学上就表现为偏微分方程.

2.1 定解问题的提法

事实上,自然界中许多物理现象遵从同样的运动规律,如振动着的细弦上各点的位移、细杆上各点做纵向伸缩运动的位移、交变电磁场中的电场强度和磁感强度随时间的变化规律等,这就是事物的共性,事物的共性是解决同类物理问题的依据.

但同一类物理现象可以具有不同的"历史"和"环境",为反映现象的"历史"和所处的"环境",即要体现物理系统的个性或特殊性,就必须知道其初始条件和边界条件.我们把初始条件和边界条件统称为定解条件.而把反映同一类物理现象运动规律的偏微分方程称为数学物理方程,也称为泛定方程.将泛定方程和相应的定解条件合在一起就称为定解问题.

由此可见,泛定方程就代表了同一类物理现象所遵从的运动规律,而要求解某一物理系统的具体运动规律,就由与该系统相应的定解条件确定.

2.2 数学物理方程的导出与归类

下面我们将利用熟知的物理知识推导一些典型物理系统的运动规律,即把物理现象"翻译"成数学物理方程.

2.2.1 波动方程

1. 弦的微小横振动

常见的各种弦类乐器中弦的运动就几乎近似于微小横振动.如图 2.1 所示,有一均匀柔软的细弦,平衡时沿直线被拉紧,且设只受到不随时间而变化的张力及弦所受的的重力作用.若使原来张紧沿 x 轴成直线的弦上某点具有一初始小位移,此后让其在垂直 x 轴方向作自由振动,这就是弦的微小横振动.此处微小的含义

是 α 和 α' 都很小,即条件
$$\alpha \approx \sin\alpha, \quad \alpha' \approx \sin\alpha'$$
成立,且弦上各点只有垂直于 x 方向的位移 u,在 x 方向始终无位移.

现取弦中一小段 $\mathrm{d}l$ 进行分析,设弦的线密度为 ρ,则弧段 AB 受到三个力的作用:重力 $\rho g\mathrm{d}l$,B 点受到右端弦的拉力 T',A 点受到左端弦的拉力 T. AB 弧段就是在这些力的共同作用下的运动.

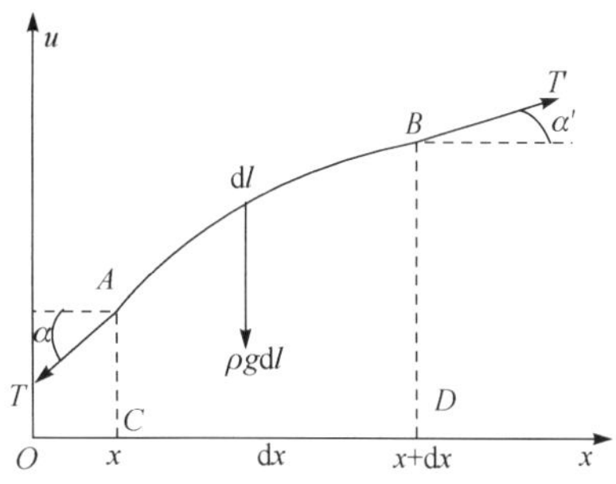

图 2.1

根据弧段 AB 的受力情况,可写出运动方程为

$$x \text{ 方向}: T'\cos\alpha' - T\cos\alpha = 0 \tag{2.2.1}$$

$$u \text{ 方向}: T'\sin\alpha' - T\sin\alpha - \rho g\mathrm{d}l = \rho \mathrm{d}l \frac{\partial^2 u}{\partial t^2} \tag{2.2.2}$$

由于 $\alpha \approx \alpha' \approx 0$,所以在 $\alpha = 0$ 的邻域内将 $\cos\alpha$ 展开为 α 的幂级数有

$$\cos\alpha = 1 - \frac{\alpha^2}{2!} + \frac{\alpha^4}{4!} \cdots$$

略去 α、α' 高于一次幂的各项后得

$$\cos\alpha = \cos\alpha' = 1$$

于是式(2.2.1)变为

$$T = T' \tag{2.2.3}$$

代入式(2.2.2)得

$$T(\sin\alpha' - \sin\alpha) - \rho g\mathrm{d}l = \rho \mathrm{d}l \frac{\partial^2 u}{\partial t^2} \tag{2.2.4}$$

因为

$$\sin\alpha \approx \tan\alpha = \frac{\partial u(x,t)}{\partial x}, \quad \sin\alpha' \approx \tan\alpha' = \frac{\partial u(x+\mathrm{d}x,t)}{\mathrm{d}x}$$

而

$$\mathrm{d}l = \sqrt{(\mathrm{d}x)^2 + (\mathrm{d}u)^2} = \sqrt{1 + \left[\frac{\partial u(x,t)}{\partial x}\right]^2} \mathrm{d}x \approx \mathrm{d}x$$

所以式(2.2.4)变为

$$T\left[\frac{\partial u(x+\mathrm{d}x,t)}{\partial x} - \frac{\partial u(x,t)}{\partial x}\right] - \rho g\mathrm{d}x = \rho \mathrm{d}x \frac{\partial^2 u(x,t)}{\partial t^2}$$

因为所取的 $\mathrm{d}l$ 非常小,根据微分定义,在同一时刻,上式方括号可用 u_x 的微分代替,即

$$\mathrm{d}u_x(x,t) = \frac{\partial u_x}{\partial x}\mathrm{d}x = \frac{\partial^2 u(x,t)}{\partial x^2}\mathrm{d}x$$

上式中已将 $\frac{\partial u(x,t)}{\partial x}$ 表为 $u_x(x,t)$，于是有

$$T\frac{\partial^2 u(x,t)}{\partial x^2} - \rho g = \rho\frac{\partial^2 u(x,t)}{\partial x^2}$$

即

$$\frac{T}{\rho}\frac{\partial^2 u(x,t)}{\partial x^2} = \frac{\partial^2 (x,t)}{\partial t^2} + g \tag{2.2.5}$$

当 T 较大时，弦振动的加速度 $\frac{\partial^2 u}{\partial t^2}$ 远大于重力加速度 g，于是可将式(2.2.5)中的 g 略去，且令 $\frac{T}{\rho} = a^2$，则式(2.2.5)可改写为

$$\frac{\partial^2 u}{\partial t^2} = a^2\frac{\partial^2 u}{\partial x^2} \tag{2.2.6}$$

式(2.2.6)称为一维波动方程，而 a 即为振动传播的速度，称为波速.

若弦上任意一点 x 在时刻 t 受到垂直于 x 轴的外力作用，设力密度为 $F(x,t)$，则 $\mathrm{d}l$ 这段弦的运动方程为

$$T'\cos\alpha' - T\cos\alpha = 0$$

$$F\mathrm{d}l + (T'\sin\alpha' - T\sin\alpha) - \rho g\mathrm{d}l = \rho\mathrm{d}l\frac{\partial^2 u}{\partial t^2}$$

若此时弦仍作微小振动，按上面同样的讨论方法，略去弦所受的重力后，得弦的受迫振动方程为

$$\frac{\partial^2 u}{\partial t^2} = a^2\frac{\partial^2 u}{\partial x^2} + \frac{F(x,t)}{\rho}$$

或写成

$$\frac{\partial^2 u}{\partial t^2} - a^2\frac{\partial^2 u}{\partial x^2} = f(x,t) \tag{2.2.7}$$

其中 $f(x,t) = \frac{1}{\rho}F(x,t)$ 表示 t 时刻单位质量的弦所受的外力.

式(2.2.6)可改写为 $\frac{\partial^2 u}{\partial t^2} - a^2\frac{\partial^2 u}{\partial x^2} = 0$. 与式(2.2.7)相比可见，式(2.2.7)右边多了一项 $f(x,t)$，且 $f(x,t)$ 与 u 无关，我们把 $f(x,t)$ 称为自由项. 因此把式(2.2.6)称为齐次方程，而式(2.2.7)则称为非齐次方程. 为书写方便，方程(2.2.6)和(2.2.7)也常表为

$$u_{tt} - a^2 u_{xx} = 0 \quad \text{和} \quad u_{tt} - a^2 u_{xx} = f(x,t)$$

2. 均匀杆的微小纵振动

如图 2.2 所示,均匀杆 l 的任意一小段若有纵向移动,就必然会引起其邻段的压缩或伸长,而邻段的压缩或伸长又使它自己的邻段压缩或伸长……于是,任意一小段的纵振动就会在整个杆中传播.

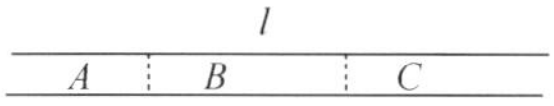

图 2.2

现取杆的一小段 B 的纵振动来讨论,如图 2.3 所示,设在振动过程中某时刻,B 两端的位移分别为 u 和 $u+\mathrm{d}u$,即 B 段伸长了 $\mathrm{d}u$,而根据微分定义有 $\mathrm{d}u=\dfrac{\partial u}{\partial x}\mathrm{d}x=u_x\mathrm{d}x$,其中 $u_x=\dfrac{\partial u}{\partial x}=\dfrac{\mathrm{d}u}{\mathrm{d}x}$(请读者分析此处为何可用常导数代替偏导数?)是 B 段的相对伸长,显然相对伸长随 x 而异.将 B 段两端的相对伸长分别表示为 $u_x|_x$ 和 $u_x|_{x+\mathrm{d}x}$,设杆的杨氏模量(杆断面上的力密度与相对伸长之比)为 Y,则杆两端所受的力分别为 $-YSu_x|_x$ 和 $-YSu_x|_{x+\mathrm{d}x}$,S 为杆的横断面积.根据牛顿第二定律得 B 段的运动方程为

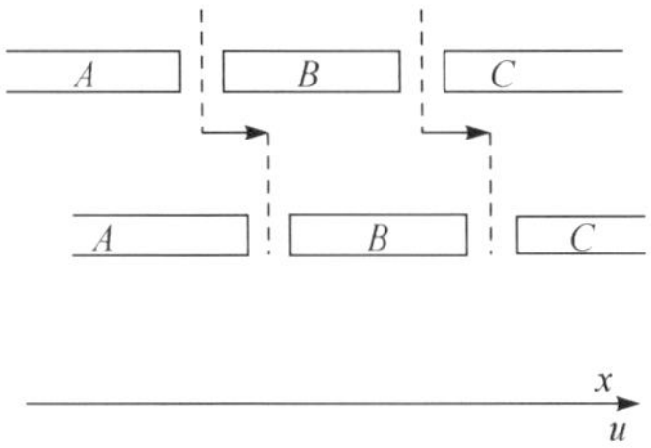

$$YSu_x|_{x+\mathrm{d}x}-YSu_x|_x=\rho S\mathrm{d}x\dfrac{\partial^2 u}{\partial t^2}$$

而

$$u_x|_{x+\mathrm{d}x}-u_x|_x=\dfrac{\partial}{\partial x}\left(\dfrac{\partial u}{\partial x}\right)\mathrm{d}x$$

所以

$$Y\dfrac{\partial^2 u}{\partial x^2}\mathrm{d}x=\rho\mathrm{d}x\dfrac{\partial^2 u}{\partial t^2}$$

图 2.3

令 $a^2=Y/\rho$,则上式最后写成

$$\dfrac{\partial^2 u}{\partial t^2}-a^2\dfrac{\partial^2 u}{\partial x^2}=0 \quad \text{或} \quad u_{tt}-a^2u_{xx}=0 \tag{2.2.8}$$

若单位长度的杆受到纵向外力密度 $F(x,t)$ 的作用,此时杆将作受迫振动,按与弦受迫振动的同样讨论,可得杆的受迫振动方程为

$$\dfrac{\partial^2 u}{\partial t^2}-a^2\dfrac{\partial^2 u}{\partial x^2}=f(x,t) \quad \text{或} \quad u_{tt}-a^2u_{xx}=f(x,t) \tag{2.2.9}$$

其中 $f(x,t)=\dfrac{1}{\rho}F(x,t)$ 表示单位质量的杆所受的力,a 则是振动在杆中传播的速度,即波速.

3. 高频传输线方程

对于平行传输线或同轴电缆,当通过的电流频率较高时(未高到明显向外辐射电磁波的情形),导线间的电漏、自感和分布电容就不能忽略.此时图 2.4 的传输线可用图 2.5 的等效电路表示.

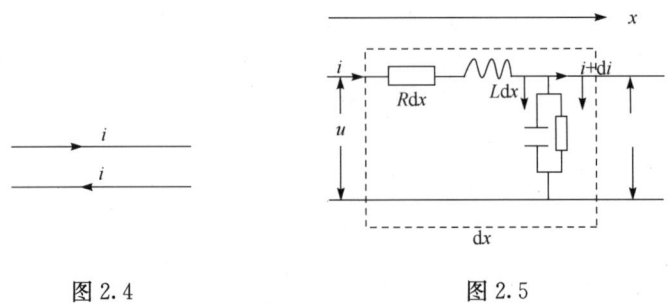

图 2.4　　　　　图 2.5

现根据基尔霍夫定律分析图 2.5 一极小段双线传输线中的电流 i 和电压 u 随 x 和 t 的变化规律. 设单位长度传输线的电阻、自感、电漏和分布电容分别为 R、L、G 和 C,于是长为 dx 一段传输线相应的量为 Rdx、Ldx、Gdx 和 Cdx,根据图 2.5,由基尔霍夫第二定律有

$$u-(u+du)-Ridx-Ldx\frac{\partial i}{\partial t}=0$$

即

$$\frac{\partial u}{\partial x}=-Ri-L\frac{\partial i}{\partial t} \tag{2.2.10}$$

再由基尔霍夫第一定律,进入节点 x 的电流等于流出该节点的电流,即

$$i-(i+di)-C\frac{\partial u}{\partial t}dx-Gudx=0$$

即

$$\frac{\partial i}{\partial x}=-C\frac{\partial u}{\partial t}-Gu \tag{2.2.11}$$

式(2.2.10)、式(2.2.11)即为传输线中的电流和电压所满足的方程组. 设 i 和 u 对 x 和 t 都是二次可微的,则由式(2.2.11)对 x 求偏导后减去由式(2.2.10)乘以 C 后再对 t 求偏导得

$$\frac{\partial^2 i}{\partial x^2}+G\frac{\partial u}{\partial x}-LC\frac{\partial^2 i}{\partial t^2}-CR\frac{\partial i}{\partial t}=0$$

再将式(2.2.10)中的 $\frac{\partial u}{\partial x}$ 代入上式得

$$\frac{\partial^2 i}{\partial x^2}=LC\frac{\partial^2 i}{\partial t^2}+(CR+GL)\frac{\partial i}{\partial t}+CRi \tag{2.2.12}$$

这就是电流 i 所满足的微分方程. 同理,在式(2.2.10)、式(2.2.11)中消去 i 即得

电压 u 所满足的微分方程为

$$\frac{\partial^2 u}{\partial x^2}=LC\frac{\partial^2 u}{\partial t^2}+(RC+GL)\frac{\partial u}{\partial t}+GRu \tag{2.2.13}$$

式(2.2.12)和式(2.2.13)称为传输线方程.

对于高频情形,与 L 和 C 相比,R 和 G 可忽略,于是得高频传输线方程

$$\begin{cases}\dfrac{\partial^2 i}{\partial x^2}-LC\dfrac{\partial^2 i}{\partial t^2}=0\\ \dfrac{\partial^2 u}{\partial x^2}-LC\dfrac{\partial^2 u}{\partial t^2}=0\end{cases} \text{或} \quad \begin{cases}i_{tt}-a^2 i_{xx}=0\\ u_{tt}-a^2 u_{xx}=0\end{cases} \tag{2.2.14}$$

其中 $a=\dfrac{1}{\sqrt{LC}}$ 即为电磁波的传播速度.式(2.2.14)也常被称为电报方程.

4. 电磁场方程

在电磁学或电动力学中我们知道电磁场的特性可用电场强度 $\boldsymbol{E}$ 和电位移矢量 $\boldsymbol{D}$、磁场强度 $\boldsymbol{H}$ 和磁感强度 $\boldsymbol{B}$ 来描述.它们由麦克斯韦方程组

$$\begin{cases}\nabla\times\boldsymbol{H}=\boldsymbol{J}+\dfrac{\partial \boldsymbol{D}}{\partial t}\\ \nabla\times\boldsymbol{E}=-\dfrac{\partial \boldsymbol{B}}{\partial t}\\ \nabla\cdot\boldsymbol{B}=0\\ \nabla\cdot\boldsymbol{D}=\rho\end{cases} \tag{2.2.15}$$

和物质的电磁性质方程

$$\begin{cases}\boldsymbol{D}=\varepsilon\boldsymbol{E}\\ \boldsymbol{B}=\mu\boldsymbol{H}\\ \boldsymbol{J}=\lambda\boldsymbol{E}\end{cases} \tag{2.2.16}$$

联系起来.其中 $\boldsymbol{J}$ 和 ρ 分别为传导电流密度和自由电荷体密度,而 ε 为介质的介电常量,μ 为导磁率,λ 为电导率,若介质是均匀且各向同性的,则 ε、μ、λ 均为常数.

设 $\boldsymbol{H}$、$\boldsymbol{E}$ 对空间坐标和时间都是二次连续可微的,则由式(2.2.15)第一式取旋度得

$$\nabla\times(\nabla\times\boldsymbol{H})=\nabla\times\boldsymbol{J}+\frac{\partial(\nabla\times\boldsymbol{D})}{\partial t}$$

由式(2.2.15)第二式对 t 求导同时将式(2.2.16)的第一、第三式代入上式得

$$\nabla\times(\nabla\times\boldsymbol{H})=\lambda\nabla\times\boldsymbol{E}+\varepsilon\frac{\partial(\nabla\times\boldsymbol{E})}{\partial t}$$

再将式(2.2.15)的第二式代入上式并注意到 $\nabla\times(\nabla\times\boldsymbol{H})=\nabla(\nabla\cdot\boldsymbol{H})-\nabla^2\boldsymbol{H}$ 和第

三式 $\nabla \cdot \boldsymbol{B} = 0$ 得

$$\nabla^2 H = \varepsilon\mu \frac{\partial^2 H}{\partial t^2} + \lambda\mu \frac{\partial H}{\partial t}$$

同理,消去 H 即得 E 所满足的方程为

$$\nabla^2 E = \varepsilon\mu \frac{\partial^2 E}{\partial t^2} + \lambda\mu \frac{\partial E}{\partial t}$$

若介质为绝缘体,则 $\lambda = 0$,于是上面两式简化为

$$\begin{cases} \dfrac{\partial^2 H}{\partial t^2} = a^2 \nabla^2 H \\ \dfrac{\partial^2 E}{\partial t^2} = a^2 \nabla^2 E \end{cases} \tag{2.2.17}$$

式(2.2.17)称为电磁场的三维波动方程.

若以 u 表示 E 或 H 的任一分量($E_x, E_y, E_z, H_x, H_y, H_z$),则式(2.2.17)可用标量函数统一表为

$$\frac{\partial^2 u}{\partial t^2} = a^2 \left(\frac{\partial^2 u}{\partial x^2} + \frac{\partial^2 u}{\partial y^2} + \frac{\partial^2 u}{\partial z^2} \right) \tag{2.2.18}$$

其中 $a = \dfrac{1}{\sqrt{\mu\varepsilon}}$ 就是电磁波在介质中的波速. 对于静电场,电场强度 E 与电势 φ 的关系为

$$E = -\nabla\varphi$$

由式(2.2.15)第四式和式(2.2.16)的第一式有

$$\nabla \cdot \boldsymbol{E} = -\nabla \cdot \nabla\varphi = -\nabla^2\varphi = \frac{\rho}{\varepsilon} \tag{2.2.19}$$

当所讨论区域不存在自由电荷时,$\rho = 0$,则有

$$\nabla^2\varphi = 0 \tag{2.2.20}$$

式(2.2.19)称为泊松(Poisson)方程,而式(2.2.20)则称为拉普拉斯(Laplace)方程. 它们反映了静电场电势的分布规律.

5. 均匀薄膜的微小横振动

现在研究张紧的均匀薄膜上任意一点的横振动规律.

设静止的薄膜在 xy 平面上,如图 2.6(a)所示. 为讨论方便计,取薄膜 S 中的一面元 $ds = dxdy$ 进行分析(如图 2.6(b)). 当薄膜在垂直于 xy 平面上振动起来之后,从平行于 y 轴正方向看,我们看到的正是 dx 这一元边,如图 2.7 所示. 设薄膜在 xy 平面方向无位移,只在垂直 xy 平面的 u 方向有位移,因此,元薄膜 $dxdy$ 在 xy 平面方向所受的合力为零. 显然,在忽略薄膜自身重力的情况下,元薄膜 $dxdy$

的坐标分别为 x 和 $x+\mathrm{d}x$ 两边所受的合力为

$$(T\sin\theta' - T\sin\theta)\mathrm{d}y \approx T(\tan\theta' - \tan\theta)\mathrm{d}y$$
$$= T\left(\frac{\partial u}{\partial x}\bigg|_{x+\mathrm{d}x} - \frac{\partial u}{\partial x}\bigg|_x\right)\mathrm{d}y = T\frac{\partial^2 u}{\partial x^2}\mathrm{d}x\mathrm{d}y$$

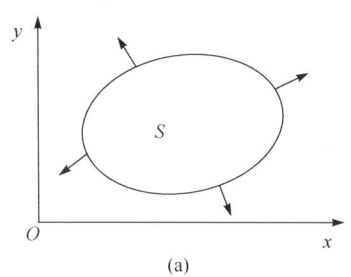
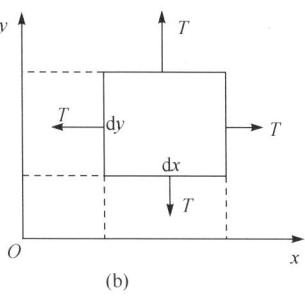

图 2.6

同理,可得元薄膜 $\mathrm{d}x\mathrm{d}y$ 的坐标分别为 y 和 $y+\mathrm{d}y$ 两边所的合力为

$$(T\sin\theta' - T\sin\theta)\mathrm{d}x \approx T(\tan\theta' - \tan\theta)\mathrm{d}x$$
$$= T\left(\frac{\partial u}{\partial y}\bigg|_{y+\mathrm{d}y} - \frac{\partial u}{\partial y}\bigg|_y\right)\mathrm{d}x$$
$$= T\frac{\partial^2 u}{\partial y^2}\mathrm{d}x\mathrm{d}y$$

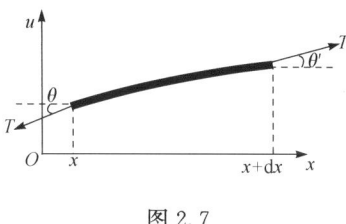

图 2.7

因此,元薄膜 $\mathrm{d}x\mathrm{d}y$ 在 u 方向所受的合力为 $T\left(\frac{\partial^2 u}{\partial x^2} + \frac{\partial^2 u}{\partial y^2}\right)\mathrm{d}x\mathrm{d}y$. 设薄膜的面密度为 σ,则根据牛顿第二定律有

$$T\left(\frac{\partial^2 u}{\partial x^2} + \frac{\partial^2 u}{\partial y^2}\right)\mathrm{d}x\mathrm{d}y = \sigma \mathrm{d}x\mathrm{d}y \frac{\partial^2 u}{\partial t^2}$$

即

$$T\left(\frac{\partial^2 u}{\partial x^2} + \frac{\partial^2 u}{\partial y^2}\right) = \sigma \frac{\partial^2 u}{\partial t^2} \quad 或 \quad T(u_{xx} + u_{yy}) = \sigma u_{tt}$$

或写成

$$\frac{\partial^2 u}{\partial t^2} = a^2\left(\frac{\partial^2}{\partial x^2} + \frac{\partial^2}{\partial y^2}\right)u = a^2 \Delta_2 u \tag{2.2.21}$$

式(2.2.21)即为薄膜的微小横振动方程,其中 $a = \sqrt{\sigma/T}$ 即为薄膜作微小横振动传播的速度. $\Delta_2 = \left(\frac{\partial^2}{\partial x^2} + \frac{\partial^2}{\partial y^2}\right)$ 称为二维拉普拉斯算符.

对于薄膜的受迫振动,仿照弦的讨论可得

$$u_{tt}-a^2\Delta_2 u=F/\rho \tag{2.2.22}$$

从上面 5 个泛定方程的推导可见,它们虽属于完全不同的物理系统,然而遵从的运动规律却是一样的,即都表现为齐次或非齐次波动方程. 而不同系统的具体解答则由给定的定解条件确定.

2.2.2 运输方程

在自然界中我们还经常遇到这样的现象,由于温度的不均匀而出现宏观上的传热;由于物质浓度的不均匀而导致宏观上的扩散;而由于流体中不同流层中的定向速度不同而出现宏观上的黏滞;……. 这类自然现象统称为输运过程. 这就涉及温度、物质浓度等物理量随空间坐标和时间的分布问题,下面分别加以推导.

1. 热传导方程

图 2.8 为一热的物体,设其体内各点温度不同,则热量将从高温处流向低温处,于是热体内温度将随空间点的坐标和时间而变. 下面根据热力学知识推导其温度的分布规律.

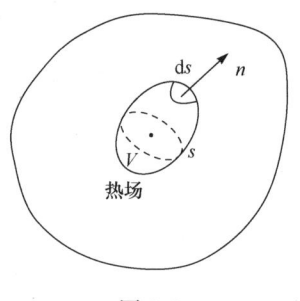

图 2.8

我们只限于讨论均匀且各向同性的热体. 对闭合曲面 s 与所围的区域 V,设 V 内 o 点处的温度为 $u(x,y,z,t)$,n 为面元 ds 的法向(由 V 内指向 V 外). 根据傅里叶(Fourier)实验定律,在时段 dt 内通过 ds 的热量 dQ 为

$$dQ=-k\frac{\partial u}{\partial n}dsdt=-k(\nabla u)_n dsdt=-k\nabla u\cdot d\mathbf{s}dt$$

其中 k 为热传导系数. 对均匀且各向同性热导体,k 为常数. $\dfrac{\partial u}{\partial n}$ 为 u 沿法线方向的方向导数;负号则反映了热流是与温度梯度的方向相反的关系. 于是在 $t_1\sim t_2$ 的时间段内通过闭合曲面 s 流进 V 内的热量为

$$Q=\int_{t_1}^{t_2}\left[\oint_s k\nabla u\cdot d\mathbf{s}\right]dt$$

Q 的进入将使 V 内各点的温度由 $u(x,y,z,t_1)$ 升高为 $u(x,y,z,t_2)$,而在 V 内任意一体元 dV 的物质中增加的热量为

$$dQ'=c\rho[u(x,y,z,t_2)-u(x,y,z,t_1)]dV$$

其中 c 为热体的比热,ρ 为热体的密度. 对我们的情形,它们都是常数. 对上式积分即得在 $[t_1,t_2]$ 内 V 中物质由于温度升高所需的热量为

$$Q'=\int_V c\rho[u(x,y,z,t_2)-u(x,y,z,t_1)]dV$$

根据能量守恒定律,显然在 $[t_1,t_2]$ 内通过 s 流入 V 内的热量 Q 应与 V 内因温度升

高所需的热量 Q' 相等,即

$$\int_{t_1}^{t_2}\left[\oint_s k\ \nabla u \cdot \mathrm{d}\boldsymbol{s}\right]\mathrm{d}t = \int_V c\rho[u(x,y,z,t_2)-u(x,y,z,t_1)]\mathrm{d}V \quad (2.2.23)$$

若 u 关于空间变量具有二阶连续偏导数,则根据奥-高(Oersted-Gauss)公式,可将上式左边的闭合曲面积分化为对 s 所围的体积积分,即

$$\oint_s k\ \nabla u \cdot \mathrm{d}\boldsymbol{s} = \int_V k\ \nabla^2 u \mathrm{d}V$$

式(2.2.23)右边积分号下的 $u(x,y,z,t_2)-u(x,y,z,t_1) = \int_{t_1}^{t_2}\frac{\partial u}{\partial t}\mathrm{d}t$,于是式(2.2.23)右边又可写为

$$\int_V c\rho\left[\int_{t_1}^{t_2}\frac{\partial u}{\partial t}\mathrm{d}t\right]\mathrm{d}V = \int_{t_1}^{t_2}\left[\int_V c\rho\frac{\partial u}{\partial t}\mathrm{d}V\right]\mathrm{d}t \quad (2.2.24)$$

因此

$$\int_{t_1}^{t_2}\left[\int_V k\ \nabla^2 u \mathrm{d}V\right]\mathrm{d}t = \int_{t_1}^{t_2}\left[\int_V c\rho\frac{\partial u}{\partial t}\mathrm{d}V\right]\mathrm{d}t$$

上式恒等的条件是它们的被积函数相等,于是得

$$k\ \nabla^2 u = c\rho\frac{\partial u}{\partial t}$$

或

$$\frac{\partial u}{\partial t} = \frac{k}{c\rho}\nabla^2 u = a^2\ \nabla^2 u = a^2\left(\frac{\partial^2}{\partial x^2}+\frac{\partial^2}{\partial y^2}+\frac{\partial^2}{\partial z^2}\right)u = a^2\Delta u \quad (2.2.25)$$

式(2.2.25)称为三维热传导方程. 其中 $a^2 = \dfrac{k}{c\rho}$,$\nabla^2 = \Delta$ 称为拉普拉斯算符.

若物体内存在强度为 $F(x,y,z,t)$ 的热源,则其相应的热传导方程为

$$\frac{\partial u}{\partial t} - a^2\Delta u = f(x,y,z,t) \quad (2.2.26)$$

其中,$f = \dfrac{F}{c\rho}$.

对于均匀且各向同性的细杆和薄板中的热传导现象,我们有一维和二维热传导方程

$$\begin{cases}\dfrac{\partial u}{\partial t} = a^2\dfrac{\partial^2 u}{\partial x^2}\\ \dfrac{\partial u}{\partial t} = a^2\left(\dfrac{\partial^2}{\partial x^2}+\dfrac{\partial^2}{\partial y^2}\right)u\end{cases} \quad (2.2.27)$$

2. 扩散方程

当浓度不均匀时,物质将从浓度高的地方向浓度低的地方迁移,这就是扩散.

如将装有酒精的瓶子打开,我们很快就会闻到酒精的气味;把墨滴滴到清水中,整杯清水将会变成墨水等.

扩散运动的强弱由扩散流强度(单位时间内通过垂直于扩散流单位横截面积的粒子数)反映,而浓度的不均匀程度则由浓度梯度反映.用 q 表扩散流强度,∇u 表浓度梯度,两者由扩散定律

$$q = -D \nabla u$$

联系起来.其中 D 称为扩散系数,它随物质的性质和温度而不同.负号则表示扩散流强度总是与浓度梯度方向相反.下面我们将根据扩散定律和粒子数守恒(不存在源或汇的情形)定律导出扩散方程.

如图 2.9 所示,我们先讨论只沿 x 正方向的一维扩散问题.设小六面体 x 面和 $x+\mathrm{d}x$ 面上的扩散流强度分别为 $q|_x$ 和 $q|_{x+\mathrm{d}x}$,则单位时间内穿过这两面进入六面体 $\mathrm{d}x\mathrm{d}y\mathrm{d}z$ 内的净流量为 $-(q|_{x+\mathrm{d}x}-q|_x)\mathrm{d}y\mathrm{d}z$(注意 x 面流入,而 $x+\mathrm{d}x$ 面是流出的),因为 $\mathrm{d}x$ 很小,由微分定义有

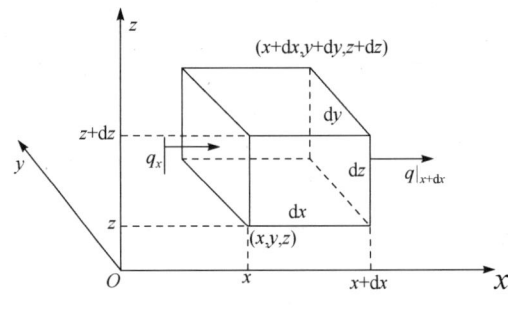

图 2.9

$$\mathrm{d}q = q|_{x+\mathrm{d}x} - q|_x = \frac{\partial u}{\partial x}\mathrm{d}x$$

于是通过 $\mathrm{d}y\mathrm{d}z$ 面进入六面体 $\mathrm{d}x\mathrm{d}y\mathrm{d}z$ 的净流量为

$$\Delta L = -(q|_{x+\mathrm{d}x} - q|_x)\mathrm{d}y\mathrm{d}z = -\frac{\partial u}{\partial x}\mathrm{d}x\mathrm{d}y\mathrm{d}z = D\frac{\partial^2 u}{\partial x^2}\mathrm{d}x\mathrm{d}y\mathrm{d}z$$

而平均进入六面体 $\mathrm{d}x\mathrm{d}y\mathrm{d}z$ 中单位体积的净流量为

$$\Delta l = D\frac{\partial^2 u}{\partial x^2}$$

由于已设扩散是均匀的,且由于不存在源(或汇),根据粒子数守恒定律,这应等于 $\mathrm{d}x\mathrm{d}y\mathrm{d}z$ 中浓度的时间变化率,即

$$\frac{\partial u}{\partial t} = D\frac{\partial^2 u}{\partial x^2} = a^2\frac{\partial^2 u}{\partial x^2} \tag{2.2.28}$$

这便是一维扩散方程,其中 $a^2 = D$.

若扩散沿着各个方向进行,则有三维扩散方程

$$\frac{\partial u}{\partial t}=D\frac{\partial^2 u}{\partial x^2}=a^2\left(\frac{\partial^2}{\partial x^2}+\frac{\partial^2}{\partial y^2}+\frac{\partial^2}{\partial z^2}\right)u=a^2\Delta u \tag{2.2.29}$$

若存在源(或汇),则扩散方程一般可表示为

$$\frac{\partial u}{\partial t}-a^2\Delta u=f(x,y,z,t) \tag{2.2.30}$$

例如,物质中由于链式反应而增值,设浓度增值的时间变化率为 $b^2 u$,则扩散方程将变为

$$u_t-a^2\Delta u=b^2 u \quad \text{或} \quad u_t-a^2\Delta u-b^2 u=0$$

由以上讨论我们再次看到,热传导和扩散现象尽管在物理本质上是完全不同的,但它们却遵从相同的运动规律,反映这类运动规律的方程统称为输运方程.

2.2.3 稳定分布问题

在以上所讨论的情形中,若物理量 u 不随时间变化,我们将得到如下稳定场方程(均以三维情形表出).

1. 稳定浓度分布

对于稳定分布问题,此时显然有 $u_t=0$. 若存在源(或汇),在所论区域内的浓度分布满足泊松方程,否则满足拉普拉斯方程,即

$$\Delta u=-\frac{f}{D} \quad \text{或} \quad \Delta u=0 \tag{2.2.31}$$

2. 稳定温度分布

此时 $u_t=0$,则稳定温度分布满足拉普拉斯方程或泊松方程(存在热源或热汇),即

$$\Delta u=0 \quad \text{或} \quad \Delta u=-\frac{f}{k} \tag{2.2.32}$$

3. 静电场的电势分布

在无自由电荷存在的区域,静电势 u 满足拉普拉斯方程;在有自由电荷存在的区域,u 满足泊松方程. 即

$$\Delta u=0 \quad \text{或} \quad \Delta u=-\frac{\rho}{\varepsilon} \tag{2.2.33}$$

4. 随时间作周期性变化的波动方程

此时波动方程中的 u 可表示为

代入三维齐次波动方程得

$$u(x,y,z,t) = v(x,y,z)e^{-i\omega t}$$

$$\Delta v(x,y,z) + \left(\frac{\omega}{a}\right)^2 v(x,y,z) = 0$$

或

$$\Delta v(x,y,z) + k^2 v(x,y,z) = 0 \tag{2.2.34}$$

式(2.2.34)称为亥姆霍兹(Helmholtz)方程,其中 $k = \frac{\omega}{a}$ 称为波数.

2.2.4 其他常见的数学物理方程

除以上常见的数学物理方程之外,我们将不加推导地给出其他一些常会遇到的数学物理方程.

1. 流体力学与声学方程

绝热过程中的声波方程为

$$s_{tt} - a^2 \Delta s = 0 \tag{2.2.35}$$

其中 $s = \frac{\rho - \rho_0}{\rho_0}$ 为空气密度相对变化量, $a^2 = \frac{\gamma p_0}{\rho_0}$, γ 为空气的等压比热与等容比热比, p_0 和 ρ_0 分别为标准状态下空气的压强和密度.

若某时刻存在速度势 U,则有流速 $v = \nabla U$. 由流体力学的完整方程作近似之后可得速度势满足的方程

$$U_{tt} - a^2 \Delta U = 0 \tag{2.2.36}$$

2. 无旋稳恒电流场方程

若电流无旋,必存在势 u,且电流密度 $j = -\nabla u$. 由散度定义可推出电流源强度与电流密度之间的关系为 $\nabla \cdot j = f(x,y,z)$,于是得电流势满足的方程

$$\Delta u = -f \tag{2.2.37}$$

在无电流源区域为

$$\Delta u = 0 \tag{2.2.38}$$

3. 杆的微小横振动方程

自由振动方程

$$u_{tt} - a^2 u_{xxxx} = 0 \tag{2.2.39}$$

受迫振动方程

$$u_{tt} - a^2 u_{xxxx} = f(x,t) \tag{2.2.40}$$

4. 量子力学中的薛定谔方程

$$i\hbar u_t + \frac{\hbar^2}{2m}\Delta u - Vu = 0 \tag{2.2.41}$$

其中 u 通常称为波函数,$\hbar = \frac{h}{2\pi}$ 也称为普朗克(Planck)常量.

归纳以上的讨论,我们实际上导出了 3 种类型的偏微分方程.从物理上看,它们分别属于波动过程、扩散过程和稳定分布情形,这在数学上恰好与双曲型、抛物型和椭圆型方程一一对应.求解这 3 类方程是数学物理方法课程的中心任务.

2.3 定 解 条 件

第 2 节中所导出的数学物理方程并没考虑所论区域的状况和历史状况.严格地说,上面得出的偏微分方程只适用于区域的内部和 $t>0$ 的任一时刻(通常选择零为计时起点).因此,仅由泛定方程不能唯一地、确定地描述某一具体的物理过程.要唯一地、确定地描述某一具体物理过程所遵从的规律,必须给出与该具体物理过程相对应的初始条件和边界条件,即给出定解条件(后面将会看到,定解条件还包括自然边界条件、自然周期条件和两介质交界面上的连接条件),由泛定方程和定解条件构成的定解问题才能唯一地、确定地反映具体物理过程的运动规律.

2.3.1 初始条件

用以说明系统初始状态的条件称为初始条件.对于波动方程,因为方程关于 t 是二阶偏导数,故此类方程的初始条件应有两个,即振动体各点在 $t=0$ 时刻的位移和速度.用 $\phi(x)$ 和 $\varphi(x)$ 分别表示初位移与初速度,则初始条件一般可表为

$$\begin{cases} u|_{t=0} = \phi(x) \\ u_t|_{t=0} = \varphi(x) \end{cases} \quad \text{或} \quad \begin{cases} u(x,0) = \phi(x) \\ u_t(x,0) = \varphi(x) \end{cases} \tag{2.3.1}$$

对于输运方程,因只出现对 t 的一阶偏导数,故只需一个初始条件即可,这就是初始温度(或初始浓度)$\varphi(M)$,M 为系统内任一点,可一般表为

$$u(M,t)|_{t=0} = \phi(M) \quad \text{或} \quad u(M,0) = \phi(M) \tag{2.3.2}$$

而对于稳定分布问题,因与初始状态无关,故稳定分布无初始条件.

2.3.2 边界条件

用以说明边界上约束状况的条件称为边界条件.边界条件通常分为以下 3 种类型:

第一类边界条件:这类边界条件给出 u 在边界上各点的函数值,即

$$u|_\Gamma = \varphi \quad \text{或} \quad u(\Gamma, t) = \varphi \tag{2.3.3}$$

其中 φ 是 t 的已知函数或常数,即 u 在边界 Γ 上的值.

第二类边界条件:这类边界条件给出待求函数 u 在边界 Γ 上各点法线方向的导数值,即

$$\left.\frac{\partial u}{\partial n}\right|_\Gamma = \varphi \quad \text{或} \quad u_n(\Gamma, t) = \varphi \tag{2.3.4}$$

第三类边界条件:这类边界条件给出 u 在边界 Γ 上各点的函数值与法线方向导数值之间的某种线性组合,即

$$(u + \beta u_n)|_\Gamma = \varphi \tag{2.3.5}$$

其中 β 为任意已知常数,φ 为 t 的已知函数或常数.

下面举例说明这 3 类边界条件的具体形式.

例 1 长为 l 的两端固定的细弦,试写出其边界条件.

由于弦两端固定,其位移始终为零,故此问题具有第一类齐次边界条件. 设弦沿 x 方向,则其边界条件为

$$u|_{x=0} = 0, \quad u|_{x=l} = 0 \quad \text{或} \quad u(0, t) = 0, \quad u(l, t) = 0$$

例 2 长为 l 的弦,$x = 0$ 一端固定,$x = l$ 一端自由,写出其边界条件.

显然 $x = 0$ 一端的位移始终为零,该端具有第一类齐次边界条件;而 $x = l$ 一端自由,其相对伸长为零,于是该端具有第二类齐次边界条件. 即

$$u|_{x=0} = 0, \quad u_x|_{x=l} = 0 \quad \text{或} \quad u(0, t) = 0, \quad u_x(l, t) = 0$$

例 3 设热体通过边界 Γ 与外界有热量交换,热体内温度为 u,边界上内侧温度为 $u|_\Gamma$,外侧温度为 T,试写出其边界条件.

根据牛顿冷却定律,由热体流出的热流强度 q 与边界 Γ 两侧的温差成正比,即

$$q|_\Gamma = H(u|_\Gamma - T)$$

其中 H 为比例系数. 而根据热传导定律又有

$$q|_\Gamma = -k \left.\frac{\partial u}{\partial n}\right|_\Gamma$$

于是得

$$H(u|_\Gamma - T) = -k \left.\frac{\partial u}{\partial n}\right|_\Gamma$$

因此该问题具有第三类边界条件

$$(Hu + k u_n)|_\Gamma = HT \quad \text{或} \quad (u + h u_n)|_\Gamma = T$$

其中 $h = k/H$. 若使边界 Γ 保持为零度,则有第三类齐次边界条件

$$(u + h u_n)|_\Gamma = 0$$

注意:若边界上的热流是沿外法线方向流出,热传导定律为 $q|_\Gamma = -k \left.\frac{\partial u}{\partial n}\right|_\Gamma$;

若为流进,则热传导定律为 $q|_\Gamma = k\dfrac{\partial u}{\partial n}\Big|_\Gamma$;明确这一点之后,在将外法线方向的方向导数换为对坐标的导数时才不致于把符号弄错.

除以上讨论的边界条件之外,我们在普通物理学或电磁学中常会遇到两种介质界面两侧的电势、电场或磁场的分布问题,这就需要连接(或衔接)条件;圆形域的电势或温度分布问题,这就要考虑到其周期性,即自然周期条件;带电球体的球心和无限远处的电势问题,这就出现了自然边界条件或有限性条件(一般设离带电体无穷远点的电势为零,而球心的电势则必须满足有限性要求);……,这些问题将放在后几章的具体问题中加以说明.

2.4 定解问题的适定性

从以上几节讨论可知,对某些实际物理问题,我们有可能将其归结为某一定解问题的求解,其解就是在满足定解条件下,具有方程中出现的各阶连续偏导数且能使方程成为恒等式的某一函数. 现在的问题是:定解问题的解是否存在? 如果存在,其解是否唯一的? 是否稳定的? 这就是定解问题的适定性问题.

所谓解的存在性,就是指定解问题有解;唯一性就是指定解问题只有唯一的一个解. 若某一定解问题有两个线性无关的解 u_1 和 u_2,则其解就不是唯一的,此时就说该定解问题不是适定的. 实际上,如果 u_1 和 u_2 都是同一定解问题的解,则 u_1 和 u_2 必是线性相关的,它们最多只相差一常数. 所谓解的稳定性,是指当自变量发生微小变化时,其解——待求函数也只有微小的变化.

关于定解问题的适定性,我们不准备从数学上进行严格的论证,而只从物理上加以说明. 从前面泛定方程和定解条件的推导中可见,我们已在一定限度内作了简化和近似. 显然,这样的简化与近似只有在稳定性要求的范围内才是允许的. 因此,如果我们对实际物理问题所做的抽象是合理的,所给的初始条件能完全反映系统任一点(包括边界)初始时刻(通常 $t=0$ 时刻)的状态,而边界条件能完全确定边界上任一点在 $t \geq 0$ 时刻的状态,则如此构成的定解问题必然是适定的,即其解必然是存在的、唯一且稳定的. 一个定解问题是否符合实际,就看它的解是否满足适定性条件.

2.5 线性偏微分方程与叠加原理

作为后面讨论的准备,我们指出线性偏微分方程所具有的一个重要性质——叠加原理.

一个含有 n 个变量的二阶线性偏微分方程的一般形式为

$$Lu=\sum_{i,j=1}^{n}A_{ij}\frac{\partial^2 u}{\partial x_i \partial y_j}+\sum_{i=1}^{n}B_i\frac{\partial u}{\partial x_i}+cu=f \tag{2.5.1}$$

其中 A_{ij}, B_i, c 和 f 均为 $x_1, x_2, \cdots, x_n$ 的已知函数，与待求函数 u 无关. 对于 $n=2$ 的情形，式(2.5.1)为

$$\begin{aligned}&A(x,y)\frac{\partial^2 u}{\partial x^2}+2B(x,y)\frac{\partial^2 u}{\partial x\partial y}+C(x,y)\frac{\partial^2 u}{\partial y^2}+D(x,y)\frac{\partial u}{\partial x}\\&+E(x,y)\frac{\partial u}{\partial y}+F(x,y)u=f(x,y)\end{aligned} \tag{2.5.2}$$

迭加原理是指：若 u_i 是方程 $Lu_i=f_i(i=1,2,\cdots)$ 的解，而级数 $u=\sum\limits_{i=1}^{\infty}c_iu_i$ 收敛且能逐项微分两次，$c_i(i=1,2,\cdots)$ 为任意常数，则 u 一定是方程(2.5.1) 的解.

需要强调的是：千万别把迭加原理与定解问题解的唯一性对立起来. 读者通过下一章的学习将会完全明白迭加原理确切的物理含义，它与解的唯一性并不矛盾.

2.6 δ 函 数

在物理学中，为了使问题简化，我们常引用诸如质点、点电荷等理想物理模型，因为质点和点电荷都只是一个几何点，其体积为零，因此按通常的数学定义，质点的质量密度和点电荷的电荷体密度就变为无穷大，这是没有意义的. 为使这类物理量表为既能完全反映它们的性质、同时又便于运算的函数形式，也为了后面的应用，我们引入下面定义的 δ 函数.

2.6.1 δ 函数的定义及其性质

1. δ 函数的定义

设 x_0 为 x 轴上的任一定点，若函数 $\delta(x-x_0)$在区间$(-\infty,\infty)$满足

$$\delta(x-x_0)=\begin{cases}0, & x\neq x_0\\ \infty, & x=x_0\end{cases}$$

$$\int_{-\infty}^{\infty}\delta(x-x_0)\mathrm{d}x=1 \tag{2.6.1}$$

则 $\delta(x-x_0)$ 称为 δ 函数，其函数图像如图 2.10 所示.

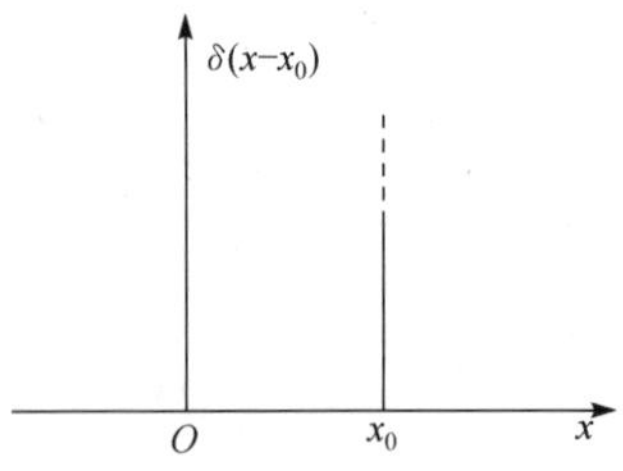

图 2.10

若 $x_0=0$，则式(2.6.1)变为

$$\delta(x)=\begin{cases}0, & x\neq 0\\ \infty, & x=0\end{cases}$$

$$\int_{-\infty}^{\infty}\delta(x)\mathrm{d}x=1 \tag{2.6.2}$$

2. δ 函数的性质

(1) 若 $\alpha < \beta$,则有 $\int_\alpha^\beta \delta(x-x_0)\mathrm{d}x = \begin{cases} 0, & x_0 \notin (\alpha,\beta) \\ 1, & x_0 \in (\alpha,\beta) \end{cases}$ \hfill (2.6.3)

此性质由 δ 函数的定义即可直接证明.

(2) 若 $f(x)$ 是定义在 $(-\infty,\infty)$ 上的任一连续函数,则有
$$\int_{-\infty}^\infty f(x)\delta(x-x_0)\mathrm{d}x = f(x_0) \tag{2.6.4}$$

证明 取一任意小的正数 ε,若 x_0 在 $(-\varepsilon,\varepsilon)$ 中,则根据性质(1)有
$$\int_{-\infty}^\infty f(x)\delta(x-x_0)\mathrm{d}x = \int_{x_0-\varepsilon}^{x_0+\varepsilon} f(x)\delta(x-x_0)\mathrm{d}x$$

根据中值定理和性质(1)得
$$\int_{x_0-\varepsilon}^{x_0+\varepsilon} f(x)\delta(x-x_0)\mathrm{d}x = f(\xi)\int_{x_0-\varepsilon}^{x_0+\varepsilon}\delta(x-x_0)\mathrm{d}x = f(\xi)$$

因为 ξ 是区间 $(x_0-\varepsilon, x_0+\varepsilon)$ 内的一点,当 $\varepsilon \to 0$ 时,有 $\xi \to x_0$,于是 $f(\xi) \to f(x_0)$. 于是性质(2)得证.

由性质(2)可直接得到如下推论:
$$\int_{-\infty}^\infty f(x)\delta(x)\mathrm{d}x = f(0) \tag{2.6.5}$$

$$\int_\alpha^\beta f(x)\delta(x-x_0)\mathrm{d}x = \begin{cases} 0, & x_0 \notin (\alpha,\beta) \\ f(x_0), & x_0 \in (\alpha,\beta) \end{cases} \tag{2.6.6}$$

根据式(2.6.3),可将位于点 x_0 的质点和点电荷的密度函数写为
$$\rho(x) = m\delta(x-x_0), \qquad \rho_e(x) = q\delta(x-x_0)$$

其中 m 和 q 分别是质点的质量和点电荷的电量. 显然有
$$\int_{-\infty}^\infty \rho(x)\mathrm{d}x = \int_{-\infty}^\infty m\delta(x-x_0)\mathrm{d}x = m$$

$$\int_{-\infty}^\infty \rho_e(x)\mathrm{d}x = \int_{-\infty}^\infty q\delta(x-x_0)\mathrm{d}x = q$$

由此可见,引入 δ 函数是合理且方便的.

(3) $x\delta(x) = 0$ \hfill (2.6.7)

证明 设有任意连续函数 $f(x)$,由 δ 函数定义($x_0=0$ 的情形)即有
$$\int_{-\infty}^\infty f(x)x\delta(x)\mathrm{d}x = \int_{-\infty}^\infty [f(x)x]\delta(x)\mathrm{d}x = [f(x)x]_{x=0} = 0$$

于是性质(3)得证.

(4) δ 函数为偶函数,即
$$\delta(-x) = \delta(x), \qquad \delta(x-x_0) = \delta(x_0-x) \tag{2.6.8}$$

证明 对定义在 $(-\infty,\infty)$ 上的任意连续函数 $f(x)$,作变量变换 $y=-x$,有

$$\int_{-\infty}^{\infty} f(x)\delta(-x)\mathrm{d}x = \int_{\infty}^{-\infty} f(-y)\delta(y)\mathrm{d}(-y)$$
$$= \int_{-\infty}^{\infty} f(-y)\delta(y)\mathrm{d}y = f(-0) = f(0)$$

而 $\int_{-\infty}^{\infty} f(x)\delta(x)\mathrm{d}x = f(0)$，所以

$$\int_{-\infty}^{\infty} f(x)\delta(-x)\mathrm{d}x = \int_{-\infty}^{\infty} f(x)\delta(x)\mathrm{d}x$$

于是得 $\delta(-x)=\delta(x)$. 同理可得 $\delta(x-x_0)=\delta(x_0-x)$，于是证明了 δ 函数确为偶函数.

2.6.2 δ 函数的导数及其性质

1. δ 函数导数的定义

对于任意连续函数 $f(x)$，若函数 $\delta'(x-\alpha)$ 满足

$$\int_{-\infty}^{\infty} f(x)\delta'(x-\alpha)\mathrm{d}x = -f'(\alpha) \tag{2.6.9}$$

则称 $\delta'(x-\alpha)$ 为 δ 函数 $\delta(x-\alpha)$ 的导数.

证明

$$\int_{-\infty}^{\infty} f(x)\delta'(x-\alpha)\mathrm{d}x = \int_{-\infty}^{\infty} f(x)\frac{\mathrm{d}\delta(x-\alpha)}{\mathrm{d}x}\mathrm{d}x = \int_{-\infty}^{\infty} f(x)\mathrm{d}\delta(x-\alpha)$$
$$= f(x)\delta(x-\alpha)\Big|_{-\infty}^{\infty} - \int_{-\infty}^{\infty} f'(x)\delta(x-\alpha)\mathrm{d}x = -f'(\alpha)$$

这就证明了式(2.6.9).

2. δ 函数导数的性质

(1) δ 函数的一阶导数为奇函数，即

$$\delta'(-x) = -\delta'(x)$$

证明 $\delta'(-x) = \dfrac{\mathrm{d}\delta(-x)}{\mathrm{d}(-x)} = -\dfrac{\mathrm{d}\delta(-x)}{\mathrm{d}(x)} = -\dfrac{\mathrm{d}\delta(x)}{\mathrm{d}(x)} = -\delta'(x)$

上面已利用了 δ 函数是偶函数的性质.

(2) $x\delta'(x) = -\delta(x)$ \hfill (2.6.10)

证明 对任意连续函数 $f(x)$，由定义有

$$\int_{-\infty}^{\infty} f(x)x\delta'(x)\mathrm{d}x = \int_{-\infty}^{\infty} [f(x)x]\mathrm{d}\delta(x)$$
$$= [f(x)x]\delta(x)\Big|_{-\infty}^{\infty} - \int_{-\infty}^{\infty} [f(x)x]'\delta(x)\mathrm{d}x$$
$$= -[f(x)x]'\big|_{x=0} = -[f'(x)x + f(x)]_{x=0} = -f(0)$$

而
$$\int_{-\infty}^{\infty} f(x)[-\delta(x)]\mathrm{d}x = -\int_{-\infty}^{\infty} f(x)\delta(x)\mathrm{d}x = -f(0)$$
于是
$$\int_{-\infty}^{\infty} f(x)[x\delta'(x)]\mathrm{d}x = \int_{-\infty}^{\infty} f(x)[-\delta(x)]\mathrm{d}x$$
所以
$$x\delta'(x) = -\delta(x)$$

(3) $x\delta'(x-a) = -\delta(x-a)$ \hfill (2.6.11)

此性质的证明与式(2.6.10)的证明完全类似(略).

3. 高维 δ 函数

定义:对于任意二元连续函数 $f(x,y)$,若
$$\int_{-\infty}^{\infty}\int_{-\infty}^{\infty} f(x,y)\delta(x-x_0, y-y_0)\mathrm{d}x\mathrm{d}y = f(x_0, y_0) \tag{2.6.12}$$
则 $\delta(x-x_0, y-y_0)$ 称为二维 δ 函数.

同理,对任意三元连续函数 $f(x,y,z)$,若
$$\int_{-\infty}^{\infty}\int_{-\infty}^{\infty}\int_{-\infty}^{\infty} f(x,y,z)\delta(x-x_0, y-y_0, z-z_0)\mathrm{d}x\mathrm{d}y\mathrm{d}z = f(x_0, y_0, z_0)$$
\hfill (2.6.13)

则 $\delta(x-x_0, y-y_0, z-z_0)$ 称为三维 δ 函数,……

根据一维 δ 函数定义有
$$\int_{-\infty}^{\infty}\int_{-\infty}^{\infty} f(x,y)\delta(x-x_0)\delta(y-y_0)\mathrm{d}x\mathrm{d}y = \int_{-\infty}^{\infty} f(x,y_0)\delta(x-x_0)\mathrm{d}x = f(x_0, y_0)$$
而
$$\int_{-\infty}^{\infty}\int_{-\infty}^{\infty} f(x,y)\delta(x-x_0, y-y_0)\mathrm{d}x\mathrm{d}y$$
$$= \int_{-\infty}^{\infty}\int_{-\infty}^{\infty} f(x,y)\delta(x-x_0)\delta(y-y_0)\mathrm{d}x\mathrm{d}y = f(x_0, y_0)$$
于是有
$$\begin{cases} \delta(x-x_0, y-y_0) = \delta(x-x_0)\delta(y-y_0) \\ \delta(x-x_0, y-y_0, z-z_0) = \delta(x-x_0)\delta(y-y_0)\delta(z-z_0) \end{cases} \tag{2.6.14}$$

这表明,高维 δ 函数是一维 δ 函数的乘积,因此高维 δ 函数与一维 δ 函数具有相同的基本性质.

2.6.3 δ 函数在定解问题中的应用

1. 泛定方程中出现的 δ 函数

例1 将点电荷 q 置于直角坐标的原点处,试写出电势 u 所满足的方程.

解 空间电荷密度为 $\rho(x,y,z)=q\delta(x,y,z)$,而静电势 u 满足泊松方程

$$\Delta u = -\frac{\rho}{\varepsilon} = -\frac{q}{\varepsilon}\delta(x,y,z)$$

2. 定解条件中出现的 δ 函数

例 2 两端固定的长为 l 的弦,初始位移为零,$t=0$ 时刻在点 $x=x_0$ 上给它一个横向冲量 I_0 的作用,试写出振动所满足的定解问题.

解 将 $t=0$ 时刻弦上横向冲量的密度分布写为

$$I(x,0)=I_0\delta(x-x_0)$$

设弦的密度为 ρ,则 $t=0$ 时刻弦上的速度分布为 $u_t(x,0)$,由动量定理有

$$I(x,0)=\rho u_t(x,0)$$

即

$$u_t(x,0)=\frac{I(x,0)}{\rho}=\frac{I_0}{\rho}\delta(x-x_0)$$

于是得本问题所满足的定解问题为

$$\begin{cases} \dfrac{\partial^2 u}{\partial t^2}-a^2\dfrac{\partial^2 u}{\partial x^2}=0, & 0<x<l,\quad t>0 \\ u|_{x=0}=u|_{x=l}=0 \\ u|_{t=0}=0,\quad u_t|_{t=0}=\dfrac{I_0}{\rho}\delta(x-x_0) \end{cases}$$

2.7 二阶线性偏微分方程的分类

在本章第 2 节中已提到,我们所导出的 3 类方程分别是波动方程(或振动方程)、输运方程和稳定场方程(泊松方程或拉普拉斯方程). 这 3 类方程不仅是物理学中常遇到的方程,也是数学上具有代表性的方程. 下面我们以二自变量的二阶线性偏微分方程为例说明方程的分类(本书对多自变量方程的分类不作讨论).

2.7.1 方程的分类

对于两个自变量的二阶线性偏微分方程,其一般形式为

$$a_{11}\frac{\partial^2 u}{\partial x^2}+2a_{12}\frac{\partial^2 u}{\partial x\partial y}+a_{22}\frac{\partial^2 u}{\partial y^2}+b_1\frac{\partial u}{\partial x}+b_2\frac{\partial u}{\partial y}+cu=f(x,y) \quad (2.7.1)$$

其中 a_{11}、a_{12}、a_{22}、b_1、b_2、c 和 f 都是 x、y 的函数或常数.

我们把

$$a_{11}(\mathrm{d}y)^2-2a_{12}\mathrm{d}x\mathrm{d}y+a_{22}(\mathrm{d}x)^2=0 \quad (2.7.2)$$

称为方程(2.7.1)的特征方程(限于篇幅,略弃了推导,有兴趣的读者可参阅相关书籍对应的内容). 由特征方程的结构可见,在写特征方程时只需考虑式(2.7.1)的二阶偏导项,且注意到对 x 和对 y 的二阶偏导项的系数不变,而二阶偏导因子则分别换成 y 和 x 全微分的平方;第二项系数大小不变,但要改变符号,将混合偏导因子换成 x 和 y 的全微分的乘积.

若将 dy 看成通常的变量(当然把 dx 看成变量也一样),则式(2.7.2)就是一个一元二次方程,其解为

$$dy = \frac{a_{12} \pm \sqrt{a_{12}^2 - a_{11}a_{22}}}{a_{11}} dx$$

我们也把

$$\Delta = a_{12}^2 - a_{11}a_{22} \tag{2.7.3}$$

称为方程(2.7.1)的判别式. 显然 Δ 只存在大于、等于和小于零三种情形,于是我们可根据判别式 Δ 将方程(2.7.1)分为:

当 $\Delta > 0$ 时,式(2.7.1)称为双曲型方程;

当 $\Delta = 0$ 时,式(2.7.1)称为抛物型方程;

当 $\Delta < 0$ 时,式(2.7.1)称为椭圆型方程.

之所以如此称这三类方程,完全是由于与二次曲线 $Ax^2 + 2Bxy + Cy^2 + Dx + Ey = F$ 类比之故.

2.7.2 方程的标准形式

上面讨论的三类方程都具有其标准形式,而将方程化为其相应的标准形式,有时对我们的求解是方便. 下面给出将两个自变量的二阶线性偏微分方程化为标准形式的步骤.

(1) 根据式(2.7.1)写出特征方程和判别式,由判别式判断方程的类型;

(2) 解特征方程,其两个根为

$$\begin{cases} dy = \dfrac{a_{12} + \sqrt{\Delta}}{a_{11}} dx \\ dy = \dfrac{a_{12} - \sqrt{\Delta}}{a_{11}} dx \end{cases} \tag{2.7.4}$$

这称为特征线方程. 对式(2.7.4)积分即得两条特征线

$$\phi(x,y) = c_1, \qquad \varphi(x,y) = c_2 \tag{2.7.5}$$

用新变量 ξ、η 分别取代(2.7.5)中的积分常数 c_1、c_2 就得到两族特征线

$$\phi(x,y) = \xi, \qquad \varphi(x,y) = \eta \tag{2.7.6}$$

(3) 根据方程类型引入另外的新变量,将式(2.7.1)化为标准形式.

① 当 $\Delta > 0$ 时,新变量 α 和 β 的形式为

$$\begin{cases} \alpha = \dfrac{1}{2}(\xi + \eta) \\ \beta = \dfrac{1}{2}(\xi - \eta) \end{cases} \tag{2.7.7}$$

经过这样的变量变换,式(2.7.1)即可转化为标准形式的双曲型方程

$$\frac{\partial^2 u}{\partial \alpha^2} - \frac{\partial^2 u}{\partial \beta^2} = g\frac{\partial u}{\partial \alpha} + h\frac{\partial u}{\partial \beta} + ju + k \tag{2.7.8}$$

其中,g、h、j 和 k 都是 α、β 的函数.

② 当 $\Delta = 0$ 时,特征方程(2.7.4)只有一个根,因此只有一条特征线 $\phi(x,y) = c$,对此情形,新变量可取为

$$\begin{cases} \xi = \phi(x,y) \\ \eta = \eta(x,y) \end{cases} \tag{2.7.9}$$

$\eta(x,y)$ 是与 $\phi(x,y)$ 线性无关的任意函数. 以 ξ,η 为新变量之后,式(2.7.1)即化为标准的抛物型方程

$$\frac{\partial^2 u}{\partial \eta^2} = g\frac{\partial u}{\partial \xi} + h\frac{\partial u}{\partial \eta} + ju + k \tag{2.7.10}$$

③ 当 $\Delta < 0$ 时,式(2.7.4)为两条虚的特征线

$$y - \frac{a_{12} + i\sqrt{|\Delta|}}{a_{11}}x = c_1, \qquad y - \frac{a_{12} - i\sqrt{|\Delta|}}{a_{11}}x = c_2$$

或

$$\phi(x,y) = c_1, \qquad \varphi(x,y) = c_2$$

用 ξ、η 分别取代 c_1、c_2 便得两族虚的特征线

$$\phi(x,y) = \xi, \qquad \varphi(x,y) = \eta$$

进一步引入新变量 α 和 β,

$$\begin{cases} \alpha = \dfrac{1}{2}(\xi + \eta) \\ \beta = \dfrac{1}{2i}(\xi - \eta) \end{cases} \tag{2.7.11}$$

即可将式(2.7.1)转化为标准形式的椭圆型方程

$$\frac{\partial^2 u}{\partial \alpha^2} + \frac{\partial^2 u}{\partial \beta^2} = g\frac{\partial u}{\partial \alpha} + h\frac{\partial u}{\partial \beta} + ju + k \tag{2.7.12}$$

其中 g,h,j 和 k 均为 α、β 的函数.

下面通过两个实例说明将所给方程转化为标准形式的具体方法和步骤.

例1 将下面方程

$$\frac{\partial^2 u}{\partial x^2} - 2y\frac{\partial^2 u}{\partial x \partial y} + y^2 \frac{\partial^2 u}{\partial y^2} = 0 \tag{2.7.13}$$

转化为标准形式.

解 因方程的判别式为 $\Delta = y^2 - y^2 = 0$,故方程为抛物型. 其特征方程为

$$(\mathrm{d}y)^2 + 2y\mathrm{d}x\mathrm{d}y + (y\mathrm{d}x)^2 = 0$$

即

$$(\mathrm{d}y + y\mathrm{d}x)^2 = 0, \quad \mathrm{d}y + y\mathrm{d}x = 0, \quad \frac{\mathrm{d}y}{y} = -\mathrm{d}x$$

积分得

$$\ln y = -x + c, 得 \ y = \mathrm{e}^{-x+c} = c\mathrm{e}^{-x}$$

即

$$y\mathrm{e}^x = c$$

用 ξ 代替常数 c 即得一族特征线

$$\xi = y\mathrm{e}^x \tag{2.7.14}$$

引入与 ξ 线性无关的另一新变量 $\eta = y$(这是随意的,只要与 ξ 线性无关即可,前提是以讨论方便为原则),可算得

$$\frac{\partial u}{\partial x} = \frac{\partial u}{\partial \xi}\frac{\partial \xi}{\partial x} + \frac{\partial u}{\partial \eta}\frac{\partial \eta}{\partial x} = \frac{\partial u}{\partial \xi}y\mathrm{e}^x$$

$$\frac{\partial^2 u}{\partial x^2} = y\mathrm{e}^x \frac{\partial u}{\partial \xi} + y^2 \mathrm{e}^{2x} \frac{\partial^2 u}{\partial \xi^2} \tag{2.7.15}$$

$$\frac{\partial^2 u}{\partial x \partial y} = \mathrm{e}^x \frac{\partial u}{\partial \xi} + y\mathrm{e}^{2x}\frac{\partial^2 u}{\partial \xi^2} + y\mathrm{e}^x \frac{\partial^2 u}{\partial \xi \partial \eta}\frac{\partial \eta}{\partial y} = \mathrm{e}^x \frac{\partial u}{\partial \xi} + y\mathrm{e}^x \frac{\partial^2 u}{\partial \xi \partial \eta} + y\mathrm{e}^{2x}\frac{\partial^2 u}{\partial \xi^2} \tag{2.7.16}$$

$$\frac{\partial u}{\partial y} = \frac{\partial u}{\partial \xi}\frac{\partial \xi}{\partial y} + \frac{\partial u}{\partial \eta}\frac{\partial \eta}{\partial y} = \mathrm{e}^x \frac{\partial u}{\partial \xi} + \frac{\partial u}{\partial \eta}$$

$$\frac{\partial^2 u}{\partial y^2} = \mathrm{e}^{2x}\frac{\partial u}{\partial \xi} + 2\mathrm{e}^x \frac{\partial^2 u}{\partial \xi \partial \eta} + \frac{\partial^2 u}{\partial \eta^2} \tag{2.7.17}$$

将式(2.7.14)~式(2.7.17)及 $\eta = y$ 代入式(2.7.13)即得其标准形式为

$$\frac{\partial^2 u}{\partial \eta^2} = \frac{\xi}{\eta^2}\frac{\partial u}{\partial \xi}$$

例2 将方程 $\frac{\partial^2 u}{\partial x^2} + y\frac{\partial^2 u}{\partial y^2} + \frac{1}{2}\frac{\partial u}{\partial y} = 0$ 化为标准形式.

解 所给方程的判别式为 $\Delta = -y$,当 $y < 0$ 时,则 $\Delta > 0$,方程为双曲型;当 $y > 0$ 时,则 $\Delta < 0$,方程为椭圆型;因为 y 为变量而非常数,故没有 $y = 0$ 的固定情形. 先讨论 $y < 0$ 的情形,此时特征方程为

$$(\mathrm{d}y)^2 + y(\mathrm{d}x)^2 = 0$$

解得
$$\mathrm{d}y = \pm\sqrt{-y}\,\mathrm{d}x$$

积分得
$$2\sqrt{-y} = \pm x + c$$

即
$$2\sqrt{-y} + x = c_1, \qquad 2\sqrt{-y} - x = c_2$$

得两族特征线为
$$\xi = 2\sqrt{-y} + x, \qquad \eta = 2\sqrt{-y} - x$$

为使方程进一步简化，再引入新变量 α 和 β，且令
$$\alpha = \frac{1}{2}(\xi + \eta) = 2\sqrt{-y}, \qquad \beta = \frac{1}{2}(\xi - \eta) = x$$

现将 u 对 x 和 y 的偏导换为对 α 和 β 的偏导，因为
$$\frac{\partial \alpha}{\partial x} = 0, \quad \frac{\partial \alpha}{\partial y} = -\frac{1}{\sqrt{-y}}, \quad \frac{\partial \beta}{\partial x} = 1, \quad \frac{\partial \beta}{\partial y} = 0$$

所以
$$\frac{\partial u}{\partial x} = \frac{\partial u}{\partial \alpha}\frac{\partial \alpha}{\partial x} + \frac{\partial u}{\partial \beta}\frac{\partial \beta}{\partial x} = \frac{\partial u}{\partial \beta}$$

$$\frac{\partial^2 u}{\partial x^2} = \frac{\partial}{\partial \alpha}\left(\frac{\partial u}{\partial \beta}\right)\frac{\partial \alpha}{\partial x} + \frac{\partial}{\partial \beta}\left(\frac{\partial u}{\partial \beta}\right)\frac{\partial \beta}{\partial x} = \frac{\partial^2 u}{\partial \beta^2}$$

$$\frac{\partial u}{\partial y} = \frac{\partial u}{\partial \alpha}\frac{\partial \alpha}{\partial y} + \frac{\partial u}{\partial \beta}\frac{\partial \beta}{\partial y} = -\frac{1}{\sqrt{-y}}\frac{\partial u}{\partial \alpha}$$

$$\frac{\partial^2 u}{\partial y^2} = \frac{\partial}{\partial \alpha}\left(-\frac{1}{\sqrt{-y}}\frac{\partial u}{\partial \alpha}\right)\frac{\partial \alpha}{\partial y} + \frac{\partial}{\partial \beta}\left(-\frac{1}{\sqrt{-y}}\frac{\partial u}{\partial \alpha}\right)\frac{\partial \beta}{\partial y} = -\frac{1}{2}\frac{1}{(-y)^{3/2}}\frac{\partial u}{\partial \alpha} - \frac{1}{y}\frac{\partial^2 u}{\partial \alpha^2}$$

将这些结果代入题给方程即得对应 $y<0$ 的标准形式为
$$\frac{\partial^2 u}{\partial \alpha^2} - \frac{\partial^2 u}{\partial \beta^2} = 0$$

再看 $y>0, \Delta<0$ 的情形。此时特征方程为
$$(\mathrm{d}y)^2 + y(\mathrm{d}x)^2 = 0$$

即
$$\left(\frac{\mathrm{d}y}{\mathrm{d}x}\right)^2 = -y, \qquad \frac{\mathrm{d}y}{\mathrm{d}x} = \pm\sqrt{-y} = \pm\mathrm{i}\sqrt{y}$$

亦即
$$\frac{\mathrm{d}y}{\sqrt{y}} = \pm\mathrm{i}\,\mathrm{d}x$$

积分得
$$2\sqrt{y} = \pm ix + c$$
两族特征线为
$$\xi = 2\sqrt{y} + ix, \qquad \eta = 2\sqrt{y} - ix$$
进一步引入新变量 α 和 β，有
$$\alpha = \frac{1}{2}(\xi + \eta) = 2\sqrt{y}, \qquad \beta = \frac{1}{2i}(\xi - \eta) = x$$
于是
$$\frac{\partial \alpha}{\partial x} = 0, \quad \frac{\partial \alpha}{\partial y} = \frac{1}{\sqrt{y}}, \quad \frac{\partial \beta}{\partial x} = 1, \quad \frac{\partial \beta}{\partial y} = 0$$
因此
$$\frac{\partial u}{\partial x} = \frac{\partial u}{\partial \alpha}\frac{\partial \alpha}{\partial x} + \frac{\partial u}{\partial \beta}\frac{\partial \beta}{\partial x} = \frac{\partial u}{\partial \beta}$$

$$\frac{\partial^2 u}{\partial x^2} = \frac{\partial}{\partial \alpha}\left(\frac{\partial u}{\partial \beta}\right)\frac{\partial \alpha}{\partial x} + \frac{\partial}{\partial \beta}\left(\frac{\partial u}{\partial \beta}\right)\frac{\partial \beta}{\partial x} = \frac{\partial^2 u}{\partial \beta^2}$$

$$\frac{\partial u}{\partial y} = \frac{\partial u}{\partial \alpha}\frac{\partial \alpha}{\partial y} + \frac{\partial u}{\partial \beta}\frac{\partial \beta}{\partial y} = y^{-\frac{1}{2}}\frac{\partial u}{\partial \alpha}$$

$$\frac{\partial^2 u}{\partial y^2} = \frac{\partial}{\partial \alpha}\left(y^{-\frac{1}{2}}\frac{\partial u}{\partial \alpha}\right)\frac{\partial \alpha}{\partial y} + \frac{\partial}{\partial \beta}\left(y^{-\frac{1}{2}}\frac{\partial u}{\partial \alpha}\right)\frac{\partial \beta}{\partial y} = -\frac{1}{2}y^{-\frac{3}{2}}\frac{\partial u}{\partial \alpha} + \frac{1}{y}\frac{\partial^2 u}{\partial \alpha^2}$$

将这些结果代入题给方程即得对应于 $y > 0$ 情形的标准形式为
$$\frac{\partial^2 u}{\partial \alpha^2} + \frac{\partial^2 u}{\partial \beta^2} = 0$$

从上面讨论可见，二阶线性偏微分方程通过特征变换之后一般都能转化为我们所熟悉的较简洁的方程形式，这对方程的求解是方便的，具体的讨论到第 4 章再通过实例加以说明.

习 题 2

1. 弦在阻尼介质中振动，单位长度的弦所受的阻力 $F = -Ru_t$（R 为阻力系数），试推导弦在这阻尼介质中的振动方程.
2. 均质导线电阻率为 r，通有均匀分布的直流电，电流密度为 j，试推导导线内的热传导方程.
3. 长为 l 的柔软均质轻绳，上端固定在以匀角速度 ω 转动的竖直轴上. 由于重力作用，绳的平衡位置应是竖直线. 试推导此绳相对于竖直线的横振动方程.
4. 长为 l 的均匀弦，两端 $x=0$ 和 $x=l$ 固定，弦中张力为 T_0，在 $x=h$ 点以横向力 F_0 拉弦，达到稳定后释放任其自由振动. 试写出初始条件，并说明是否需要衔接条件.
5. 长为 l 的均匀杆，两端有恒定热流进入，其强度为 q_0. 写出杆的热传导问题的边界条件.
6. 半径为 R 而表面熏黑的金属长圆柱，受到太阳光照射. 阳光方向垂直于柱轴，热流强度为 M.

写出该圆柱的热传导问题的边界条件.

7. 一根杆由横截面相同的两段连接而成.两段杆的材料不同,杨氏模量分别是 Y_1 和 Y_2. 密度分别是 ρ_1 和 ρ_2,试写出衔接条件.

8. 写出静电场中电介质表面的衔接条件.

9. 在 x 轴的 $x=a$ 点有一质量为 m 的质点,其他地方质量为零,试用 δ 函数表出 x 轴上的质量密度分布.

10. 计算下列定积分:

(1) $\int_{-\infty}^{\infty} e^{ax+b} \delta(x) dx$; (2) $\int_{-1}^{3} \cos x \delta(x-1) dx$; (3) $\int_{-1}^{4} x \delta(\sin x) dx$;

(4) $\int_{-1}^{1} e^x x \delta'(x) dx$; (5) $\int_{-\infty}^{\infty} \int_{-\infty}^{\infty} \int_{-\infty}^{\infty} \frac{y}{x^2 z} \cos(x+z) \delta(x, y-1, z+2) dx dy dz$.

第 3 章 分离变量法

在第 2 章中我们已通过多个实例说明将具体问题如何表为定解问题. 下面的任务就是如何求解这些定解问题并使其所蕴含的物理信息凸显出来.

在数学分析中计算多元函数的微积分给我们提供了求解线性方程重要的借鉴. 我们知道, 计算多元函数的微分或重积分时, 总是将其转化为一元函数相应的问题来解决. 与此相仿, 数学物理方程的求解也是设法将其转化为常微分方程来进行求解. 本章将要介绍的分离变量法就是一种基本而重要的转化方法. 本章将通过实例, 遵循由浅到深的原则, 系统地介绍分离变量法的基本步骤、技巧以及相关问题的处理.

3.1 齐次方程齐次边界条件的定解问题

在这一小节中, 我们通过一具体物理问题详细介绍分离变量法的全过程.

3.1.1 问题的提出

设有长为 l, 两端固定的弦, 已知其初始位移及初始速度分别为 $\phi(x)$ 和 $\varphi(x)$, 求弦的振动规律.

本问题实际上是要求下面定解问题:

$$\begin{cases} u_{tt} = a^2 u_{xx}, \quad 0 < x < l, \quad t > 0 & (3.1.1) \\ u(0,t) = 0, \quad u(l,t) = 0 & (3.1.2) \\ u(x,0) = \phi(x), \quad u_t(x,0) = \varphi(x) & (3.1.3) \end{cases}$$

求解步骤如下:

第一步: 分离变量

设 $u(x,t) = X(x)T(t)$, 代入式 (3.1.1) 得

$$X(x)T''(t) = a^2 T(t) X''$$

两边同除以 $a^2 T(t) X(t)$ 得

$$\frac{T''(t)}{a^2 T(t)} = \frac{X''(t)}{X(t)} \quad (3.1.4)$$

上式等号左边和右边分别是 t 和 x 的函数, 其保持恒等的条件是它们等于同一常数. 设该常数为 $-\lambda$ (常数 λ 前面是否有负号完全是任意的), 于是有

$$\frac{T''}{a^2 T} = \frac{X''}{X(x)} = -\lambda$$

由此分离出两个常微分方程

$$T'' + \lambda a^2 T = 0 \tag{3.1.5}$$

$$X'' + \lambda X = 0 \tag{3.1.6}$$

将 $u(x,t) = X(x)T(t)$ 代入边界条件(3.1.2)得 X 所满足的边条件

$$X|_{x=0} = 0, \qquad X|_{x=l} = 0 \tag{3.1.7}$$

式(3.1.6)和式(3.1.7)构成本定解问题的本征值问题.

第二步:求本征值问题

$$X'' + \lambda X = 0 \tag{3.1.8}$$

$$X|_{x=0} = 0, \qquad X|_{x=l} = 0 \tag{3.1.9}$$

本征方程(3.1.8)的通解为

$$X = A e^{\sqrt{-\lambda} x} + B e^{-\sqrt{-\lambda} x} \tag{3.1.10}$$

在第一步中引入的分离常数 λ 的取值存在 $\lambda < 0$、$\lambda = 0$ 和 $\lambda > 0$ 三种可能,现在分别加以考察.

(1) 当 $\lambda < 0$ 时,其通解式(3.1.10)中的指数为实数,代入边界条件式(3.1.9)得

$$A + B = 0, \qquad A e^{\sqrt{-\lambda} l} + B e^{-\sqrt{-\lambda} l} = 0$$

由此解得 $A = B = 0$,因此 $\lambda < 0$ 时只有零解 $u(x,t) = 0$.

(2) 当 $\lambda = 0$ 时,式(3.1.8)的解为

$$X = Ax + B$$

代入边界条件(3.1.9)依然得 $A = B = 0$. 因此 $\lambda = 0$ 时依然只有零解 $u(x,t) = 0$.

(3) 当 $\lambda > 0$ 时,令 $\lambda = \beta^2$,则通解(3.1.10)为

$$X = A e^{i\beta x} + B e^{-i\beta x} \tag{3.1.11}$$

写成实数解形式为

$$X = C \cos\beta x + D \sin\beta x \tag{3.1.12}$$

将式(3.1.12)代入式(3.1.9)得

$$C = 0, \qquad D \sin\beta l = 0$$

显然积分常数 D 不能再为零(否则也只有零解),因此唯一的可能就是 $\sin\beta l = 0$,即

$$\beta l = n\pi, \qquad n = 0, \pm 1, \pm 2, \cdots \tag{3.1.13}$$

于是得到本征值

$$\lambda_n = \beta^2 = \left(\frac{n\pi}{l}\right)^2 \tag{3.1.14}$$

相应的本征函数为

$$X_n = \sin\frac{n\pi}{l}x, \qquad n=0,1,2,\cdots \qquad (3.1.15)$$

这里已将 n 取为所有正整数,这是因为负整数给出的本征函数与正整数 n 所给出的本征函数是线性相关的. 此外,我们已直接令常数 B 为 1,这是因为最后的解 $u(x,t)$ 是 $T(t)$ 与 $X(x)$ 的乘积,这两者的积分常数相乘依然为任意常数,最后由初始条件确定,这样做会给我们的书写带来许多方便,以后我们将经常这样做.

第三步:求非本征方程

将 $\lambda_n = \left(\dfrac{n\pi}{l}\right)^2$ 代入式(3.1.5)得

$$T_n'' + \left(\frac{na\pi}{l}\right)^2 T_n = 0$$

其解为

$$T_n(t) = C_n \mathrm{e}^{\mathrm{i}\frac{na\pi}{l}t} + D_n \mathrm{e}^{-\mathrm{i}\frac{na\pi}{l}t}$$

用实数形式表出,得非本征问题的解为

$$T_n(t) = C_n \cos\frac{na\pi}{l}t + D_n \sin\frac{na\pi}{l}t \qquad (3.1.16)$$

第四步:写出形式通解,最后确定积分常数

由第二、第三步已求出对应第 n 个本征值的本征解为

$$u_n(x,t) = X_n(x)T_n(t) = \left(C_n\cos\frac{na\pi}{l}t + D_n\sin\frac{na\pi}{l}t\right)\sin\frac{n\pi}{l}x \qquad (3.1.17)$$

显然,对任意 $u_n(x,t)$ 都满足方程和边界条件,且所有这些本征解都是线性无关的. 因此,原定解问题的唯一解应是所有这些本征解的线性叠加,即

$$u(x,t) = \sum_{n=1}^{\infty}\left(C_n\cos\frac{na\pi}{l}t + D_n\sin\frac{na\pi}{l}t\right)\sin\frac{n\pi}{l}x \qquad (3.1.18)$$

这就是原定解问题(3.1.1)~(3.1.3)的形式通解,其中常数 C_n 和 D_n 由初始条件式(3.1.3)确定. 为此将式(3.1.18)代入式(3.1.3)得

$$\sum_{n=1}^{\infty} C_n \sin\frac{n\pi}{l}x = \phi(x) \qquad (3.1.19)$$

$$\sum_{n=1}^{\infty} D_n \frac{na\pi}{l}\sin\frac{n\pi}{l}x = \varphi(x) \qquad (3.1.20)$$

用 $\sin\dfrac{m\pi}{l}x$(m 为某一确定正整数)乘以式(3.1.19)和式(3.1.20)后再在区间 $[0,l]$ 上对 x 积分得

$$\int_0^l \left[\sum_{n=1}^{\infty} C_n \sin\frac{n\pi}{l}x \sin\frac{m\pi}{l}x\right]\mathrm{d}x = \int_0^l \phi(x)\sin\frac{m\pi}{l}x\,\mathrm{d}x$$

$$\int_0^l \left[\sum_{n=1}^{\infty} D_n \frac{na\pi}{l} \sin\frac{n\pi}{l}x \sin\frac{m\pi}{l}x\right] dx = \int_0^l \varphi(x) \sin\frac{m\pi}{l}x\, dx$$

注间到三角函数系的正交性,上面两式左边积分号下的求和实际上只有 $m=n$ 这一项不为零,于是得

$$\int_0^l C_n \sin^2\frac{n\pi}{l}x\, dx = \int_0^l \phi(x) \sin\frac{n\pi}{l}x\, dx$$

$$\int_0^l D_n \frac{na\pi}{l} \sin^2\frac{n\pi}{l}x\, dx = \int_0^l \varphi(x) \sin\frac{n\pi}{l}x\, dx$$

即

$$C_n = \frac{2}{l}\int_0^l \phi(x)\sin\frac{n\pi}{l}x\, dx \tag{3.1.21}$$

$$D_n = \frac{2}{na\pi}\int_0^l \varphi(x)\sin\frac{n\pi}{l}x\, dx \tag{3.1.22}$$

由于 $\phi(x)$ 和 $\varphi(x)$ 是已知函数,因此式(3.1.21)和式(3.1.22)理论上总是可以计算出来的,于是式(3.1.18)就已完全确定. 至此,原定解问题(3.1.1)~(3.1.3)的求解过程全部结束.

3.1.2 解的物理意义

为加深对以上结果的理解,下面对傅里叶级数解(3.1.18)的物理意义做扼要的分析.

先考察任一本征解

$$u_n(x,t) = \left(C_n \cos\frac{na\pi}{l}t + D_n \sin\frac{na\pi}{l}t\right)\sin\frac{n\pi}{l}x \tag{3.1.23}$$

的物理意义. 对某一固定时刻 $t=t_0$,上式右边的括号因子为常数,可简单地令

$$A_n = C_n \cos\frac{na\pi}{l}t_0 + D_n \sin\frac{na\pi}{l}t_0$$

于是式(3.1.23)简化为

$$u_n(x,t_0) = A_n \sin\frac{n\pi}{l}x \tag{3.1.24}$$

这表示任意时刻的一个正弦波动曲线,只是它的振幅 A_n 随时间的改变而改变,其物理实质就是由两端固定弦上所形成的 n 次谐波引起的弦上各点在任意时刻的位移的分布规律.

对于弦上的固定点 $x=x_0$,式(3.1.23)中的 $\sin\frac{n\pi}{l}x_0$ 为常数,可简单令

$$B'_n = \sin\frac{n\pi}{l}x_0$$

再令 $H_n=\sqrt{C_n^2+D_n^2}$，$\omega_n=\dfrac{na\pi}{l}$，$\theta_n=\arctan\dfrac{D_n}{C_n}$，则式(3.1.25)可改写为

$$u_n(x_0,t)=B'_nH_n(\cos\theta_n\cos\omega_nt+\sin\theta_n\sin\omega_nt)=B_n\cos(\omega_nt-\theta_n) \quad (3.1.25)$$

其中，已将 $B'_n\sqrt{C_n^2+D_n^2}=B'_nH_n$ 用常数 B_n 表示，式(3.1.25)就是弦上 x_0 点的简谐振动方程，而 B_n 正好就是点 x_0 的振幅，ω_n 和 θ_n 则分别表示其振动的圆频率和初位相。显然，弦上任一点都在作简谐振动，只是其振幅随 x 不同而不同。因此，$u_n(x,t)$ 代表了这样一个振动波：弦上各点以相同的圆频率 ω_n 作简谐振动，其初位相也相同，各点的振幅则随 x 而变；该振动波任一时刻的波型是一条正弦曲线。

另外，从式(3.1.24)可看出，弦上坐标为 $x=x_m=\dfrac{ml}{n}$，$m=0,1,2,\cdots,n$ 的点，其位移 $u_n(x_m,t)\equiv A_n\sin\dfrac{n\pi}{l}x_m=A_n\sin m\pi=0$，说明弦上 $x_m=\dfrac{ml}{n}$ 的点是始终不动的，我们把这些点称为节点。显然对给定的 n，一共有 $n+1$ 个节点，物理上把这种包含节点的振动波称为驻波。从式(3.1.24)还可以看出，对弦上坐标满足 $x=x_m=\dfrac{(2m+1)l}{2n}$，$m=0,1,2,\cdots,n-1$ 的点将始终保持有最大的振动位移，我们把这些点叫作腹点。对于给定的 n，显然一共有 n 个腹点。下面给出某一时刻 t 对应 $n=1,2,3$ 的驻波图线，如图 3.1 所示。

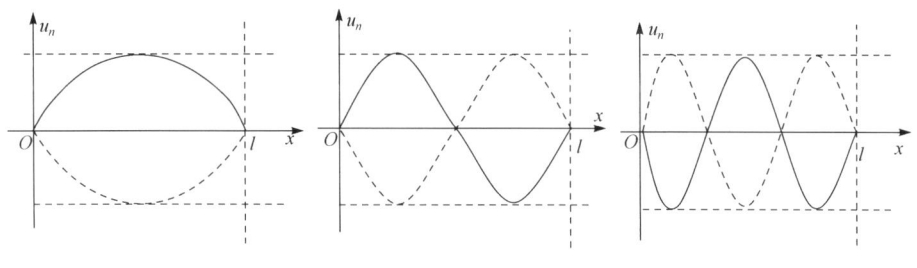

图 3.1

从以上分析可见，$u_1,u_2,\cdots,u_n,\cdots$ 代表的是一系列驻波，这些驻波的频率、位相和振幅随 n 的不同而不同。因此一维波动方程的分离变量解是由一系列驻波叠加而成的，其中每一驻波的波形由本征函数确定，其频率由本征值决定。这与实际情况是相符的，因为人们对弦的振动的观察就发现许多驻波，而这些驻波的叠加又可构成各式各样的波形，这就形成了我们在音乐会上听到的各种美妙悦耳的旋律。因此将各种本征频率的驻波的叠加表示为弦振动方程的解是自然而合理的，这便是分离变量法的物理图景。正因为如此，分离变量法又称为驻波法，也称为本征函数法。

下面做几点简要说明：

(1) 从严格的数学意义上说,以上的解只能说是形式解,虽然它能满足方程和定解条件,但级数解是否收敛乃是需要考察的问题. 不过在本书所讨论的物理问题已经实践证明其级数都是收敛的古典解,故关于解的收敛性问题的讨论一概略去,以后即认为用分离变量法求得的解就是原定解问题的解.

(2) 在第 2 章中已提到:解的唯一性与叠加原理并不矛盾. 从上面的求解过程说明,所有本征解的迭加就是定解问题(3.1.1)~(3.1.3)唯一的解. 除此之外,我们再也找不到任何与解式(3.1.18)线性无关的其他解,这就是解的唯一性的真正含义. 而其中任一本征解 $u_n(x,t)$ 仅是唯一解 $u(x,t)$ 的一部分.

(3) 关于本征值与本征函数,从求本征值问题我们看到,只有当分离常数 λ 取某些特定值时才有非零的有意义的解(当然零解也是原定解问题的解,但零解代表一根拉直不动的弦,这对我们来说是没有讨论意义的),因此,顾名思义,本征值和本征函数就是能反映物理问题本质特征的取值和函数.

(4) 在分离变量中引入的分离常数如取为 λ,而不是 $-\lambda$,此时本征值问题为

$$X'' - \lambda x = 0 \tag{3.1.26}$$

$$X|_{x=0} = 0, \quad X|_{x=l} = 0 \tag{3.1.27}$$

式(3.1.26)的通解为

$$X = A e^{\sqrt{\lambda} x} + B e^{-\sqrt{\lambda} x} \tag{3.1.28}$$

因 λ 同样有 $\lambda > 0$、$\lambda = 0$、$\lambda < 0$ 三种可能取值. 再次分别讨论如下:

① 当 $\lambda > 0$ 时,此时通解为

$$X = A e^{\sqrt{\lambda} x} + B e^{-\sqrt{\lambda} x}$$

代入边界条件(3.1.27)得 $A = B = 0$. 故当 $\lambda > 0$ 时只能给出零解.

② 当 $\lambda = 0$ 时,(3.1.26)的通解为

$$X = Ax + B$$

由边界条件(3.1.27)得

$$A = 0, \quad B = 0$$

即当 $\lambda = 0$ 时也只有零解.

③ 当 $\lambda < 0$ 时,式(3.1.28)为

$$X = A^{i\sqrt{|\lambda|} x} + B e^{-i\sqrt{|\lambda|} x}$$

写成实数形式为

$$X = A\cos\sqrt{|\lambda|}\, x + B\sin\sqrt{|\lambda|}\, x$$

令 $|\lambda| = \beta^2$,则有

$$X = A\cos\beta x + B\sin\beta x \tag{3.1.29}$$

将式(3.1.29)代入边界条件(3.1.27)得

$$A = 0, \quad B\sin\beta l = 0$$

因为 B 不能再为零(否则只有零解 $u(x,t) \equiv 0$),所以必有

即
$$\sin\beta l = 0$$
$$\beta l = n\pi$$

于是得本征值
$$|\lambda| = \beta^2 = \left(\frac{n\pi}{l}\right)^2, \quad n = \pm 1, \pm 2, \cdots$$

相应的本征函数为
$$X_n(x) = \sin\frac{n\pi}{l}x$$

对于非本征问题,此时将 $\lambda_n = -\left(\frac{n\pi}{l}\right)^2$ 代入
$$T'' - \lambda a^2 T = 0$$

所得结果依然不变. 因此,分离常数怎么选取,从本质上说是无关紧要的,这可根据我们讨论的方便而定.

3.2 分离变量法应用实例

例1 求下面定解问题:
$$\begin{cases} u_{tt} = a^2 u_{xx}, & 0 < x < l, \quad t > 0 & (3.2.1) \\ u(0,t) = 0, \quad u_x(l,t) = 0 & (3.2.2) \\ u(x,0) = x^2 - 2lx, \quad u_t(x,0) = 0 & (3.2.3) \end{cases}$$

解 本定解问题与前面所讨论的定解问题式(3.1.1)~式(3.1.3)的区别仅在于这里出现了第二类边界条件,但方程和边界条件仍然是齐次的,因此可直接用分离变量法求解.

设 $u(x,t) = X(x)T(t)$ 并代入式(3.2.1)得
$$XT'' = a^2 TX''$$

即
$$\frac{T''}{a^2 T} = \frac{X''}{X} = -\lambda$$

于是得
$$T'' + \lambda a^2 T = 0 \tag{3.2.4}$$
$$X'' + \lambda X = 0 \tag{3.2.5}$$

将 $u = XT$ 代入边界条件(3.2.2)得
$$X(0) = 0, \quad X_x(l) = 0 \tag{3.2.6}$$

式(3.2.5)和式(3.2.6)构成本征值问题. 解(3.2.5)得
$$X=Ae^{\sqrt{-\lambda}x}+Be^{-\sqrt{-\lambda}x} \tag{3.2.7}$$
易于证明 $\lambda<0$ 和 $\lambda=0$ 时只有零解,唯有 $\lambda=\beta^2>0$ 时才有非零解. 此时(3.2.7)变为
$$X=Ae^{i\beta x}+Be^{-i\beta x}$$
写成实数形式为
$$X=A\cos\beta x+B\sin\beta x \tag{3.2.8}$$
代入边界条件式(3.2.6)得
$$A=0, \qquad B\beta\cos\beta l=0$$
因为 B 不能再为零(否则恒有 $X=0$),所以唯有
$$\cos\beta l=0$$
即
$$\beta l=(2n+1)\frac{\pi}{2}, \qquad n=0,1,2,\cdots$$
于是得本征值和本征函数分别为
$$\lambda_n=\beta^2=\left[\frac{(2n+1)\pi}{2l}\right]^2, \qquad n=0,1,2,\cdots$$
$$X_n=\sin\frac{(2n+1)\pi}{2l}x, \qquad n=0,1,2,\cdots$$
将 λ_n 代入式(3.2.4)可求得非本征函数为
$$T_n=C_n\cos\frac{(2n+1)\pi a}{2l}t+D_n\sin\frac{(2n+1)\pi a}{2l}t$$
于是得满足边界条件的对应第 n 个本征值的本征解为
$$u_n(x,t)=X_n(x)T_n(t)$$
$$=\left[C_n\cos\frac{(2n+1)\pi a}{2l}t+D_n\sin\frac{(2n+1)\pi a}{2l}t\right]\sin\frac{(2n+1)\pi}{2l}x \tag{3.2.9}$$
由叠加原理即得所求定解问题的解为
$$u(x,t)=\sum_{n=0}^{\infty}u_n(x,t)$$
$$=\sum_{n=0}^{\infty}\left[C_n\cos\frac{(2n+1)a\pi}{2l}t+D_n\sin\frac{(2n+1)a\pi}{2l}t\right]\sin\frac{(2n+1)\pi}{2l}x$$
$$\tag{3.2.10}$$
为确定积分常数 C_n 和 D_n,将式(3.2.10)代入初始条件式(3.2.3)得
$$\sum_{n=0}^{\infty}C_n\sin\frac{(2n+1)\pi}{2l}x=x^2-2lx \tag{3.2.11}$$

$$\sum_{n=0}^{\infty} D_n \frac{(2n+1)a\pi}{2l} \sin \frac{(2n+1)\pi}{2l} x = 0 \qquad (3.2.12)$$

由式(3.2.12)得

$$D_n = 0, \quad n = 0, 1, 2, \cdots$$

用 $\sin \frac{(2m+1)\pi}{2l} x$ 乘以式(3.2.11)两边后再在 $[0, l]$ 上对 x 积分并注意到三角函数的正交性得

$$C_n = \frac{2}{l} \int_0^l (x^2 - 2lx) \sin \frac{(2n+1)\pi}{2l} x \, dx = -\frac{32 l^2}{(2n+1)^3 \pi^3}$$

最后得原定解问题的解为

$$u(x,t) = -\frac{32 l^2}{\pi^3} \sum_{n=0}^{\infty} \frac{1}{(2n+1)^3} \cos \frac{(2n+1)\pi a t}{2l} \sin \frac{(2n+1)\pi}{2l} x$$

例 2 设有一长为 l 的均匀细杆,两端坐标分别为 $x=0$ 和 $x=l$,杆的侧面绝热,保持 $x=0$ 端温度为零度,而 $x=l$ 端自发地将热量散发到周围零度的介质中去.已知杆的初始温度为 $\phi(x)$,求杆的温度变化规律.

解 这是一维热传导问题,用 $u(x,t)$ 代表杆上的温度.依题意,我们需求下面的定解问题:

$$u_t(x,t) = a^2 u_{xx}(x,t), \quad 0 < x < l, \quad t > 0 \qquad (3.2.13)$$

$$u(0,t) = 0, \quad [u_x(l,t) + h u(l,t)] = 0 \qquad (3.2.14)$$

$$u(x,0) = \phi(x) \qquad (3.2.15)$$

先分离变量,即设 $u(x,t) = X(x) T(t)$,代入式(3.2.13)得

$$\frac{T'}{a^2 T} = \frac{X''}{X}$$

等号两边分别是 t 和 x 的函数,显然它们只有等于同一常数才能保证等式恒成立. 仿照前面类似的讨论,令该常数为 $-\lambda = -\beta^2$(同样的分析可知只有 $\lambda = \beta^2 > 0$ 时才有非零解,请读者自行验证),有

$$\frac{T'}{a^2 T} = \frac{X''}{X} = -\beta^2$$

即

$$T' + \beta^2 a^2 T = 0 \qquad (3.2.16)$$

$$X'' + \beta^2 X = 0 \qquad (3.2.17)$$

将 $u(x,t) = X(x) T(t)$ 代入式(3.2.14)得

$$X(0) = 0, \quad X'(l) + h X(l) = 0 \qquad (3.2.18)$$

式(3.2.17)和式(3.2.18)构成本征值问题,解式(3.2.17)得

$$X(x) = A \cos \beta x + B \sin \beta x$$

代入式(3.2.18)得
$$A=0, \quad \beta\cos\beta l+h\sin\beta l=0$$
即
$$\tan\beta l=-\frac{\beta}{h} \tag{3.2.19}$$

为确定本征值 λ_n (即 β^2),令 $\gamma=\beta l, \alpha=-\frac{1}{hl}$,则式(3.2.19)变为
$$\tan\gamma=\alpha\gamma \tag{3.2.20}$$

若将 γ 看成变量,以 $\tan\gamma$ 和 $\alpha\gamma$ 为纵坐标,γ 为横坐标,方程(3.2.20)的根就是直线 $\alpha\gamma$ 与正切曲线 $\tan\gamma$ 交点的横坐标,如图3.2所示.

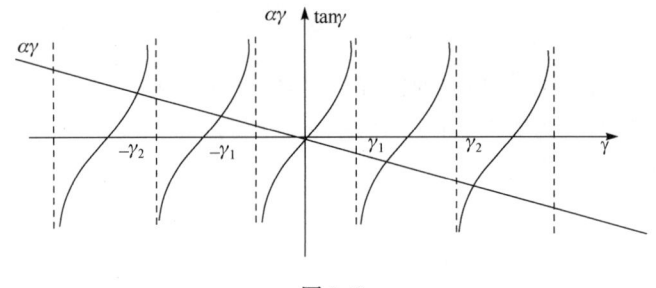

图 3.2

显然其交点有无限多个,即方程(3.2.20)有无限多个根
$$\gamma_1,\gamma_2,\cdots,\gamma_n,\cdots$$

(只取正根,因与 $-\gamma$ 对应的本征函数与 γ 相应的本征函数线性相关),由此可确定各本征值为
$$\lambda_1=\beta_1^2=\frac{\gamma_1^2}{l^2}, \quad \lambda_2=\beta_2^2=\frac{\gamma_2^2}{l^2}, \quad \cdots, \quad \lambda_n=\beta_n^2=\frac{\gamma_n^2}{l^2}, \quad \cdots$$

相应的本征函数为
$$X_n(x)=\sin\beta_n x \tag{3.2.21}$$

由(3.2.16)可求得非本征函数为
$$T_n(t)=A_n e^{-\beta_n^2 a^2 t}$$

于是得满足边界条件的与本征值为 β_n^2 相应的本征解为
$$u_n(x,t)=X_n(x)T_n(t)=C_n e^{-\beta_n^2 a^2 t}\sin\beta_n x, \quad n=0,1,2,\cdots$$

因为方程与边界条件均为齐次,由叠加原理得
$$u(x,t)=\sum_{n=1}^{\infty}u_n(x,t)=\sum_{n=1}^{\infty}C_n e^{-\beta_n^2 a^2 t}\sin\beta_n x \tag{3.2.22}$$

将式(3.2.22)代入初始条件式(3.2.15)得

$$\sum_{n=1}^{\infty} C_n \sin\beta_n x = \phi(x)$$

两边同乘以 $\sin\beta_m x$ 并在 $[0,l]$ 上对 x 积分且注意到三角函数系的正交性,有

$$C_n = \frac{\int_0^l \phi(x)\sin\beta_n x\,\mathrm{d}x}{\int_0^l \sin^2\beta_n x\,\mathrm{d}x} \tag{3.2.23}$$

将式(3.2.23)代回式(3.2.22)即得原定解问题的解.由式(3.2.22)可知,傅里叶级数中每项都有随时间衰减的指数因子.因此,随着时间 $t\to\infty$,式(3.2.22)中每一项都趋于零,这表明:无论杆上原来的温度分布如何,只要经历足够长的时间,杆上任一点的温度都与外界的温度(在本问题中是零度)相同.

例 3 一半径为 ρ_0 的薄圆盘,上下两面绝热,圆盘边缘温度分布为 $u|_{\rho=\rho_0} = f(\theta)$($f(\theta)$ 为已知函数),求达到稳定状态时圆盘上的温度分布.

解 本问题实际上是满足边界条件 $u|_{\rho=\rho_0} = f(\theta)$ 的二维拉普拉斯问题,可归结为求下列定解问题:

$$\begin{cases} \nabla^2 u(\rho,\theta) = \dfrac{1}{\rho}\dfrac{\partial}{\partial\rho}\left(\rho\dfrac{\partial u}{\partial\rho}\right) + \dfrac{1}{\rho^2}\dfrac{\partial^2 u}{\partial\theta^2} = 0, \quad \rho < \rho_0 & (3.2.24) \\ u|_{\rho=\rho_0} = f(\theta) & (3.2.25) \end{cases}$$

求解的基本思路依然是首先用分离变量法将偏微分方程化为我们所熟悉的常微分方程进行求解.为此,设

$$u(\rho,\theta) = R(\rho)\phi(\theta)$$

代入式(3.2.24)并整理得

$$\frac{\rho^2 R'' + \rho R'}{R} = -\frac{\phi''}{\phi}$$

上式两边分别是 ρ 和 θ 的函数,故它们只有等于同一常数才能使上式恒成立.设此分离常数为 λ,于是分离出两个常微分方程

$$\phi'' + \lambda\phi = 0 \tag{3.2.26}$$

$$\rho^2 R'' + \rho R' - \lambda R = 0 \tag{3.2.27}$$

对于本问题,除了题给的边界条件外,实际上还隐含了一个自然周期条件和一个自然边界条件,即

$$u|_{\rho=0} < \infty \tag{3.2.28}$$

$$u(\rho,\theta+2\pi) = u(\rho,\theta) \tag{3.2.29}$$

这是很显然的,因为圆盘内的温度值不可能是无限的,当然盘心的温度值也应该是有限的,于是有式(3.2.28);而 $u(\rho,\theta+2\pi)$ 和 $u(\rho,\theta)$ 实际上是圆盘上同一点,其温度自然相同,因而有式(3.2.29).将 $u(\rho,\theta) = R(\rho)\phi(\theta)$ 代入式(3.2.28)和式(3.2.29)可分别得

$$R|_{\rho=0} < \infty \qquad (3.2.30)$$
$$\phi(\theta+2\pi) = \phi(\theta) \qquad (3.2.31)$$

至此,我们面临的问题是:该由哪个方程和定解条件确定本征值和本征函数?从前几例的讨论中我们知道,由本征方程和齐次边界条件可确定本征值和本征函数.进一步考察不难发现,齐次边界条件满足的可加性与所有本征解满足叠加原理紧密关联.由于本问题中唯有周期条件 $\phi(\theta+2\pi)=\phi(\theta)$ 满足可加性(分别满足此条件的所有函数叠加起来依然满足该条件),因此,本问题的本征值问题由

$$\phi'' + \lambda\phi = 0 \qquad (3.2.32)$$
$$\phi(\theta+2\pi) = \phi(\theta) \qquad (3.2.33)$$

构成,它与另一组常微分方程的定解问题

$$\rho^2 R'' + \rho R' - \lambda R = 0 \qquad (3.2.34)$$
$$R|_{\rho=0} < \infty \qquad (3.2.35)$$

一起即可完全确定整个定解问题.下面先求本征值和本征函数.由式(3.2.32)得

$$\phi(\theta) = A e^{\sqrt{-\lambda}\theta} + B e^{-\sqrt{-\lambda}\theta} \qquad (3.2.36)$$

(1) 当 $\lambda < 0$ 时,由式(3.2.33)有

$$A(e^{\sqrt{-\lambda}(\theta+2\pi)} - e^{\sqrt{-\lambda}\theta}) + B(e^{-\sqrt{-\lambda}(\theta+2\pi)} - e^{-\sqrt{-\lambda}\theta}) = 0$$

显然只有 $A=B=0$ 才能使上式恒成立,所以 $\lambda<0$ 时无非零解;

(2) 当 $\lambda=0$ 时,$\phi_0(\theta) = C_0 \theta + D_0$,由式(3.2.33)得

$$C_0 = 0$$
$$\phi_0 = D_0 = 常数$$

(3) 当 $\lambda>0$ 时,令 $\lambda=\beta^2$,则式(3.2.36)变为

$$\phi(\theta) = A e^{i\beta\theta} + B e^{-i\beta\theta} = a\cos\beta\theta + b\sin\beta\theta$$

显然 β 必须为整数才能满足周期条件(3.2.33),即 $\beta=n, n=0,1,2,\cdots$(只取正整数,由于负整数所得的函数与正整数所得函数线性相关),因此得本征值和本征函数分别为

$$\lambda_n = \beta^2 = n^2, \qquad n=1,2,\cdots$$
$$\phi_n(\theta) = a_n \cos n\theta + b_n \sin n\theta$$

接下来就是求解满足有限性条件(自然边界条件)的常微分方程(3.2.34).其实,方程(3.2.34)是我们在高等数学中所熟悉的齐次欧拉(Euler)方程.作变量变换 $\rho = e^t$,即 $t = \ln\rho$,于是

$$\frac{dR}{d\rho} = \frac{dR}{dt}\frac{dt}{d\rho} = \frac{1}{\rho}\frac{dR}{dt}$$

$$\frac{d^2R}{d\rho^2} = \frac{d}{d\rho}\left(\frac{1}{\rho}\frac{dR}{dt}\right) = -\frac{1}{\rho^2}\frac{dR}{dt} + \frac{1}{\rho}\frac{d}{d\rho}\left(\frac{dR}{dt}\right)\frac{dt}{d\rho} = \frac{1}{\rho^2}\frac{d^2R}{dt^2} - \frac{1}{\rho^2}\frac{dR}{dt}$$

代入式(3.2.34)得

$$R''-\lambda R=0$$

当 $\lambda=0$ 时,有
$$R_0(t)=A'_0 t+B'_0$$
即
$$R_0(\rho)=A_0\ln\rho+B_0$$

当 $\lambda=n^2\neq 0$ 时,有
$$R_n(t)=A'_n e^{nt}+B'_n e^{-nt}$$
即
$$R_n(\rho)=A_n\rho^n+B_n\rho^{-n}$$

由式(3.2.35)得 $B_n=0,n=1,2,\cdots$,因此式(3.2.34)满足式(3.2.35)的解为
$$R_n(\rho)=A_n\rho^n,\qquad n=1,2,\cdots$$

于是得对应本征值 $\lambda=n^2$ 的本征解为
$$u_n(\rho,\theta)=A_n\rho^n(a_n\cos n\theta+b_n\sin n\theta)$$

由叠加原理得原定解问题的级数解为
$$u(\rho,\theta)=\sum_{n=0}^{\infty}A_n\rho^2(a_n\cos n\theta+b_n\sin n\theta)=\frac{C_0}{2}+\sum_{n=1}^{\infty}\rho^n(C_n\cos n\theta+D_n\sin n\theta) \tag{3.2.37}$$

(为使第一项系数得以简化,已令 $A_0 a_0=\dfrac{C_0}{2}$),最后可由题给条件 $u|_{\rho=\rho_0}=f(\theta)$ 确定其中积分常数. 将式(3.2.37)代入式(3.2.25)后,分别用 $1,\cos m\theta,\sin m\theta$ 乘以式(3.2.37)后并在 $[0,2\pi]$ 上对 θ 积分且注意到正交关系即得

$$\begin{cases} C_0 = \dfrac{1}{\pi}\int_0^{2\pi}f(\theta)\mathrm{d}\theta \\ C_n = \dfrac{1}{\rho_0^n\pi}\int_0^{2\pi}f(\theta)\cos n\theta\,\mathrm{d}\theta \\ D_n = \dfrac{1}{\rho_0^n\pi}\int_0^{2\pi}f(\theta)\sin n\theta\,\mathrm{d}\theta \end{cases} \tag{3.2.38}$$

将式(3.2.38)代回式(3.2.37)即得式(3.2.24)~式(3.2.26)的解.

3.3 非齐次波动方程和输运方程的解法

若方程是非齐次的,此时一般难以进行变量分离. 进一步的分析我们发现,非齐次方程与齐次方程的区别在于多了一个自由项(非齐次项),而该自由项一般而言是系统与外界发生相互作用相关联的,但外界的作用不应改变物理系统的本质特征,即系统的本质特征仍应由其本征值和本征函数反映. 因此我们有理由认为非

齐次数理方程的定解问题的解仍可认为是由无穷多个与本征值相应的本征解的迭加,而每个本征解仍是由相应齐次方程通过分离变量所得的本征值和本征函数所决定.

本小节仅介绍求解非齐次线性偏微分方程的一个最基本的方法——本征函数系展开法(也称为傅里叶级数法或固有函数法). 下面通过具体例子说明其基本步骤、方法和技巧.

考察下面一维受迫振动的定解问题:

$$\begin{cases} u_{tt} - a^2 u_{xx} = f(x,t), & 0<x<l, \quad t>0 \quad (3.3.1)\\ u|_{x=0}=0, \quad u|_{x=l}=0 & (3.3.2)\\ u|_{t=0}=\phi(x), \quad u_t|_{t=0}=\varphi(x) & (3.3.3) \end{cases}$$

第一步:求与式(3.3.1)相应的齐次方程与齐次边条件式(3.3.2)所确定的本征值和本征函数. 由前面可知

$$\lambda_n = \left(\frac{n\pi}{l}\right)^2, \quad X_n(x) = \sin\frac{n\pi}{l}x$$

第二步:将待求函数 $u(x,t)$ 和自由项都按本征函数系展开,即设

$$u(x,t) = \sum_{n=1}^{\infty} v_n(t)\sin\frac{n\pi}{l}x \quad (3.3.4)$$

$$f(x,t) = \sum_{n=1}^{\infty} f_n(t)\sin\frac{n\pi}{l}x \quad (3.3.5)$$

其中

$$f_n(t) = \frac{2}{l}\int_0^l f(x,t)\sin\frac{n\pi}{l}x\,\mathrm{d}x$$

将式(3.3.4)和式(3.3.5)代入式(3.3.1)得

$$\sum_{n=1}^{\infty}\left[v_n''(t) + \frac{a^2 n^2 \pi^2}{l^2}v_n(t) - f_n(t)\right]\sin\frac{n\pi}{l}x = 0 \quad (3.3.6)$$

因为不同本征值的本征函数是线性无关的,故上式成立的条件是,所有展开系数应为零,即

$$v_n''(t) + \left(\frac{an\pi}{l}\right)^2 v_n(t) - f_n(t) = 0 \quad (3.3.7)$$

将式(3.3.4)代入初始条件(3.3.3)得

$$\sum_{n=1}^{\infty} v_n(0)\sin\frac{n\pi}{l}x = \phi(x) \quad (3.3.8)$$

$$\sum_{n=1}^{\infty} v_n'(0)\sin\frac{n\pi}{l}x = \varphi(x) \quad (3.3.9)$$

由式(3.3.8)和式(3.3.9)可求出

$$v_n(0) = \frac{2}{l}\int_0^l \phi(x)\sin\frac{n\pi}{l}x\,\mathrm{d}x \qquad (3.3.10)$$

$$v'_n(0) = \frac{2}{l}\int_0^l \varphi(x)\sin\frac{n\pi}{l}x\,\mathrm{d}x \qquad (3.3.11)$$

第三步：求解展开系数 $v(t)$ 所满足的定解问题式(3.3.7)、式(3.3.10)和式(3.3.11). 非齐次常微分方程(3.3.7)可用常数变易法或积分变换法进行求解. 下面我们用拉氏变换法求解. 由式(3.3.7)对 t 取拉氏变换并利用式(3.3.10)和式(3.3.11)得

$$p^2\overline{v_n}(p) - pv'_n(0) - v_n(0) + \left(\frac{an\pi}{l}\right)^2\overline{v_n}(p) = \overline{f_n}(p)$$

可求得

$$\begin{aligned}\overline{v_n}(p) &= \frac{\overline{f_n}(p) + pv'_n(0) + v_n(0)}{p^2 + \left(\frac{an\pi}{l}\right)^2}\\ &= \frac{1}{p^2 + \left(\frac{an\pi}{l}\right)^2}\overline{f_n}(p) + \frac{p}{p^2 + \left(\frac{an\pi}{l}\right)^2}v'_n(0) + \frac{1}{p^2 + \left(\frac{an\pi}{l}\right)^2}v_n(0)\end{aligned} \qquad (3.3.12)$$

其中

$$\frac{1}{p^2 + \left(\frac{an\pi}{l}\right)^2} \doteq \frac{l}{na\pi}\sin\frac{na\pi}{l}t$$

$$\frac{p}{p^2 + \left(\frac{an\pi}{l}\right)^2} \doteq \cos\frac{na\pi}{l}t$$

于是对式(3.3.12)进行反演并对右边第一项利用卷积定理得

$$\begin{aligned}v_n(t) &= \frac{l}{an\pi}\int_0^t f_n(\tau)\sin\frac{na\pi(t-\tau)}{l}\,\mathrm{d}\tau + \left[\frac{2}{l}\int_0^l \varphi(x)\sin\frac{n\pi}{l}x\,\mathrm{d}x\right]\cos\frac{na\pi}{l}t\\ &\quad + \frac{2}{na\pi}\left[\int_0^l \varphi(x)\sin\frac{n\pi}{l}x\,\mathrm{d}x\right]\sin\frac{na\pi}{l}t\end{aligned} \qquad (3.3.13)$$

将式(3.3.13)代回式(3.3.4)即得原定解问题的解.

由上面的求解过程可看出，所谓本征函数系展开法就是将未知函数 u 和自由项 f 同时表为本征函数的傅里叶级数，从而分离出含另一变量的函数所满足的常微分方程及其定解条件. 因此，该法的本质依然是分离变量法. 只要原定解问题的边界条件是齐次的，则上面实施的本征函数系展开法是具有一般意义的，它主要用于求解非齐次数理方程的定解问题，当然对齐次数理方程的定解问题无疑也是适用的.

下面再通过一具体例子说明某些细节的处理方法.

例 在环形域 $a \leqslant \sqrt{x^2+y^2} \leqslant b(0<a<b)$ 内求下面定解问题：

$$u_{xx}+u_{yy}=12(x^2-y^2), \qquad a<\sqrt{x^2+y^2}<b \tag{3.3.14}$$

$$u|_{\sqrt{x^2+y^2}=a}=0, \qquad u_n|_{\sqrt{x^2+y^2}=b}=0 \tag{3.3.15}$$

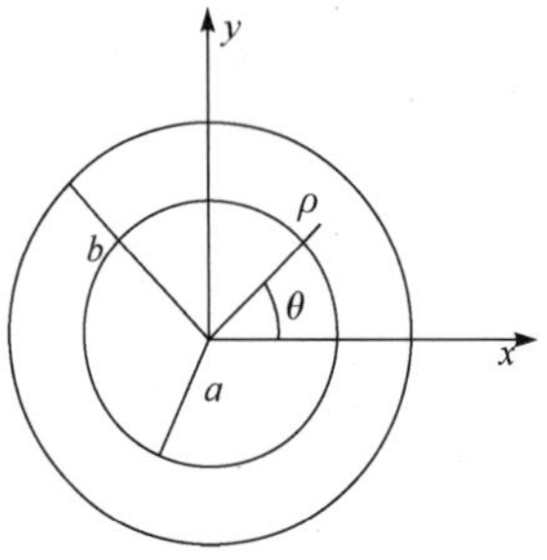

解 为了方便，我们在平面极坐标下进行讨论. 用 ρ 表环内任一点的极径（图 3.3），则有

$$x=\rho\cos\theta, \qquad y=\rho\sin\theta$$

于是式(3.3.14)、式(3.3.15)变为

$$\begin{cases} \dfrac{1}{\rho}\dfrac{\partial}{\partial\rho}\left(\rho\dfrac{\partial u}{\partial\rho}\right)+\dfrac{1}{\rho^2}\dfrac{\partial^2 u}{\partial\rho^2}=12\rho^2\cos2\theta, & a<\rho<b \\ u|_{\rho=a}=0, \quad \dfrac{\partial u}{\partial\rho}\bigg|_{\rho=b}=0 \end{cases} \tag{3.3.16}$$
$$\tag{3.3.17}$$

图 3.3

由 3.2 节中例 3 已知(3.3.16)～(3.3.17)的本征函数系为 $\{a_n\cos n\theta+b_n\sin n\theta\}$，因此，采用本征函数系展开法，将 $u(\rho,\theta)$ 和自由项 $12\rho^2\cos2\theta$ 均按本征函数展开为傅里叶级数，注意到自由项已是傅里叶级数展开，它只有余弦部分且仅有 $n=2$ 这一项. 于是

$$u(\rho,\theta)=\sum_{n=1}^{\infty}[A_n(\rho)\cos n\theta+B_n(\rho)\sin n\theta]$$

将其代入(3.3.16)式得

$$\sum_{n=1}^{\infty}\left[A''_n(\rho)+\frac{1}{\rho}A'_n(\rho)-\frac{n^2}{\rho^2}A_n(\rho)\right]\cos n\theta$$
$$+\sum_{n=1}^{\infty}\left[B''_n(\rho)+\frac{1}{\rho}B'_n(\rho)-\frac{n^2}{\rho^2}B_n(\rho)\right]\sin n\theta=12\rho^2\cos2\theta$$
$$\tag{3.3.18}$$

比较式(3.3.18)两边 $\sin n\theta$ 和 $\cos n\theta$ 的系数可得

$$A''_2(\rho)+\frac{1}{\rho}A'_2(\rho)-\frac{4}{\rho^2}A_2(\rho)=12\rho^2 \tag{3.3.19}$$

$$A''_n(\rho)+\frac{1}{\rho}A'_n(\rho)-\frac{n^2}{\rho^2}A_n(\rho)=0, \qquad n\neq 2 \tag{3.3.20}$$

$$B''_n(\rho)+\frac{1}{\rho}B'_n(\rho)-\frac{n^2}{\rho^2}B_n(\rho)=0, \tag{3.3.21}$$

而由式(3.3.17)得

$$\sum_{n=1}^{\infty}[A_n(a)\cos n\theta+B_n(a)\sin n\theta]=0$$

$$\sum_{n=1}^{\infty}[A'_n(b)\cos n\theta + B'_n(b)\sin n\theta] = 0$$

要使上两式成立，显然只有系数 $A_n(a)$、$B_n(a)$、$A'_n(b)$ 和 $B'_n(b)$ 都为零才可能，因此有

$$A_n(a) = A'_n(b) = 0 \tag{3.3.22}$$
$$B_n(a) = B'_n(b) = 0 \tag{3.3.23}$$

于是归结为求满足条件(3.3.22)、(3.3.23)的常微分方程(3.3.19)～(3.3.21)的解. 其中式(3.3.20)和式(3.3.21)是我们熟悉的齐次欧拉型方程，其解分别为

$$A_n(\rho) = c_n \rho^n + d_n \rho^{-n}$$
$$B_n(\rho) = c'_n \rho^n + d'_n \rho^{-n}$$

由式(3.3.22)和式(3.3.23)得

$$c_n = d_n = c'_n = d'_n = 0$$

所以

$$A_n(\rho) = B_n(\rho) \equiv 0, \qquad n \neq 2$$

方程(3.3.19)为非齐次欧拉型方程，其相应的齐次方程的解为

$$A_2^{(1)}(\rho) = C\rho^2 + D\rho^{-2}$$

其自由项为 $12\rho^4$，为此，设方程(3.3.19)的另一特解为

$$A_2^*(\rho) = C_1 \rho^4 + C_2 \rho^3 + C_3 \rho^2 + C_4 \rho + E$$

代入式(3.3.19)并比较两边不同幂次的 ρ 的系数得

$$C_1 = 1, \qquad C_2 = C_3 = C_4 = E = 0$$

于是得

$$A_2^*(\rho) = \rho^4$$

所以

$$A_2(\rho) = A_2^{(1)}(\rho) + A_2^*(\rho) = C\rho^2 + D\rho^{-2} + \rho^4$$

代入式(3.3.22)得

$$C = -\frac{a^6 + 2b^6}{a^4 + b^4}, \qquad D = -\frac{a^4 b^4 (a^2 - 2b^2)}{a^4 + b^4}$$

于是

$$A_2(\rho) = -\frac{a^6 + 2b^6}{a^4 + b^4} \rho^2 - \frac{a^4 b^4 (a^2 - 2b^2)}{a^4 + b^4} \rho^{-2} + \rho^4$$

最后得原定解问题的解为

$$u(\rho, \theta) = -\frac{1}{a^4 + b^4}[(a^6 + 2b^6)\rho^2 + a^4 b^4(a^2 - 2b^2)\rho^{-2} - (a^4 + b^4)\rho^4]\cos 2\theta$$

3.4 非齐次边界条件的处理

前面我们给出了边界条件为齐次而方程可为齐次和非齐次的定解问题的求解方法,若遇到边界条件为非齐次的情况,而又无其他条件可用于确定本征值和本征函数时,该怎么办？在此情形下,我们很自然会想到设法使边界条件化为齐次的.因此,本节的任务就是要说明边界条件的齐次化方法.

首先就一般情况阐述其基本步骤,随后通过两个实例说明一些细节问题的处理方法.

1. 第一类非齐次边界条件的齐次化方法

第一类非齐次边界条件的一般形式为：

$$u|_{x=0}=u_1(t), \qquad u|_{x=l}=u_2(t)$$

$u_1(t)$、$u_2(t)$ 均为已知函数. 对此情形可设 $u(x,t)=V(x,t)+W(x,t)$,并设 W 为 x 的一次函数,即

$$W=Ax+B \tag{3.4.1}$$

其中 A、B 可能是常数或 t 的函数,但与 x 无关. 若使

$$W|_{x=0}=u_1(t), \qquad W|_{x=l}=u_2(t) \tag{3.4.2}$$

则可确保另一函数 $V(x,t)$ 具有齐次边界条件

$$V|_{x=0}=0, \qquad V|_{x=l}=0 \tag{3.4.3}$$

因此,只需确定 A 和 B 即可,将式(3.4.1)代入式(3.4.2)得

$$B=u_1(t), \qquad A=\frac{u_2(t)-u_1(t)}{l}$$

所以

$$W(x,t)=\frac{u_2(t)-u_1(t)}{l}x+u_1(t) \tag{3.4.4}$$

2. 其中一个为第一类、另一个为第二类非齐次边界条件的齐次化方法

此类边界条件的一般形式为

$$u|_{x=0}=u_1(t), \qquad u_x|_{x=l}=u_2(t) \tag{3.4.5}$$

$$u_x|_{x=0}=u_1(t), \qquad u|_{x=l}=u_2(t) \tag{3.4.6}$$

对于此情形,依然设 $u(x,t)=V(x,t)+W(x,t)$,且仍取 W 为 x 的线性函数,即

$$W(x,t)=Ax+B$$

与式(3.4.5)和式(3.4.6)相应,令

$$W|_{x=0}=u_1(t), \qquad W_x|_{x=l}=u_2(t) \tag{3.4.7}$$

$$W_x|_{x=0}=u_1(t), \qquad W|_{x=l}=u_2(t) \tag{3.4.8}$$

则可确保另一函数 $V(x,t)$ 具有齐次边条件

$$\begin{cases} V|_{x=0}=0, & V_x|_{x=l}=0 \\ V_x|_{x=0}=0, & V|_{x=l}=0 \end{cases} \tag{3.4.9}$$

将 $W(x,t)$ 代入式(3.4.7)得

$$B=u_1(t), \qquad A=u_2(t)$$

所以

$$W(x,t)=u_2(t)x+u_1(t) \tag{3.4.10}$$

将 $W(x,t)$ 代入式(3.4.8)得

$$A=u_1(t), \qquad B=u_2(t)-u_1(t)l$$

所以

$$W(x,t)=u_1(t)x+u_2(t)-u_1(t)l=u_1(t)(x-l)+u_2(t) \tag{3.4.11}$$

3. 第二类非齐次边界条件的齐次化方法

此类边界条件的一般形式为

$$u_x|_{x=0}=u_1(t), \qquad u_x|_{x=l}=u_2(t)$$

仍设 $u(x,t)=V(x,t)+W(x,t)$. 若令

$$W_x|_{x=0}=u_1(t), \qquad W_x|_{x=l}=u_2(t) \tag{3.4.12}$$

显然仍可保证 $V(x,t)$ 具有齐次边界条件

$$V_x|_{x=0}=0, \qquad V_x|_{x=l}=0 \tag{3.4.13}$$

但此时若仍设 $W(x,t)$ 为 x 的线性函数,即 $W(x,t)=Ax+B$,则由式(3.4.12)有

$$A=u_1(t)=u_2(t)$$

因为一般 $u_1\neq u_2$,故此结果显然是不合理的,此外,B 无法确定. 因此,对此情形不能再把 $W(x,t)$ 表为 x 的线性函数. 于是我们设 $W(x,t)$ 为 x 的二次函数,即令

$$W=Ax^2+Bx+C \tag{3.4.14}$$

代入式(3.4.12)得

$$B=u_1(t), \qquad A=\frac{u_2(t)-u_1(t)}{l}$$

于是得

$$W(x,t)=\frac{u_2(t)-u_1(t)}{2l}x^2+u_1(t)x+C$$

其中 C 为任意常数,显然它对此类边条件的齐次化是不起作用的,对解的结果也不会导致根本性的影响,取不同的 C 只意味着函数 $u(x,t)$ 取值的基准不同而已. 因此,在对第二类非齐次边界条件齐次化时,可简单地令 $C=0$,即将 $W(x,t)$ 直接

表示为
$$W(x,t)=Ax^2+Bx$$
确定 A 和 B 即可. 于是对上面情形有
$$W(x,t)=\frac{u_2(t)-u_1(t)}{l}x^2+u_1(t)x \qquad (3.4.15)$$

需要指出的是:通过以上边界条件齐次化之后,新函数所满足的定解问题的初始条件一般不再是原定解问题的初始条件.此外,即便原定解问题的方程是齐次方程,但通过边界条件齐次化之后,新函数所满足的方程可能变成了非齐次方程.不过,这不会给我们的求解带来根本性的困难.

例1 将下面定解问题化为具有齐次边界条件的定解问题.

$$\begin{cases} u_{tt}-a^2 u_{xx}=0, & 0<x<l, \quad t>0 & (3.4.16)\\ u(0,t)=0, & u_x(l,t)=bt & (3.4.17)\\ u(x,0)=0, & u_t(x,0)=0 & (3.4.18) \end{cases}$$

其中 b 为常数.

解 令 $u(x,t)=V(x,t)+W(x,t)$,$W(x,t)=Ax+B$,只要 $W(x,t)$ 满足边界条件
$$W(0,t)=0, \qquad W_x(l,t)=bt \qquad (3.4.19)$$
则新函数 $V(x,t)$ 必具有齐次边界条件
$$V(0,t)=0, \qquad V_x(l,t)=0 \qquad (3.4.20)$$
将 $W(x,t)$ 代入式(3.4.19)得
$$B=0, \qquad A=bt$$
于是得
$$W(x,t)=btx \qquad (3.4.21)$$
将 $u(x,t)=V(x,t)+W(x,t)=V(x,t)+btx$ 代入式(3.4.16)和式(3.4.18)得
$$V_{tt}(x,t)-a^2 V_{xx}(x,t)=0, \quad 0<x<l, \quad t>0 \qquad (3.4.22)$$
$$V(0,t)=0, \qquad V_x(l,t)=0 \qquad (3.4.23)$$
这样一来,原定解问题(3.4.16)~(3.4.18)即转化为下面具有齐次边界条件的定解问题:

$$\begin{cases} V_{tt}-a^2 V_{xx}=0, & 0<x<l, \quad t>0 & (3.4.24)\\ V(0,t)=0, & V_x(l,t)=0 & (3.4.25)\\ V(x,0)=0, & V_t(x,0)=-bx & (3.4.26) \end{cases}$$

可见,只要求出定解问题(3.4.24)~(3.4.26),则原定解问题即告解决,其解就是
$$u(x,t)=V(x,t)+W(x,t)$$

例2 试对下面定解问题实施边界条件齐次化.

$$\begin{cases} u_{xx}(x,y)+u_{yy}(x,y)=0, & 0<x<l \quad (3.4.27)\\ u|_{x=0}=f_1(y), \quad u|_{x=a}=f_2(y) & (3.4.28)\\ u|_{y=0}=g_1(x), \quad u|_{y=b}=g_2(x) & (3.4.29) \end{cases}$$

解法 1 直接齐次化. 这是二维拉普拉斯方程的定解问题, 对关于 x 或关于 y 的边界条件进行齐次化均可. 现对非齐次边界条件式(3.4.28)进行齐次化.

设
$$u(x,y)=V(x,y)+W(x,y), \quad W(x,y)=Ax+B \quad (3.4.30)$$

并令
$$W(0,y)=f_1(y), \quad W(a,y)=f_2(y) \quad (3.4.31)$$

于是得
$$V(0,y)=0, \quad V(a,y)=0. \quad (3.4.32)$$

将 $W=Ax+B$ 代入式(3.4.31)得
$$B=f_1(y), \quad A=\frac{f_2(y)-f_1(y)}{a}$$

于是 W 已解出为
$$W(x,y)=\frac{f_2(y)-f_1(y)}{a}x+f_1(y) \quad (3.4.33)$$

这样一来, 原定解问题即转化为求解下面具有齐次边界条件的定解问题:

$$\begin{cases} V_{xx}(x,y)+V_{yy}(x,y)=\dfrac{1}{a}\left[\dfrac{\mathrm{d}^2 f_1(y)}{\mathrm{d}y^2}-\dfrac{\mathrm{d}^2 f_2(y)}{\mathrm{d}y^2}\right]-\dfrac{\mathrm{d}^2 f_1(y)}{\mathrm{d}y^2}\\ V(0,y)=0, \quad V(a,y)=0, \quad 0<x<a, \quad 0<y<b\\ V(x,0)=g_1(x)-f_1(0)-\dfrac{f_2(0)-f_1(0)}{a}x\\ V(x,b)=g_2(x)-f_1(b)-\dfrac{f_2(b)-f_1(b)}{a}x \end{cases} \quad (3.4.34)$$

解法 2 设 $u(x,y)=V(x,y)+W(x,y)$, 代入式(3.4.27)~(3.4.29)得
$$\begin{cases} V_{xx}+V_{yy}+W_{xx}+W_{yy}=0\\ (V+W)|_{x=0}=f_1(y), \quad (V+W)|_{x=a}=f_2(y)\\ (V+W)|_{y=0}=g_1(x), \quad (V+W)|_{y=b}=g_2(x) \end{cases} \quad (3.4.35)$$

若在(3.4.35)中令
$$\begin{cases} V_{xx}+V_{yy}=0, \quad 0<x<a, \quad 0<y<b\\ V|_{x=0}=f_1(y), \quad V|_{x=a}=f_2(y)\\ V|_{y=0}=0, \quad V|_{y=b}=0 \end{cases} \quad (3.4.36)$$

$$\begin{cases} W_{xx}+W_{yy}=0, & 0<x<a, \quad 0<y<b \\ W|_{x=0}=0, & W|_{x=a}=0 \\ W|_{y=0}=g_1(x), & W|_{y=b}=g_2(x) \end{cases} \quad (3.4.37)$$

式(3.4.36)与式(3.4.37)之和显然满足(3.4.35),当然也满足(3.4.27)～(3.4.29).这样,我们就把原定解问题(3.4.27)～(3.4.29)化为两个分别具有一组齐次边界条件的定解问题(3.4.36)和(3.4.37)进行求解.

比较两种解法可见,解法 1 的优点是比较直接,但经边界条件齐次化之后,除原来的齐次方程变成了非齐次方程之外,另外两个边界条件也变得比较复杂,使得式(3.4.34)的求解显得麻烦一些,这是解法 1 的缺点.而解法 2 则是一种较巧妙的方法,但这也是边界条件齐次化的方法之一.这样处理不仅能使边界条件齐次化,且方程仍保持为齐次方程,所得的两组定解问题也易于求解.这是解法 2 的优点.但解法 2 不够直接,且对不同的问题需采用不同的处理方法.因此解法 2 无一定的方法可循,需视具体情况作适当的处理.

3.5 具有非齐次边界条件的定解问题

这一节将要讨论的已不是什么新东西,实际上是把前几节的内容联系起来综合应用而已.

前已提到,对于我们要求解的定解问题,若边界条件是非齐次的,同时又不能借助其他定解条件来确定本征值和本征函数时,则无论其方程是否齐次的,我们要做的第一步工作就是首先将边界条件齐次化,然后再应用前三节所述的方法进行求解.

为使读者更深刻地体会本章所述求解方法的精义,下面我们较详尽地讨论几个实例.

例 1 求定解问题:

$$u_{tt}-a^2 u_{xx}=A, \quad 0<x<l, \quad t>0 \quad (3.5.1)$$

$$u|_{x=0}=0, \quad u|_{x=l}=B \quad (3.5.2)$$

$$u|_{t=0}=0, \quad u_t|_{t=0}=0 \quad (3.5.3)$$

其中 A、B 均为常数.

解 我们注意到:此定解问题的一个重要特征就是方程的自由项和边界条件都是常数.对于这种情况我们往往有可能通过一次代换即可将方程和边界条件都化为齐次的.为此,令

$$u(x,t)=V(x,t)+W(x) \quad (W \text{ 与 } t \text{ 无关}) \quad (3.5.4)$$

代入式(3.5.1)得

$$V_{tt}=a^2(V_{xx}+W'')+A$$

若再令

$$\begin{cases} a^2W''(x)+A=0 \\ W|_{x=0}=0, \quad W|_{x=l}=B \end{cases} \quad (3.5.5)$$

则 $V(x,t)$ 就是下面具有齐次边界条件的定解问题：

$$\begin{cases} V_{tt}=a^2V_{xx}, \quad 0<x<l, \quad t>0 \\ V|_{x=0}=0, \quad V|_{x=l}=0 \\ V|_{t=0}=-W(x), \quad V_t|_{t=0}=0 \end{cases} \quad (3.5.6)$$

易于验证，式(3.5.4)~(3.5.6)是满足式(3.5.1)~(3.5.3)的，因此，只要分别求出定解问题(3.5.5)和(3.5.6)，则原定解问题即告解决．

容易求得式(3.5.5)的解为

$$W(x)=-\frac{A}{2a^2}x^2+\left(\frac{Al}{2a^2}+\frac{B}{l}\right)x \quad (3.5.7)$$

对于式(3.5.6)，采用分离变量法可求得

$$V(x,t)=\sum_{n=1}^{\infty}\left(C_n\cos\frac{na\pi t}{l}+D_n\sin\frac{na\pi t}{l}\right)\sin\frac{n\pi x}{l} \quad (3.5.8)$$

将式(3.5.8)代入式(3.5.6)的后两式（初始条件）得

$$\begin{cases} \sum_{n=1}^{\infty}C_n\sin\frac{n\pi}{l}x=-W(x)=\frac{A}{2a^2}x^2-\left(\frac{A}{2a^2l}+\frac{B}{l}\right)x & (3.5.9) \\ D_n=0 & (3.5.10) \end{cases}$$

用 $\sin\frac{m\pi}{l}x$ 同乘式(3.5.9)两边并在 $[0,l]$ 上对 x 积分，注意到正交性关系得

$$C_n=\frac{2}{l}\int_0^l\left[\frac{A}{2a^2}x^2-\left(\frac{Al}{2a^2}+\frac{B}{l}\right)x\right]\sin\frac{n\pi}{l}x\,\mathrm{d}x$$

通过两次分部积分得

$$C_n=\frac{2}{n\pi}[(-1)^n-1]\left(\frac{Al^2}{a^2n^2\pi^2}-B\right) \quad (3.5.11)$$

这样，我们就求得原定解问题的解为

$$u(x,t)=-\frac{A}{2a^2}x^2+\left(\frac{Al}{2a^2}+\frac{B}{l}\right)x+\frac{2}{\pi}\sum_{n=1}^{\infty}\frac{(-1)^n-1}{n}\left(\frac{Al^2}{a^2n^2\pi^2}-B\right)\cos\frac{na\pi t}{l}\sin\frac{n\pi x}{l}$$

例 2 求定解问题：

$$\begin{cases} u_t=a^2u_{xx}-b^2u, \quad 0<x<l, \quad t>0 & (3.5.12) \\ u_x|_{x=0}=0, \quad u|_{x=l}=u_1, & (3.5.13) \\ u|_{t=0}=\frac{u_1}{l^2}x^2 & (3.5.14) \end{cases}$$

其中 b, u_1 均为常数.

解 本问题中的方程虽然多了 $-b^2 u(x,t)$ 这一项,但方程仍是齐次的,其求解不会给我们带来根本性的困难.

令
$$u(x,t)=V(x,t)+W, \qquad W=Ax+B$$

且让
$$W_x|_{x=0}=0, W|_{x=l}=u_1$$

得
$$A=0, \quad B=u_1$$

于是
$$W=u_1 \tag{3.5.15}$$

这样,原定解问题归结为对下面定解问题的求解
$$V_t - a^2 V_{xx} + b^2 V = -b^2 u_1, \quad 0<x<l, \quad t>0 \tag{3.5.16}$$
$$V_x|_{x=0}=0, \qquad V|_{x=l}=0 \tag{3.5.17}$$
$$V|_{t=0}=\left(\frac{x^2}{l^2}-1\right)u_1 \tag{3.5.18}$$

与式(3.5.16)相应的齐次方程为
$$V_t - a^2 V_{xx} + b^2 V = 0 \tag{3.5.19}$$

令 $V(x,t)=X(x)T(t)$,代入式(3.5.19)得
$$\frac{T'+b^2 T}{a^2 T}=\frac{X''}{X}=-\lambda$$

于是有
$$T'+(b^2+\lambda a^2)T=0 \tag{3.5.20}$$
$$X''+\lambda X=0 \tag{3.5.21}$$

将 $V(x,t)=X(x)T(t)$ 代入式(3.5.17)得
$$X_x|_{x=0}=0, \qquad X|_{x=l}=0 \tag{3.5.22}$$

式(3.5.21)和式(3.5.22)构成本征值问题,由简单的计算可知 $\lambda<0$ 和 $\lambda=0$ 时只有零解,$\lambda>0$ 时才有非零解. 可求得本征值和本征函数分别为
$$\lambda_n=\beta^2=\frac{(2n+1)^2\pi^2}{4l^2} \tag{3.5.23}$$
$$X_n(x)=\cos\frac{(2n+1)\pi}{2l}x \tag{3.5.24}$$

将式(3.5.16)中的 $V(x,t)$ 和自由项 $-b^2 u_1$ 均按本征函数系 $\{X_n(x)\}$ 展开有
$$V(x,t)=\sum_{n=0}^{\infty}V_n(t)\cos\frac{(2n+1)\pi}{2l}x \tag{3.5.25}$$

$$-b^2 u_1 = \sum_{n=0}^{\infty} C_n \cos \frac{(2n+1)\pi}{2l}x = \frac{4b^2 u_1}{\pi}\sum_{n=0}^{\infty}\frac{(-1)^{n+1}}{2n+1}\cos\frac{(2n+1)\pi}{2l}x \tag{3.5.26}$$

将式(3.5.25)、式(3.5.26)代入式(3.5.16)得

$$\sum_{n=0}^{\infty}\left\{V_n'(t)+\left[\left(\frac{2n+1}{2l}\right)^2 a^2\pi^2+b^2\right]V_n(t)+(-1)^n\frac{4b^2 u_1}{(2n+1)\pi}\right\}\cos\frac{(2n+1)\pi}{2l}x=0$$

这意味着所有傅里叶系数为零,即

$$V_n'(t)+\left[\left(\frac{2n+1}{2l}\right)^2 a^2\pi^2+b^2\right]V_n(t)+(-1)^n\frac{4b^2 u_1}{(2n+1)\pi}=0 \tag{3.5.27}$$

将式(3.5.25)代入式(3.5.18)得

$$\sum_{n=0}^{\infty} V_n(0)\cos\frac{(2n+1)\pi}{2l}x=\left(\frac{x^2}{l^2}-1\right)u_1$$

用 $\cos\frac{(2m+1)\pi}{2l}x$ 同乘上式两边并在 $[0,l]$ 上对 x 积分,注意到正交性得

$$V_n(0)=\frac{2u_1}{l}\int_0^l\left(\frac{x^2}{l^2}-1\right)\cos\frac{(2n+1)\pi}{2l}x\,\mathrm{d}x=(-1)^{n+1}\frac{32u_1}{(2n+1)^3\pi^3} \tag{3.5.28}$$

与方程(3.5.27)相应的齐次方程的通解为

$$V_n^{(1)}(t)=C_n\mathrm{e}^{-\left[b^2+\frac{(2n+1)^2 a^2\pi^2}{4l^2}\right]t} \tag{3.5.29}$$

由于方程(3.5.27)中的自由项为常数,故设其一特解为

$$V_n^*(t)=B_0(任意常数)$$

代入式(3.5.27)得

$$V_n^*(t)=B_0=\frac{(-1)^{n+1}16b^2 l^2 u_1}{(2n+1)\pi[4b^2 l^2+(2n+1)^2 a^2\pi^2]} \tag{3.5.30}$$

于是式(3.5.27)的通解为

$$V_n(t)=V_n^{(1)}(t)+V_n^*=C_n\mathrm{e}^{-\left[b^2+\frac{(2n+1)^2 a^2\pi^2}{4l^2}\right]t}+\frac{(-1)^{n+1}16b^2 l^2 u_1}{(2n+1)\pi[4b^2 l^2+(2n+1)^2 a^2\pi^2]} \tag{3.5.31}$$

将式(3.5.31)代入式(3.5.28)可确定积分常数 C_n 为

$$C_n=(-1)^{n+1}\left[\frac{32u_1}{(2n+1)^3\pi^3}-\frac{16b^2 l^2 u_1}{(2n+1)\pi[4b^2 l^2+(2n+1)^2 a^2\pi^2]}\right]$$

于是

$$V_n(t)=(-1)^{n+1}\left[\frac{32u_1}{(2n+1)^3\pi^3}-\frac{16b^2 l^2 u_1}{(2n+1)\pi[4b^2 l^2+(2n+1)^2 a^2\pi^2]}\right]\mathrm{e}^{-\left[b^2+\frac{(2n+1)^2 a^2\pi^2}{4l^2}\right]t}$$
$$+\frac{(-1)^{n+1}16b^2 l^2 u_1}{(2n+1)\pi[4b^2 l^2+(2n+1)^2 a^2\pi^2]} \tag{3.5.32}$$

将式(3.5.32)代入式(3.5.25)后加上 $W=u_1$ 即得原定解问题的通解为

$$u(x,t) = \frac{32u_1}{\pi^3}e^{-bt}\sum_{n=0}^{\infty}\frac{(-1)^{n+1}}{(2n+1)^3}e^{-\frac{(2n+1)^2a^2\pi^2}{4l^2}t}\cos\frac{(2n+1)\pi}{2l}x$$
$$+\frac{16b^2l^2u_1}{\pi}\sum_{n=0}^{\infty}\frac{(-1)^{n+1}}{(2n+1)[4b^2l^2+(2n+1)^2a^2\pi^2]}$$
$$\cdot(1-e^{-\left[b^2+\frac{(2n+1)^2a^2\pi^2}{4l^2}\right]t})\cos\frac{(2n+1)\pi}{2l}x + u_1$$

例3 将一半径为 a，单位长度带电为 q 的长直导体置于场强为 E_0 的匀强电场中，设 E_0 沿 x 方向，导体与 E_0 垂直，如图 3.4(a) 所示，求导体外的电势分布。

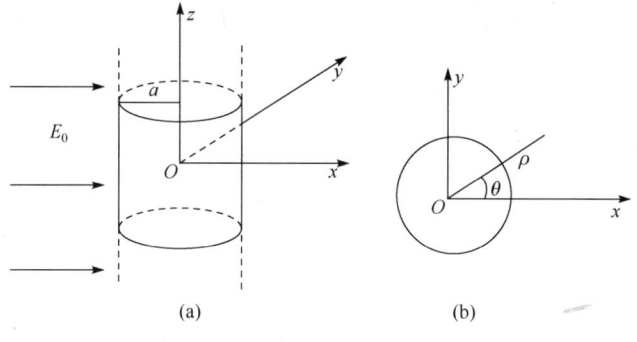

图 3.4

解 因为场沿 z 方向无变化，即 $u=u(x,y)$，因此只需讨论电势 u 在 xy 平面上的分布即可，如图 3.4(b) 所示。为方便计，我们将在平面极坐标下讨论，于是有 $u=u(\rho,\theta)$。需要注意的是：对于本问题，不能把无穷远处的电势设为零，但显然我们可把导体表面的参考电势设为零，即 $u(a,\theta)=0$。由电磁学可知，匀强电场和无限长直带电导体在无穷远处产生的电势分别为：

$$u_1 = -E_0\rho\cos\theta$$
$$u_2 = -\frac{q}{2\pi\varepsilon_0}\ln\frac{\rho}{a} \quad (\varepsilon_0\text{ 为真空中的介电系数})$$

而导体中的感应电荷在无穷远处激发的电势可简单地认为零（因感应电荷等量异号，故在无穷远处其电势可认为等值异号而相互抵消）。于是无穷远处的边界条件为

$$u(\rho,\theta)|_{\rho\to\infty} = (u_1+u_2) = -\left(E_0\rho\cos\theta + \frac{q}{2\pi\varepsilon_0}\ln\frac{\rho}{a}\right)$$

因此，本例归结为求解下面定解问题：

$$\frac{1}{\rho}\frac{\partial}{\partial\rho}\left(\rho\frac{\partial u}{\partial\rho}\right) + \frac{1}{\rho^2}\frac{\partial^2 u}{\partial\theta^2} = 0, \quad \rho\geqslant a, \quad 0\leqslant\theta\leqslant 2\pi \quad (3.5.33)$$

$$u(\rho,\theta)|_{\rho=a}=0 \tag{3.5.34}$$

$$u(\rho,\theta)|_{\rho\to\infty}=-\left(E_0\rho\cos\theta+\frac{q}{2\pi\varepsilon_0}\ln\frac{\rho}{a}\right) \tag{3.5.35}$$

乍一看,似乎应先对边界条件进行齐次化,但我们注意到本问题实际上还有一个隐含的自然周期条件

$$u(\rho,\theta)=u(\rho,\theta+2\pi) \tag{3.5.36}$$

令

$$u(\rho,\theta)=R(\rho)\phi(\theta) \tag{3.5.37}$$

将式(3.5.37)代入式(3.5.33)经分离变量并整理后即得(设分离常数为 n^2)

$$\phi''+n^2\phi=0 \tag{3.5.38}$$

$$\rho^2R''+\rho R'-n^2R=0 \tag{3.5.39}$$

将式(3.5.37)代入式(3.5.36)有

$$\phi(\theta+2\pi)=\phi(\theta) \tag{3.5.40}$$

这样,式(3.5.38)和式(3.5.40)即已构成本征值问题,因此本问题无需进行边界条件齐次化. 可求得本征值本征函数分别为

$$\lambda_n=n^2, \quad n=0,1,2,\cdots$$

$$\phi_n(\theta)=C_n\cos n\theta+D_n\sin n\theta$$

方程(3.5.39)为齐次欧拉型方程,其解为

$$R_0=A_0+B_0\ln\rho, \quad n=0$$

$$R_n=A_n\rho^n+B_n\rho^{-n}, \quad n\neq 0$$

于是得

$$u(\rho,\theta)=A_0+B_0\ln\rho+\sum_{n=1}^{\infty}\rho^n(A_n\cos n\theta+B_n\sin n\theta)$$

$$+\sum_{n=1}^{\infty}\rho^{-n}(C_n\cos n\theta+D_n\sin n\theta) \tag{3.5.41}$$

其中 A_0、B_0、A_n、B_n、C_n、D_n 均为待定常数. 将式(3.5.41)代入式(3.5.35)得

$$u(\rho,\theta)|_{\rho\to\infty}=A_0+B_0\ln\rho+\sum_{n=1}^{\infty}\rho^n(A_n\cos n\theta+B_n\sin n\theta)$$

$$=-E_0\rho\cos\theta-\frac{q}{2\pi\varepsilon_0}\ln\frac{\rho}{a}=-E_0\rho\cos\theta-\frac{q}{2\pi\varepsilon_0}\ln\rho+\frac{q}{2\pi\varepsilon_0}\ln a$$

比较上式两边对应项的系数得

$$A_0=\frac{q}{2\pi\varepsilon_0}\ln a, \quad B_0=-\frac{q}{2\pi\varepsilon_0}, \quad A_1=-E_0, \quad A_n=0, \quad n=2,3,\cdots$$

$$B_n=0, \quad n=2,3,\cdots \tag{3.5.42}$$

将式(3.5.42)代回式(3.5.41)得

$$u(\rho,\theta) = \frac{q}{2\pi\varepsilon_0}\ln a - \frac{q}{2\pi\varepsilon_0}\ln\rho - E_0\rho\cos\theta + \sum_{n=1}^{\infty}\rho^{-n}(C_n\cos n\theta + D_n\sin n\theta)$$
(3.5.43)

将式(3.5.43)代入式(3.5.34)得

$$u(\rho,\theta)|_{\rho=a} = -E_0 a\cos\theta + \sum_{n=1}^{\infty}a^{-n}(C_n\cos n\theta + D_n\sin n\theta) = 0$$

比较两边系数可得

$$C_1 = E_0 a^2, \quad C_n = 0, \quad (n=2,3,\cdots), \quad D_n = 0, \quad (n=2,3,\cdots) \quad (3.5.44)$$

将式(3.5.44)代回式(3.5.43)得导体外的电势分布为

$$u(\rho,\theta) = -\frac{q}{2\pi\varepsilon_0}\ln\frac{\rho}{a} - E_0\rho\left(1-\frac{a^2}{\rho^2}\right)\cos\theta \quad (3.5.45)$$

现就如何用分离变量法求定解问题作一小结:

(1) 根据边界形状选择适当的坐标系.若为圆环或扇形域,用极坐标较方便,若为圆柱域和球域,则选柱坐标和球坐标较为方便;

(2) 当边界条件为非齐次且无其他条件(如自然周期条件、自然边界条件等)可用来确定本征函数时,首先要对边界条件齐次化(不管方程是否齐次的).对某些问题,应尽可能使方程和边界条件同时齐次化;

(3) 对非齐次方程、齐次边界条件的定解问题(无论初始条件如何),先由相应的齐次方程和齐次边界条件通过分离变量法求出本征函数,再用本征函数系展开法求解.

3.6 泊松方程的特解法

本小节讨论求解泊松方程的特解法.我们知道,通常情况下齐次方程总是比非齐次方程的求解来得简单,若能将泊松方程的定解问题化为拉普拉斯方程的定解问题,这将给我们的求解带来极大的方便.

3.6.1 泊松方程任意特解的构造

泊松方程的一般形式为

$$\Delta u = f(x,y,z) \quad (3.6.1)$$

若能找到式(3.6.1)的一个特解 v,令 $u = \omega + v$,由于 $\Delta v = f(x,y,z)$,则 $\Delta u = \Delta(\omega+v) = \Delta\omega + \Delta v = f(x,y,z)$,于是式(3.6.1)转化为

$$\Delta\omega = 0 \quad (3.6.2)$$

这样一来,就把泊松方程的求解转化成了求解拉普拉斯方程.

现在给出构造泊松方程一个任意特解的一般方法.设泊松方程式(3.6.1)的非

齐次项具有如下形式：
$$f(x,y,z)=a_n x^n yz+a_m xy^m z+a_k xyz^k+\cdots+b_1 x+b_2 y+b_3 z+c \quad (3.6.3)$$
其中 $a_n, a_m, a_k, \cdots, b_1, b_2, b_3, c$ 均为常数. 与式(3.6.3)相应的泊松方程的一个最简单的任意特解为
$$v=A_n x^{n+2} yz+A_m xy^{m+2} z+A_k xyz^{k+2}+\cdots+B_1 x^3+B_2 y^3+B_3 z^3+Cx^2$$
$$(3.6.4)$$

上式最后一项也可以是 Cy^2（或 Cz^2）. 将式(3.6.4)代入泊松方程并与式(3.6.3)比较得

$$A_n=\frac{a_n}{(n+2)(n+1)}, \quad A_m=\frac{a_m}{(m+2)(m+1)}, \quad A_k=\frac{a_k}{(k+2)(k+1)}$$

……

$$B_1=\frac{b_1}{6}, \quad B_2=\frac{b_2}{6}, \quad B_3=\frac{b_3}{6}, \quad C=\frac{c}{2}$$

于是特解(3.6.4)为

$$v=\frac{a_n}{(n+2)(n+1)} x^{n+2} yz+\frac{a_m}{(m+2)(m+1)} xy^{m+2} z+\frac{a_k}{(k+2)(k+1)} xyz^{k+2}$$
$$+\cdots+\frac{b_1}{6} x^3+\frac{b_2}{6} y^3+\frac{b_3}{6} z^3+\frac{c}{2} x^2$$

上式中右边最后一项也可以是 $\frac{c}{2} y^2$（或 $\frac{c}{2} z^2$）. 可见，构造泊松方程一个最简单、最直接的特解只看非齐次项各项中幂次最高的变量即可，也就是：如果非齐次项某项中最高幂次变量的幂次为 n，则特解中与该项相应的最高幂次变量的幂次为 $n+2$，而与之相乘的一次幂变量则保持原样(**特别需要强调的是**：此法只适用于除常数项和变量为一次幂项之外其余项中均只有一个变量的幂次等于或大于 2 的情形). 当然，这样找出的特解到底是否合适，这得根据具体情况对特解加以改造. 下面通过实例加以说明.

3.6.2 泊松方程的解

例 1 在圆域 $\rho<\rho_0$ 上求解泊松方程的边值问题

$$\begin{cases} \Delta u=a+b(x^2-y^2) \\ u|_{\rho=\rho_0}=c \end{cases} \quad (3.6.5)$$

解 设 $u=\omega+v$，很显然，其中一个最简单的特解为 $v=\frac{a}{2} x^2+\frac{b}{12}(x^4-y^4)$ 或 $v=\frac{a}{2} y^2+\frac{b}{12}(x^4-y^4)$. 但根据边界状况，若将特解选为 $v=\frac{a}{4}(x^2+y^2)+$

$\frac{b}{12}(x^4-y^4)$，则在平面极坐标下拉普拉斯方程 $\Delta\omega=0$ 将会具有最简单的边界条件. 因为在平面极坐标下

$$v=\frac{a}{4}(x^2+y^2)+\frac{b}{12}(x^4-y^4)=\frac{a}{4}\rho^2+\frac{b}{12}\rho^4\cos2\varphi$$

于是将 $u=\omega+v=\omega+\frac{a}{4}\rho^2+\frac{b}{12}\rho^4\cos2\varphi$ 代入式(3.6.5)得

$$\begin{cases}\Delta\omega=0\\ \omega|_{\rho=\rho_0}=c-\frac{a}{4}\rho_0^2-\frac{b}{12}\rho_0^4\cos2\varphi\end{cases} \tag{3.6.6}$$

仿前面的讨论，在平面极坐标下拉普拉斯方程的解为

$$\omega(\rho,\varphi)=C_0+D_0\ln\rho+\sum_{n=1}^{\infty}\rho^n(A_n\cos n\varphi+B_n\sin n\varphi)$$
$$+\sum_{n=1}^{\infty}\rho^{-n}(C_n\cos n\varphi+D_n\sin n\varphi)$$

由在圆心处的自然边界条件可知 $C_n=0, D_0=0, D_n=0$. 于是得

$$\omega(\rho,\varphi)=\sum_{n=0}^{\infty}\rho^n(A_n\cos n\varphi+B_n\sin n\varphi)$$

代入式(3.6.6)的第二式得

$$\sum_{n=0}^{\infty}\rho_0^n(A_n\cos n\varphi+B_n\sin n\varphi)=c-\frac{a}{4}\rho_0^2-\frac{b}{12}\rho_0^4\cos2\varphi$$

比较得

$$A_0=c-\frac{a}{4}\rho_0^2,\quad A_2=-\frac{b}{12}\rho_0^2,\quad A_n=0,\quad n\neq 0,2,\quad B_n=0$$

最后得原定解问题(3.6.5)的解为

$$u(\rho,\varphi)=\omega(\rho,\varphi)+v(\rho,\varphi)=c+\frac{a}{4}(\rho^2-\rho_0^2)+\frac{b}{12}\rho^2(\rho^2-\rho_0^2)\cos2\varphi$$

例2 求下面定解问题

$$\begin{cases}\Delta u=-2 & (3.6.7)\\ u(0,y)=0,\quad u(a,y)=0 & (3.6.8)\\ u(x,0)=0,\quad u(x,b)=0 & (3.6.9)\end{cases}$$

解 设 $u=\omega+v$. 很显然，$v=-x^2$（或 $v=-y^2$）是方程(3.6.7)的一个特解. 但如果这样选择特解，我们将得不到 ω 关于 x 或 y 的一组齐次边界条件. 为此，将特解选为 $v=-x^2+c_1 x+c_2$，且设 $c_1=a, c_2=0$. 所以该特解为 $v=x(a-x)$. 于是

$$u=\omega+v=\omega+x(a-x)$$

代入式(3.6.7)~式(3.6.9)得

$$\begin{cases} \Delta\omega = 0 & (3.6.10) \\ \omega(0,y) = 0, \quad \omega(a,y) = 0 & (3.6.11) \\ \omega(x,0) = x(x-a), \quad \omega(x,b) = x(x-a) & (3.6.12) \end{cases}$$

由式(3.6.10)和式(3.6.11)可得分离变量解为

$$\omega(x,y) = \sum_{n=1}^{\infty}(A_n e^{\frac{n\pi y}{a}} + B_n e^{-\frac{n\pi y}{a}})\sin\frac{n\pi}{a}x \qquad (3.6.13)$$

代入式(3.6.12)得

$$\sum_{n=1}^{\infty}(A_n + B_n)\sin\frac{n\pi}{a}x = x(x-a) \qquad (3.6.14)$$

$$\sum_{n=1}^{\infty}(A_n e^{\frac{n\pi b}{a}} + B_n e^{-\frac{n\pi b}{a}})\sin\frac{n\pi}{a}x = x(x-a) \qquad (3.6.15)$$

将式(3.6.14)、式(3.6.15)两式右边展开为傅里叶正弦级数

$$x(x-a) = \sum_{n=1}^{\infty}C_n\sin\frac{n\pi}{a}x \qquad (3.6.16)$$

两边同乘以 $\sin\frac{m\pi}{a}x$ 并在 $[0,a]$ 上对 x 积分，同时注意到正交关系得

$$C_n = \frac{2}{a}\int_0^a (x^2 - ax)\sin\frac{n\pi}{a}x\,dx = \frac{4a^2}{n^3\pi^3}[(-1)^n - 1]$$

将 C_n 代回式(3.6.16)再代回式(3.6.14)和式(3.6.15)比较得

$$A_n + B_n = C_n, \qquad A_n e^{\frac{n\pi b}{a}} + B_n e^{-\frac{n\pi b}{a}} = C_n$$

解得

$$A_n = \frac{1 - e^{-n\pi b/a}}{2\mathrm{sh}(n\pi b/a)}C_n, \quad B_n = \frac{2\mathrm{sh}(n\pi b/a) + e^{-n\pi b/a} - 1}{2\mathrm{sh}(n\pi b/a)}C_n$$

代回式(3.6.13)得

$$\omega(x,y)$$
$$= \sum_{n=1}^{\infty}C_n\left[\frac{1 - e^{-n\pi b/a}}{2\mathrm{sh}(n\pi b/a)}e^{n\pi y/a} + \frac{2\mathrm{sh}(n\pi b/a) + e^{-n\pi b/a} - 1}{2\mathrm{sh}(n\pi b/a)}e^{-n\pi y/a}\right]\sin\frac{n\pi}{a}x$$
$$= \frac{4a^2}{\pi^3}\sum_{n=1}^{\infty}\frac{(-1)^n - 1}{n^3}\frac{2\mathrm{sh}(n\pi y/a) + 2e^{-n\pi y/a}\mathrm{sh}(n\pi b/a) + e^{-n\pi(b+y)/a} - e^{-n\pi(b-y)/a}}{2\mathrm{sh}(n\pi b/a)}\sin\frac{n\pi}{a}x$$

最后得原定解问题(3.6.7)~(3.6.9)的解为

$$u(x,y)$$
$$= \omega(x,y) + v(x,y)$$
$$= \frac{4a^2}{\pi^3}\sum_{n=1}^{\infty}\frac{(-1)^n - 1}{n^3}\frac{2\mathrm{sh}(n\pi y/a) + 2e^{-n\pi y/a}\mathrm{sh}(n\pi b/a) + e^{-n\pi(b+y)/a} - e^{-n\pi(b-y)/a}}{2\mathrm{sh}(n\pi b/a)}\sin\frac{n\pi}{a}x$$
$$+ x(a-x)$$

3.7 施图姆-刘维尔本征值问题

前几节我们讨论了两种类型的本征值问题,一种是由本征方程和齐次边界条件构成;另一种是由本征方程和自然周期条件构成.除此之外,我们还常遇到(见第6、第7章)由本征方程和自然边界条件构成的本征值问题.因本征值问题是一个比较普遍的问题,故有必要对其规律及特点作一介绍.

3.7.1 施图姆-刘维尔方程

一般而言,线性齐次数理方程经分离变量后总会得到线性齐次常微分方程.对二阶情形而言,其常微分方程的普遍形式为

$$a(x)y''(x)+b(x)y'(x)+c(x)y(x)+\lambda y(x)=0 \quad (3.7.1)$$

其中 a、b、c 均为 x 的已知函数,λ 则为分离常数.

若令

$$k(x)=e^{\int \frac{b(x)}{a(x)}dx}$$

用 $k(x)$ 遍乘式(3.7.1)各项且注意到

$$\frac{dk(x)}{dx}=\frac{b(x)}{a(x)}k(x), \quad \frac{d}{dx}[k(x)y'(x)]=k(x)y''(x)+k(x)y'(x)\frac{b(x)}{a(x)}$$

则可将式(3.7.1)改写为

$$\frac{d}{dx}\left[k(x)\frac{dy}{dx}\right]+k(x)\frac{c(x)}{a(x)}y(x)+k(x)\frac{\lambda}{a(x)}y(x)=0 \quad (3.7.2)$$

再令 $q(x)=-k(x)\frac{c(x)}{a(x)}, \rho(x)=\frac{k(x)}{a(x)}$,最终可将式(3.7.1)写成

$$\frac{d}{dx}\left[k(x)\frac{dy}{dx}\right]-q(x)y+\lambda\rho(x)y=0, \quad a<x<b \quad (3.7.3)$$

式(3.7.3)称为施图姆-刘维尔(Sturm-Liouville)型方程,其中 $\rho(x)$ 称为权函数.事实上,前面我们对各种类型的齐次数理方程分离变量后得到的线性齐次常微分方程都是式(3.7.3)的特例.例如,取 $k(x)=1, q(x)=0, \rho(x)=1$ 并将 $y(x)$ 换成 $X(x)$,则式(3.6.3)变为 $X''(x)+\lambda X(x)=0$.若取 $x=\theta, y(x)=\phi(\theta), k(\theta)=1, q(\theta)=0, \rho(\theta)=1, \lambda=n^2$,则式(3.6.3)变为

$$\phi''(\theta)+n^2\phi(\theta)=0$$

这就是前面我们熟悉的本征方程.

此外,若分别令

(1) $k(x)=1-x^2, \quad q(x)=\dfrac{n^2}{1-x^2}, \quad \rho(x)=1$

(2) $k(x)=x$, $q(x)=\dfrac{n^2}{x}$, $\rho(x)=x$

则式(3.7.3)分别化为

$$\begin{cases} \dfrac{\mathrm{d}}{\mathrm{d}x}\left[(1-x^2)\dfrac{\mathrm{d}y(x)}{\mathrm{d}x}\right]-\dfrac{n^2}{1-x^2}y(x)+\lambda y(x)=0 & (3.7.4)\\ \dfrac{\mathrm{d}}{\mathrm{d}x}\left[x\dfrac{\mathrm{d}y(x)}{\mathrm{d}x}\right]-\dfrac{n^2}{x}y(x)+\lambda x y(x)=0 & (3.7.5) \end{cases}$$

式(3.7.4)称为勒让德(Legendre)方程,而式(3.7.5)称为贝塞尔(Bessel)方程,这将是我们在第6、第7章中要讨论的方程.

3.7.2 施图姆-刘维尔本征值问题

施图姆-刘维尔型方程(3.7.3)及其相应的边界条件构成的定解问题,若只有当方程中的参数 λ(即分离常数)取某些特定值时,方程才有满足边界条件的合理解(不为零不发散),则这些特定的 λ 值称为本征值,相应的解称为本征函数.这样,我们就把施图姆-刘维尔方程及其相应的边界条件合称为施图姆-刘维尔本征值问题,也就是前面我们所讨论的本征值问题.

施图姆-刘维尔方程除可与第一、第二、第三类齐次边界条件、混合齐次边界条件以及自然周期条件构成本征值问题之外,在物理问题中我们还常遇到它与所谓的自然边界条件构成本征值问题的例子.自然边界条件是"去掉边界上发散的解而保留不发散的解".这种合理的要求,其具体形式将在后面的讨论中加以说明.

3.7.3 施图姆-刘维尔本征值问题的普遍性质

1. 本征值有无限多个

其由小到大排列顺序为

$$\lambda_1<\lambda_2<\lambda_3<\cdots<\lambda_n<\cdots$$

与这些本征值相应的本征函数也有无限多个

$$y_1(x),y_2(x),\cdots,y_n(x),\cdots$$

这个性质成立的条件是(证明从略):$k(x)$ 及其导数连续,$q(x)$ 连续或最多在边界上存在一阶极点.在本书所讨论的问题中,这些条件都是满足的,故今后不再提这些条件.

2. 本征值 λ_n 不小于零,即

$$\lambda_n\geqslant 0$$

该性质成立的条件是:$k(x)$,$q(x)$ 和 $\rho(x)$ 在区间 $[a,b]$ 内非负.

证明 将本征值 λ_n 和与其相应的本征函数代入式(3.7.3)有

$$-\frac{\mathrm{d}}{\mathrm{d}x}\left[k(x)\frac{\mathrm{d}y_n(x)}{\mathrm{d}x}\right]+q(x)y_n(x)=\lambda_n\rho(x)y_n(x)$$

用 y_n 遍乘上式各项并在 $[a,b]$ 上对 x 积分得

$$\begin{aligned}\lambda_n\int_a^b\rho(x)y_n^2(x)\mathrm{d}x&=-\int_a^b y_n(x)\frac{\mathrm{d}}{\mathrm{d}x}\left[k(x)\frac{\mathrm{d}y_n(x)}{\mathrm{d}x}\right]\mathrm{d}x+\int_a^b q(x)y_n^2(x)\mathrm{d}x\\ &=-y_n(x)k(x)\frac{\mathrm{d}y_n(x)}{\mathrm{d}x}\bigg|_a^b+\int_a^b k(x)\left(\frac{\mathrm{d}y_n(x)}{\mathrm{d}x}\right)^2\mathrm{d}x+\int_a^b q(x)y_n^2(x)\mathrm{d}x\\ &=k(x)y_n(x)\frac{\mathrm{d}y_n(x)}{\mathrm{d}x}\bigg|_{x=a}-k(x)y_n(x)\frac{\mathrm{d}y_n(x)}{\mathrm{d}x}\bigg|_{x=b}\\ &\quad+\int_a^b k(x)\left(\frac{\mathrm{d}y_n(x)}{\mathrm{d}x}\right)^2\mathrm{d}x+\int_a^b q(x)y_n^2(x)\mathrm{d}x\end{aligned} \tag{3.7.6}$$

对 $k(x),q(x),\rho(x)$ 在区间 $[a,b]$ 内均非负的情况,我们来讨论上式右边的可能值.在此情况下,式(3.7.6)右边两个积分显然不小于零.而由右边的第一项可知,若在 $x=a$ 的边界上有第一、第二类齐次边界条件或自然边界条件(自然边界条件可由 $k(a)=0,k(b)=0,k(b)\neq0$ 或 $k(a)\neq0,k(b)=0$ 表出),则显然有

$$\left[k(x)y_n(x)\frac{\mathrm{d}y_n(x)}{\mathrm{d}x}\right]_{x=a}=0$$

若存在第三类齐次边界条件 $\left(y_n-h\dfrac{\mathrm{d}y_n(x)}{\mathrm{d}x}\right)\bigg|_{x=a}=0$,则有

$$\left[k(x)y_n(x)\frac{\mathrm{d}y_n(x)}{\mathrm{d}x}\right]_{x=a}=\left[hk(x)y_n'^2(x)\right]_{x=a}\geqslant0$$

对于式(3.7.6)右边第二项,若在 $x=b$ 的边界上存在第一、第二类齐次边界条件或自然边界条件 $k(b)=0$,显然有

$$\left[k(x)y_n(x)\frac{\mathrm{d}y_n(x)}{\mathrm{d}x}\right]_{x=b}=0$$

若在 $x=b$ 上存在第三类齐次边界条件 $(y_n+hy_n')\big|_{x=b}=0$,则有

$$-\left[k(x)y_n(x)\frac{\mathrm{d}y_n(x)}{\mathrm{d}x}\right]_{x=b}=h(ky_n'^2)\big|_{x=b}\geqslant0$$

另外,对于周期条件,易见式(3.7.6)右边第一、第二项的值相等,故两项之和为零.这样,式(3.7.6)右边之和大于等于零,因此必有

$$\lambda_n\int_a^b\rho(x)y_n^2(x)\mathrm{d}x\geqslant0$$

又因为被积函数 $\rho(x)y_n^2(x)$ 在区间 $[a,b]$ 上大于等于零,于是得到
$$\lambda_n \geqslant 0$$
这就证明了施图姆-刘维尔本征值不小于零的结论.

3. 本征函数的正交性

相应于不同本征值 λ_m 和 λ_n 的本征函数 $y_m(x)$ 和 $y_n(x)$ 在区间 $[a,b]$ 上带权 $\rho(x)$ 正交,即
$$\int_a^b y_m(x)y_n(x)\rho(x)\mathrm{d}x = 0, \quad n \neq m \tag{3.7.7}$$

证明 $y_m(x)$ 和 $y_n(x)$ 显然分别满足式(3.7.3),即
$$\frac{\mathrm{d}}{\mathrm{d}x}\left[k(x)\frac{\mathrm{d}y_m(x)}{\mathrm{d}x}\right] - q(x)y_m(x) + \lambda_m\rho(x)y_m(x) = 0$$
$$\frac{\mathrm{d}}{\mathrm{d}x}\left[k(x)\frac{\mathrm{d}y_n(x)}{\mathrm{d}x}\right] - q(x)y_n(x) + \lambda_n\rho(x)y_n(x) = 0$$

前一式乘以 $y_n(x)$,后一式乘以 $y_m(x)$ 后相减得
$$y_n(x)\frac{\mathrm{d}}{\mathrm{d}x}\left[k(x)\frac{\mathrm{d}y_m(x)}{\mathrm{d}x}\right] - y_m(x)\frac{\mathrm{d}}{\mathrm{d}x}\left[k(x)\frac{\mathrm{d}y_n(x)}{\mathrm{d}x}\right] + (\lambda_m - \lambda_n)\rho(x)y_m(x)y_n(x) = 0$$

上式在区间 $[a,b]$ 上对 x 积分得
$$\int_a^b \left[y_n\frac{\mathrm{d}}{\mathrm{d}x}(ky'_m) - y_m\frac{\mathrm{d}}{\mathrm{d}x}(ky'_n)\right]\mathrm{d}x + (\lambda_m - \lambda_n)\int_a^b \rho y_m y_n \mathrm{d}x$$
$$= \int_a^b \frac{\mathrm{d}}{\mathrm{d}x}[ky_n y'_m - ky_m y'_n]\mathrm{d}x + (\lambda_m - \lambda_n)\int_a^b \rho y_m y_n \mathrm{d}x$$
$$= [ky_n y'_m - ky_m y'_n]_{x=b} - [ky_n y'_m - ky_m y'_n]_{x=a} + (\lambda_m - \lambda_n)\int_a^b \rho y_m y_n \mathrm{d}x$$
$$= 0$$

现考察上式第一项和第二项. 先看第一项,若在 $x=b$ 的边界上存在第一类、第二类齐次边界条件或自然边界条件 $k(b)=0$,显然有
$$[ky_n y'_m - ky_m y'_n]_{x=b} = 0$$
若在 $x=b$ 上有第三类齐次边界条件 $[y_m + hy'_m]_{x=b} = 0, [y_n + hy'_n]_{x=b} = 0$,则有
$$[ky_n y'_m - ky_m y'_n]_{x=b} = \frac{1}{h}[ky_n(y_m + hy'_m) - ky_m(y_n + hy'_n)]_{x=b} = 0$$
对于周期条件,因
$$k(a)=k(b), \quad y_m(a)=y_m(b), \quad y_n(a)=y_n(b),$$
$$y'_m(a)=y'_m(b), \quad y'_n(a)=y'_n(b)$$

显然此项等于零.

同理可证左边第二项也等于零. 于是得

$$(\lambda_m - \lambda_n)\int_a^b \rho y_m y_n \mathrm{d}x = 0$$

因已假设 $\lambda_m \neq \lambda_n$，即 $\lambda_m - \lambda_n \neq 0$，因此有

$$\int_a^b \rho(x) y_m(x) y_n(x) \mathrm{d}x = 0$$

这就证明了属于不同施图姆-刘维尔本征值的本征函数带权 $\rho(x)$ 正交. 当 $\rho(x) \equiv 1$ 时，就简单地称为正交.

4. 本征函数系 $\{y_n(x)\}$ 的完备性

若函数 $f(x)$ 在 $[a,b]$ 上具有连续一阶导数和逐段连续二阶导数且满足本征函数 $y_n(x)$ 所满足的边界条件，则 $f(x)$ 必可展开为绝对且一致收敛的级数

$$f(x) = \sum_{n=1}^{\infty} c_n y_n(x) \tag{3.7.8}$$

上式称为广义傅里叶级数，其中 c_n 称为展开系数. 当本征函数是三角函数系时，式(3.7.8)就是通常的傅里叶级数.

为计算展开系数 c_n，我们用 $\rho(x) y_m(x)$ 乘以式(3.7.8)并在 $[a,b]$ 上对 x 积分得

$$\int_a^b \rho y_m(x) f(x) \mathrm{d}x = \int_a^b \sum_{n=1}^{\infty} c_n \rho(x) y_m y_n \mathrm{d}x$$
$$= \sum_{n=1}^{\infty} c_n \delta_{mn} \int_a^b \rho(x) y_m(x) y_n(x) \mathrm{d}x$$
$$= c_m \int_a^b \rho(x) y_m^2(x) \mathrm{d}x = c_m N_m^2$$

于是得

$$c_n = \frac{1}{N_n^2} \int_a^b \rho(x) y_n(x) f(x) \mathrm{d}x \tag{3.7.9}$$

其中 $N_n^2 = \int_a^b \rho(x) y_n^2(x) \mathrm{d}x$，$N_n$ 称为本征函数 $y_n(x)$ 的模，若 $N_n = 1$，则称本征函数 $y_n(x)$ 是归一化的.

以上是把本征函数假设为实函数的情形，但本征函数也可以是复函数(在量子力学中正是如此). 前面我们求本征值问题 $\phi'' + \lambda \phi = 0$，$\phi(\theta + 2\pi) = \phi(\theta)$ 时，其本征函数

$$1, \cos\theta, \cos 2\theta, \cdots, \sin\theta, \sin 2\theta, \cdots$$

就可用复函数

$$\cdots, \mathrm{e}^{-\mathrm{i}2\theta}, \mathrm{e}^{-\mathrm{i}\theta}, 1, \mathrm{e}^{\mathrm{i}\theta}, \mathrm{e}^{\mathrm{i}2\theta}, \cdots$$

表出. 当本征函数为复函数时，其正交性关系修改为

$$\int_a^b \rho(x) y_m^*(x) y_n(x) \mathrm{d}x = 0 \tag{3.7.10}$$

而模方的定义则修改为

$$N_n^2 = \int_a^b \rho(x) y_n^*(x) y_n(x) \mathrm{d}x \tag{3.7.11}$$

其中 $y_n^*(x)$ 是 $y_n(x)$ 的复共轭.

3.7.4 施图姆-刘维尔本征值问题与厄米算符本征值问题的关系

在量子理论中,我们常讨论的一类算符叫作厄米算符,而厄米算符本征值问题是更为广泛的一类本征值问题.了解厄米算符本征值问题的相关理论以及这两种本征值问题之间的关系,在理论上和实用上都是必要的.

1. 厄米算符

对于定义在区间 $[a,b]$ 上满足一定边界条件的容许函数类①函数 $\varphi(x)$ 和 $\psi(x)$,若算符 $\hat{H}$ 满足

$$\int_a^b \varphi^*(x)[\hat{H}\psi(x)]\beta(x)\mathrm{d}x = \int_a^b [\hat{H}\varphi(x)]^*\psi(x)\beta(x)\mathrm{d}x \tag{3.7.12}$$

则称 $\hat{H}$ 为厄米算符,记为

$$\hat{H} = H^+ \tag{3.7.13}$$

式(3.7.12)中的 $\beta(x)$ 称为权函数.就我们所讨论的问题而言,权函数与坐标系的选择密切相关.例如,在三维直角坐标系中,$\beta(x)=\beta(y)=\beta(z)=1$;而在平面极坐标系中,$\beta(\rho)=\rho,\beta(\theta)=1;\cdots$.

需要强调的是:一个算符是否为厄米算符,不仅与满足一定边界条件的容许函数类有关,也与权函数有关.

2. 厄米算符本征值问题

定义 在区间 $[a,b]$ 上满足一定边界条件的容许函数类及权函数 $\beta(x)$,若存在如下方程:

$$\hat{H}\varphi(x) = \lambda\varphi(x), \quad a<x<b \tag{3.7.14}$$

当 λ 只取某些特定值 $\lambda_1,\lambda_2,\cdots,\lambda_n,\cdots$ 时方程才有非零解,则式(3.7.14)称为厄米算符本征值问题,这些特定值称为本征值,与每个本征值相应的函数称为本征函数.

例如,当权函数 $\beta(x)=1$ 时,对于定义在 $[0,l]$ 区间上的满足周期性条件的容

---

① 所谓容许函数类,就是满足一定连续性条件、可微性条件和可积性条件的所有函数.

许函数类，$-i\dfrac{d}{dx}$ 是厄米算符. 于是其本征值问题

$$\begin{cases} -i\dfrac{d}{dx}\varphi(x)=\lambda\varphi(x), & 0<x<l \\ \varphi(0)=\varphi(l) \end{cases}$$

是厄米算符本征值问题. 易于求出其本征值本征函数为

$$\lambda_n=\dfrac{2n\pi}{l}, \qquad n=0,\pm 1,\pm 2,\cdots$$

$$\varphi_n(x)=e^{i\frac{2n\pi}{l}x}$$

3. 厄米算符本征值本征函数的性质

1) 厄米算符的本征值是实的

证明 设有厄米本征方程为

$$\hat{H}\varphi_i(x)=\lambda_i\varphi_i(x)$$

用 $\varphi_i^*(x)\beta(x)$ 乘上式并在 $[a,b]$ 上对 x 积分得

$$\int_a^b \varphi_i^*(\hat{H}\varphi_i)\beta dx = \lambda_i\int_a^b \varphi_i^*\varphi_i\beta dx$$

由厄米性定义，上式左边写成

$$\int_a^b (\hat{H}\varphi_i)^*\varphi_i\beta dx = \lambda_i^*\int_a^b \varphi_i^*\varphi_i\beta dx$$

两式相减得

$$(\lambda_i-\lambda_i^*)\int_a^b \varphi_i^*\varphi_i\beta dx = 0$$

因为 $\int_a^b \varphi_i^*\varphi_i\beta dx \neq 0$，所以必有 $\lambda_i-\lambda_i^*=0$，这只有 λ_i 为实数时才可能. 因此

$$\lambda_i=\lambda_i^* \tag{3.7.15}$$

2) 属于厄米算符不同本征值的本征函数相互正交

证明 设 $\hat{H}$ 为厄米算符，本征值 $\lambda_i\neq\lambda_j$，用 $\varphi_j^*(x)\beta(x)$ 乘以 $\hat{H}\varphi_i=\lambda_i\varphi_i$，并在 $[a,b]$ 上对 x 积分得

$$\int_a^b \varphi_j^*(\hat{H}\varphi_i)\beta dx = \lambda_i\int_a^b \varphi_j^*\varphi_i\beta dx$$

$$\text{左边}=\int_a^b (\hat{H}\varphi_j)^*\varphi_i\beta dx = \lambda_j^*\int_a^b \varphi_j^*\varphi_i\beta dx$$

上两式相减得

$$(\lambda_i-\lambda_j^*)\int_a^b \varphi_j^*\varphi_i\beta dx = 0$$

因 $\lambda_i\neq\lambda_j$，所以有

$$\int_a^b \varphi_j^* \varphi_i \beta \mathrm{d}x = 0, \qquad i \neq j \tag{3.7.16}$$

这就证明了属于厄米算符不同本征值的本征函数是正交的.

3) 厄米算符的本征函数构成完备系

在区间$[a,b]$内有定义且与厄米算符本征函数$\varphi_i(x)$具有相同边界条件的任意平方可积函数$f(x)$可按$\{\varphi_i(x)\}$展开为广义傅里叶级数

$$f(x) = \sum_{i=1}^{\infty} c_i \varphi_i(x) \tag{3.7.17}$$

这就是厄米算符本征函数的完备性表述(证明略). 由正交性可求得展开系数为

$$c_i = \frac{\int_a^b f(x) \varphi_i^*(x) \beta(x) \mathrm{d}x}{\int_a^b \varphi_i^*(x) \varphi_i(x) \beta(x) \mathrm{d}x}. \tag{3.7.18}$$

4. 施图姆-刘维尔本征值问题与厄米算符本征值问题的关系

将施图姆-刘维尔型方程(3.7.3)改写为

$$-\frac{\mathrm{d}}{\mathrm{d}x}\left[k(x)\frac{\mathrm{d}}{\mathrm{d}x}y(x)\right] + q(x)y(x) = \lambda \rho(x) y(x)$$

两边同除以$\rho(x)$得

$$-\frac{1}{\rho(x)}\frac{\mathrm{d}}{\mathrm{d}x}\left[k(x)\frac{\mathrm{d}}{\mathrm{d}x}y(x)\right] + \frac{q(x)}{\rho(x)}y(x) = \lambda y(x) \tag{3.7.19}$$

令$\hat{H} = -\frac{1}{\rho(x)}\left[\frac{\mathrm{d}}{\mathrm{d}x}\left(k\frac{\mathrm{d}}{\mathrm{d}x}\right) - q(x)\right]$,并设厄米算符的权函数$\beta(x)$等于$\rho(x)$,$\varphi(x)$和$\psi(x)$为容许函数类的任意函数,则

$$\int_a^b \varphi^*(x)[\hat{H}\psi(x)]\rho(x)\mathrm{d}x = \int_a^b \varphi^*\left[-\frac{\mathrm{d}}{\mathrm{d}x}\left(k\frac{\mathrm{d}}{\mathrm{d}x}\psi\right)\right]\mathrm{d}x + \int_a^b \varphi^*\left(\frac{q}{\rho}\right)\psi\rho\mathrm{d}x$$

$$= -\int_a^b \varphi^*\left[\frac{\mathrm{d}}{\mathrm{d}x}\left(k\frac{\mathrm{d}}{\mathrm{d}x}\psi\right)\right]\mathrm{d}x + \int_a^b \left(\frac{q}{\rho}\varphi\right)^* \psi\rho\mathrm{d}x$$

$$= -\varphi^* k \frac{\mathrm{d}\psi}{\mathrm{d}x}\bigg|_a^b + \int_a^b \frac{\mathrm{d}\psi}{\mathrm{d}x}\left(k\frac{\mathrm{d}}{\mathrm{d}x}\varphi^*\right)\mathrm{d}x + \int_a^b \left(\frac{q}{\rho}\varphi\right)^* \psi\rho\mathrm{d}x$$

$$= -\varphi^* k \frac{\mathrm{d}\psi}{\mathrm{d}x}\bigg|_a^b + k\frac{\mathrm{d}\varphi^*}{\mathrm{d}x}\psi\bigg|_a^b - \int_a^b \left[\frac{\mathrm{d}}{\mathrm{d}x}\left(k\frac{\mathrm{d}\varphi}{\mathrm{d}x}\right)\right]^* \psi\mathrm{d}x$$

$$+ \int_a^b \left(\frac{q}{\rho}\varphi\right)^* \psi\rho\mathrm{d}x$$

因为施图姆-刘维尔型本征值问题具有第一、第二、第三类齐次边界条件、自然周期条件或自然边界条件,故上式右边前两项等值反号,于是得

$$\int_a^b \varphi^* \left[-\frac{1}{\rho}\frac{d}{dx}\left(k\frac{d}{dx}\right)+\frac{q}{\rho}\right]\psi\rho\,dx = \int_a^b \left\{\left[-\frac{1}{\rho}\frac{d}{dx}\left(k\frac{d}{dx}\right)+\frac{q}{\rho}\right]\varphi\right\}^*\psi\,dx$$

这说明 $\hat{H}=-\frac{1}{\rho(x)}\frac{d}{dx}\left(k(x)\frac{d}{dx}\right)+\frac{q(x)}{\rho(x)}$ 是厄米算符,因此

$$\hat{H}y(x)=\lambda y(x)$$

便与相应的边界条件(第一、第二、第三类齐次边界条件、自然周期条件或自然边界条件)构成本征值问题,这显然是厄米算符本征值问题. 由此看来,施图姆-刘维尔本征值问题仅是厄米算符本征值问题的特例. 因此,厄米算符本征值本征函数所具有的性质,施图姆-刘维尔本征值本征函数都具有.

习 题 3

1. 一根均匀弦两端分别在 $x=0$ 及 $x=l$ 处固定,设初始速度为零,初始时刻弦的形状是一抛物线,抛物线的顶点为 $\left(\frac{l}{2},h\right)$,求弦振动的位移.

2. 一直径均匀的细管,一端封闭,另一端开放,试求管内空气柱的本征振动,即求解:
$$u_{tt}-a^2u_{xx}=0$$
$$u(0,t)=0, \quad u_x(l,t)=0$$

3. 长为 l 的杆,一端固定,另一端受力 F_0 而被拉长,求杆在去掉力 F_0 后的振动. 设杆的截面积为 S,杨氏模量为 Y.

4. 长为 l 的均匀杆,两端受压而使长度缩为 $l(1-2\varepsilon)$,放手后任其自由振动,试求杆的振动.

5. 长为 l 的杆,上端固定在太空宇宙飞船的天花板上,杆身竖直向下,下端自由,当飞船以速度 v_0 下降时突然停止,求杆的振动. 忽略该处的引力场.

6. 长为 l、杆身与外界绝热的均匀细杆,杆的两端温度保持为 $0°C$,已知其初始温度分布 $\varphi(x)=x(l-x)$,求在 $t>0$ 时杆上的温度分布.

7. 长为 l 的杆两端绝热,初始温度 $u(x,0)=x$,求其温度变化规律.

8. 在铀块中,除中子的扩散运动外,还有中子的增殖过程,每秒在单位体积中产生的中子数正比于该处的中子浓度,从而可表示为 βu(β 反映了增殖快慢),研究厚度为 l 的层状铀块,求中子浓度不随时间增加的最大厚度(临界厚度).

9. 求定解问题:
$$\begin{cases} u_{tt}-a^2u_{xx}=A\cos\frac{\pi x}{l}\sin\omega t, & 0<x<l, \quad t>0 \\ u_x(0,t)=0, \quad u_x(l,t)=0 \\ u(x,0)=0, \quad u_t(x,0)=0 \end{cases}$$

10. 求矩形膜的横振动问题:
$$\begin{cases} u_{tt}-u_{xx}-u_{yy}=0, & 0<x<a, \quad 0<y<b, \quad t>0 \\ u(0,y,t)=u(a,y,t)=u(x,0,t)=u(x,b,t)=0 \\ u(x,y,0)=\varphi(x,y), \quad u_t(x,y,0)=\phi(x,y) \end{cases}$$

11. 一圆环形区域，内外半径分别为 ρ_1 和 ρ_2，内环上保持温度为 $u_1\cos^2\varphi$，外环上保持温度为 $u_2\sin\varphi$，求此圆环区域内的稳定温度分布.

12. 长为 l 的均匀细杆两端固定，杆上单位长度受到纵向外力 $f_0\sin(2\pi x/l)\cos\omega t$ 的作用，初始位移为 $[\sin(\pi x/l)]^2$，初始速度为零，求杆的纵振动规律.

13. 求解振动问题：
$$\begin{cases} u_{tt}-a^2 u_{xx}=f(x,t), & 0<x<l \\ u(0,t)=0, & u(l,t)=0 \\ u(x,0)=\varphi(x), & u_t(x,0)=\phi(x) \end{cases}$$

14. 均匀细导线，单位长度的电阻为 R，通以恒定电流 I，导线表面跟周围温度为 0℃的介质进行热交换，试求导线上的温度变化. 设初始温度和两端温度都是 0℃.

15. 在圆域 $\rho<\rho_0$ 上求解 $\Delta u=-4$，边界条件为 $u(\rho_0,\varphi)=0$.

16. 在圆域 $\rho<\rho_0$ 上求解 $\Delta u=-xy$，边界条件为 $u(\rho_0,\varphi)=0$.

17. 在矩形域 $0<x<a, -b/2<y<b/2$ 上求解 $\Delta u=-2$，且 u 在边界上的值为零.

第 4 章 行波法与积分变换法

第 3 章中所介绍的分离变量法是有限域内定解问题的一个方便而常用的求解方法.本章将介绍无界或半无界域内的定解问题的求解方法——行波法和积分变换法.在下面的讨论中将会看到,对于无界域内波动方程的定解问题,利用行波法求解是方便的;而积分变换法却不受方程类型的限制(即三种类型的方程均适用),积分变换法中的傅里叶变换主要用于无界域的定解问题,拉普拉斯变换则主要用于半无界域的定解问题(这从两种变换的定义即可看出),积分变换法对于有界域也适用,但主要用于无界域.

4.1 一维波动方程的达朗贝尔公式

我们能否用与常微分方程相仿的方法来求解偏微分方程的定解问题？对于极少数问题我们是可以这样做的,即先求出偏微分方程的通解,再由定解条件确定通解中的积分常数.

考察一根无限长细弦的自由振动问题,即
$$u_{tt} - a^2 u_{xx} = 0, \quad -\infty < x < \infty, \quad t > 0 \tag{4.1.1}$$

其对应的特征方程为
$$(\mathrm{d}x)^2 - (a\mathrm{d}t)^2 = 0$$

即
$$(\mathrm{d}x + a\mathrm{d}t)(\mathrm{d}x - a\mathrm{d}t) = 0$$

亦即
$$\mathrm{d}x + a\mathrm{d}t = 0, \quad \mathrm{d}x - a\mathrm{d}t = 0$$

积分得
$$x + at = c_1, \quad x - at = c_2$$

将积分常数 c_1、c_2 分别换为 ξ 和 η,即作如下的特征变换
$$x + at = \xi, \quad x - at = \eta \tag{4.1.2}$$

于是式(4.1.1)化简为
$$\frac{\partial^2 u(\xi, \eta)}{\partial \xi \partial \eta} = 0 \tag{4.1.3}$$

可见,作特征变换后,一维波动方程已得到了极大的简化,这给我们的求解带来了极大的方便.

第 4 章 行波法与积分变换法

由式(4.1.3)对 η 积分得

$$\frac{\partial u}{\partial \xi} = f(\xi)$$

再对 ξ 积分得

$$u(x,t) = \int f(\xi)\mathrm{d}\xi + f_2(\eta)$$

令

$$f_1(\xi) = \int f(\xi)\mathrm{d}\xi$$

得一维波动方程的通解为

$$u(x,t) = f_1(\xi) + f_2(\eta) = f_1(x+at) + f_2(x-at) \tag{4.1.4}$$

这里的 f_1、f_2 均为任意二次连续可微函数.

在实际问题中,我们并不是满足求出通解,而是要求出满足定解条件的解. 为此,设张紧的无限长弦的初始条件为

$$\begin{cases} u|_{t=0} = \varphi(x) \\ u_t|_{t=0} = \psi(x) \end{cases} \tag{4.1.5}$$

将式(4.1.4)代入式(4.1.5)得

$$\begin{cases} f_1(x) + f_2(x) = \varphi(x) \\ af_1'(x) - af_2'(x) = \psi(x) \end{cases} \tag{4.1.6}$$

由式(4.1.6)第二式对 x 积分后并整理得

$$f_1(x) - f_2(x) = \frac{1}{a}\int_0^x \psi(\xi)\mathrm{d}\xi + c \tag{4.1.7}$$

将式(4.1.6)第一式和式(4.1.7)联立可求得

$$f_1(x) = \frac{1}{2}\varphi(x) + \frac{1}{2a}\int_0^x \psi(\xi)\mathrm{d}\xi + \frac{c}{2}$$

$$f_2(x) = \frac{1}{2}\varphi(x) - \frac{1}{2a}\int_0^x \varphi(\xi)\mathrm{d}\xi - \frac{c}{2}$$

将 $t > 0$ 时刻的 f_1 和 f_2 代入通解(4.1.4)即得一维波动方程满足定解条件的解为

$$u(x,t) = \frac{1}{2}[\varphi(x+at) + \varphi(x-at)] + \frac{1}{2a}\int_{x-at}^{x+at} \psi(\xi)\mathrm{d}\xi \tag{4.1.8}$$

此式称为无限长弦自由振动的**达朗贝尔(D'Alembert)公式**.

式(4.1.8)的物理意义是明确的,右边第一项(方括号项)是由于初始位移引起的弦上各点的振动位移,显然各点的位移是随时间变化的.此外,形如 $f(x-at)$ (或 $f(x+at)$)的函数实际代表了沿 x 正方向(或负方向)行进的波.为说明这一点,我们结合图 4.1 进行讨论.

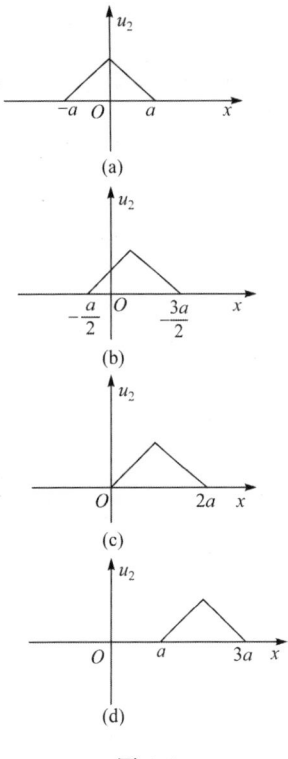

图 4.1

令 $u_2=f_2(x-at)$，设 $t=0$ 时刻 $u_2=f_2(x)$ 的波型如图 4.1(a)所示，则 $t=\frac{1}{2}$ 时，$u_2=f_2\left(x-\frac{a}{2}\right)$，其波型如图 4.1(b)所示，……。这就说明，随着时间的推移，$u_2=f_2(x-at)$ 是一个以速度 a 沿 x 正方向传播的行波，称为右行波。类似的讨论可说明 $u_1=f(x+at)$ 就表示一个以速度 a 沿 x 负方向传播的行波，称为左行波。因此，达朗贝尔公式的物理意义是：弦上的任意初始扰动总是以行波的形式分别向两个相反的方向传播出去，其传播速度正好是弦振动方程中的常数 a. 行波法名称的由来即源于此.

由达朗贝尔公式式(4.1.8)右边第二项还可明显看出，解 $u(x,t)$ 在时空点 (x,t) 上的数值只与 x 轴上 $[x-at, x+at]$ 区间内的初始条件有关，而与此区间外的初始条件无关，因此把区间 $[x-at, x+at]$ 称为依赖区间. 以 t 为纵轴，x 为横轴，则依赖区间就是由过点 (x,t)、斜率分别为 $+\frac{1}{a}$ 和 $-\frac{1}{a}$ 的两条直线和 x 轴所围的区间. 如图 4.2(a)所示.

在 $t=0$ 时刻，截取 x 轴上一区间 $[x_1, x_2]$，且过 x_1 点作一斜率为 $+\frac{1}{a}$ 的直线，过 x_2 点作一斜率为 $-\frac{1}{a}$ 的直线，则这两条直线和 x 轴围成一个三角形区域，如图 4.2(b)所示. 显然，三角形区域中任意一点 (x,t) 的依赖区间都落在区间 $[x_1, x_2]$ 之内，即解在此三角形区域之内的值完全由 $[x_1, x_2]$ 上的初始条件决定，而与该区间外的初始条件无关，因此称这三角形区域为区间 $[x_1, x_2]$ 的决定区域.

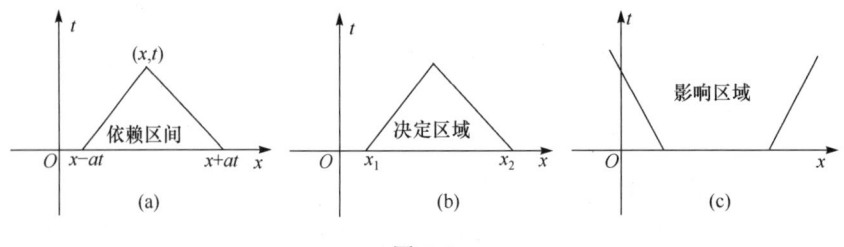

图 4.2

经过时间 t 后，图 4.2(b)中原来的两条直线就已沿 x 轴相反方向移动了一段距离，$x=x_1+at$ 变为 $x=x_2+at$，而 $x=x_2-at$ 变为 $x=x_1-at$，如图 4.2(c)所示.

因此,经时间 t 后,受 $[x_1,x_2]$ 上初始扰动影响的就是由 $x=x_1-at$ 和 $x=x_2+at$ 两直线和 x 轴围成的区域,此区域之外的波动仍未受到 $[x_1,x_2]$ 上初始扰动的影响. 因此,该区域称为影响区域.

由上面讨论可知,在 xt 平面上斜率为 $\pm\dfrac{1}{a}$ 的两条直线 $x_1=x-at$ 和 $x_2=x+at$(当取不同常数 x_1,x_2 时就得到两族直线)对一维波动方程的讨论具有重要的意义,这实际上就是我们在 2.7 节中介绍的特征线. 因此,行波法又叫特征线法.

例 求定解问题

$$\begin{cases} \dfrac{\partial^2 u}{\partial x^2}+2\dfrac{\partial^2 u}{\partial x\partial t}-3\dfrac{\partial^2 u}{\partial t^2}=0, & -\infty<x<\infty,\quad t>0 \quad (4.1.9)\\ u|_{t=0}=3x^2, \quad u_t|_{t=0}=0 & (4.1.10)\end{cases}$$

解 这是一维无界问题,可用行波法进行求解. 方程(4.1.9)的特征方程为

$$(dt)^2-2dxdt-3(dx)^2=0$$

即

$$(dt-3dx)(dt+dx)=0$$

亦即

$$dt-3dx=0, \qquad dt+dx=0 \quad (4.1.11)$$

对式(4.1.11)积分得

$$3x-t=c_1, \qquad x+t=c_2 \quad (4.1.12)$$

作特征变换

$$\xi=3x-t, \qquad \eta=x+t \quad (4.1.13)$$

将对 x 和 t 的导数化为对新变量 ξ 和 η 的导数后代入式(4.1.9)并整理得

$$\dfrac{\partial^2 u}{\partial \xi\partial \eta}=0$$

其通解为

$$u=f_1(\xi)+f_2(\eta)$$

即

$$u(x,t)=f_1(3x-t)+f_2(x+t) \quad (4.1.14)$$

将式(4.1.14)代入式(4.1.10)得

$$f_1(3x)+f_2(x)=3x^2 \quad (4.1.15)$$

$$-f_1'(3x)+f_2'(x)=0 \quad (4.1.16)$$

由式(4.1.16)对 x 积分得

$$-\dfrac{1}{3}f_1(3x)+f_2(x)=c \quad (4.1.17)$$

联立式(4.1.15)和式(4.1.17)可求得

$$f_1(3x) = \frac{9}{4}x^2 - \frac{3}{4}c = \frac{1}{4}(3x)^2 - \frac{3}{4}c$$

$$f_2(x) = \frac{3}{4}x^2 + \frac{3}{4}c$$

得 $t>0$ 时的解为

$$u(x,t) = f_1(3x-t) + f_2(x+t) = \frac{1}{4}(3x-t)^2 + \frac{3}{4}(x+t)^2 = 3x^2 + t^2$$

4.2 三维无界空间中的波动方程

与空间时变电磁场相联系的是三维波动方程. 因此, 对时变电磁场的研究就归结为求下面定解问题:

$$\begin{cases} u_{tt}(x,y,z,t) = a^2 \nabla^2 u(x,y,z,t), & -\infty < x,y,z < \infty, \quad t>0 \quad (4.2.1) \\ u|_{t=0} = \varphi_0(x,y,z) & (4.2.2) \\ u_t|_{t=0} = \varphi_1(x,y,z) & (4.2.3) \end{cases}$$

下面讨论式(4.2.1)~(4.2.3)的解. 为了方便, 我们在球坐标下讨论. 此时式(4.2.1)表示为

$$\frac{1}{a^2}\frac{\partial^2 u}{\partial t^2} = \frac{1}{r^2}\frac{\partial}{\partial r}\left(r^2\frac{\partial u}{\partial r}\right) + \frac{1}{r^2\sin\theta}\frac{\partial}{\partial \theta}\left(\sin\theta\frac{\partial u}{\partial \theta}\right) + \frac{1}{r^2\sin^2\theta}\frac{\partial^2 u}{\partial \varphi^2} \quad (4.2.4)$$

先考虑 $u(r,\theta,\varphi) = u(r)$, 即具有球对称性的情形, 此时式(4.2.4)化简为

$$\frac{1}{a^2}\frac{\partial^2 u}{\partial t^2} = \frac{1}{r^2}\frac{\partial}{\partial r}\left(r^2\frac{\partial u}{\partial r}\right)$$

可变形成为(将右边展开且两边同乘以 r)

$$\frac{r}{a^2}\frac{\partial u}{\partial t^2} = r\frac{\partial^2 u}{\partial r^2} + 2\frac{\partial u}{\partial r} = \frac{\partial^2(ru)}{\partial r^2} \quad (4.2.5)$$

因空间某一场点 r 与 t 无关, 故上式左端可写成 $\frac{1}{a^2}\frac{\partial^2(ru)}{\partial t^2}$, 于是式(4.2.5)又可写成

$$\frac{\partial^2(ru)}{\partial t^2} = a^2\frac{\partial^2(ru)}{\partial r^2} \quad (4.2.6)$$

这已变成了一维波动方程, 只是待求函数变成了 ru 而已. 于是式(4.2.6)的通解为

$$ru = f_1(r+at) + f_2(r-at)$$

即

$$u(r,t) = \frac{f_1(r+at) + f_2(r-at)}{r} \quad (4.2.7)$$

此三维波动方程关于原点为球对称的解, f_1、f_2 均为任意二次连续可微函数, 只要

初始条件给出,即可确定 f_1 和 f_2. 式(4.2.7)代表的就是一个球面波.

再考虑一般情形,即不具有球对称的解. 在此情形下,u 不再是 r 和 t 的函数,而是 x,y,z,t 的函数,因此 ru 也不可能满足一维波动方程,通解也就无法方便地求出来. 但如果不去关心 u 在空间各点(x,y,z)的值,而是考虑 u 在以点 $M(x,y,z)$ 为球心,r 为半径的球面上的平均值 $\bar{u}$,则当点 (x,y,z) 给定后,该平均值就可表示为 $\bar{u}(r,t)$,即 $\bar{u}$ 仅与 r 和 t 有关,由平均的定义可得

$$\bar{u}(r,t) = \frac{1}{4\pi r^2} \oint_{S_r^M} u(\xi,\eta,\zeta,t) \mathrm{d}S$$

$$= \frac{1}{4\pi r^2} \oint_{S_r^M} u(\xi,\eta,\zeta,t) r^2 \sin\theta \mathrm{d}\theta \mathrm{d}\varphi$$

$$= \frac{1}{4\pi} \oint_{S_r^M} u(\xi,\eta,\zeta,t) \mathrm{d}\Omega \tag{4.2.8}$$

积分对整个球面 S_r^M 进行. 如图 4.3 所示,球心坐标为 $M(x,y,z)$,球面上任意一点的坐标为 (ξ,η,ζ),其中 $\xi = x + r\sin\theta\cos\varphi$, $\eta = y + r\sin\theta\sin\varphi$, $\zeta = z + r\cos\theta$,而 $\mathrm{d}\Omega = \sin\theta\mathrm{d}\theta\mathrm{d}\varphi$ 是 S_r^M 上的面元 $\mathrm{d}s$ 对球心 M 点所张的元立体角. 很显然,当 $r \to 0$ 时,球面 S_r^M 就趋于球心 $M(x,y,z)$ 点,因此 u 在 S_r^M 上的平均值就趋于 u 在 M 点的值,即

$$\bar{u}(r,t) = \bar{u}(0,t) = u(M,t) \tag{4.2.9}$$

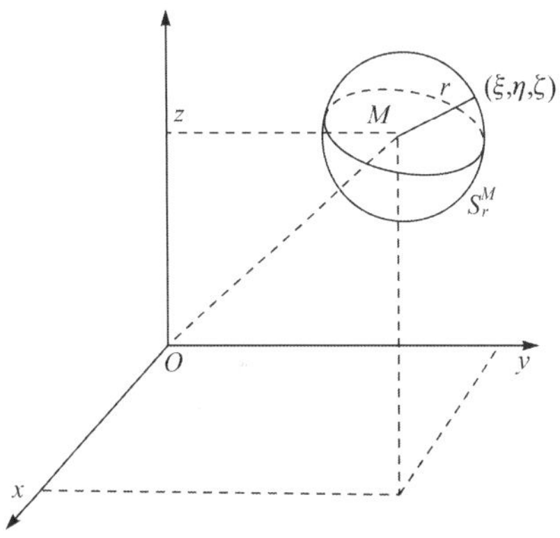

其中 $u(M,t)$ 表示 t 时刻 u 在 M 上的值. 这样一来,我们要求的 $u(x,y,z,t)$ 就转化为求在以 $M(x,y,z)$ 点为球心,r 为半径的球面上 u 的平均值当 $r \to 0$ 时的极限,而此时 $u(r,t)$ 已变为一维空间函数.

图 4.3

下面考察 $u(r,t)$ 满足什么样的方程. 设 (x',y',z') 为 S_r^M 所围球面内任意点的坐标,用 V_r^M 表 S_r^M 所围球体的体积,由方程(4.2.1)两边对 V_r^M 求体积分有

$$\int_{V_r^M} \frac{\partial^2 u(x',y',z',t)}{\partial t^2} \mathrm{d}V = a^2 \int_{V_r^M} \left[\frac{\partial^2 u(x',y',z',t)}{\partial x'^2} + \frac{\partial^2 u(x',y',z',t)}{\partial y'^2} \right.$$

$$\left. + \frac{\partial^2 u(x',y',z',t)}{\partial z'^2} \right] \mathrm{d}V$$

由奥-高公式可将上式右端的体积分化为包围 V_r^M 的球面积分,即

$$\int_{V_r^M} \frac{\partial^2 u(x',y',z',t)}{\partial t^2} \mathrm{d}V = a^2 \oint_{S_r^M} \nabla u(\xi,\eta,\zeta,t) \cdot \mathrm{d}S = a^2 \oint_{S_r^M} \frac{\partial u(\xi,\eta,\zeta,t)}{\partial n} \mathrm{d}S$$

$$= a^2 r^2 \oint_{S_r^M} \frac{\partial u(\xi,\eta,\zeta,t)}{\partial n} \mathrm{d}\Omega = a^2 r^2 \frac{\partial}{\partial r} \oint_{S_1^M} u(\xi,\eta,\zeta,t) \mathrm{d}\Omega = 4\pi a^2 r^2 \frac{\partial \bar{u}(r,t)}{\partial r}$$

(4.2.10)

其中 $\bar{u}(r,t) = \frac{1}{4\pi} \oint_{S_1^M} u(\xi,\eta,\zeta,t) \mathrm{d}\Omega$ 是 u 在以 M 点为球心的单位半径球面上的平均值，n 是 S_r^M 上的外法向矢量。

式(4.2.10)左端在球坐标下表出并交换微商和积分次序得

$$\frac{\partial^2}{\partial t^2} \int_{V_r^M} u(\xi',\eta',\zeta',t) \mathrm{d}V = \frac{\partial^2}{\partial t^2} \oint_{S_1^M} \mathrm{d}S \int_0^r u(\xi',\eta',\zeta',t) \rho^2 \mathrm{d}\rho$$

$$= \frac{\partial^2}{\partial t^2} \oint_{S_r^M} \mathrm{d}S \int_0^r u(x+\rho\sin\theta\cos\varphi, y+\rho\sin\theta\sin\varphi, z+\rho\cos\theta, t) \rho^2 \mathrm{d}\rho$$

代回式(4.2.10)得

$$\frac{\partial^2}{\partial t^2} \oint_{S_1^M} \mathrm{d}S \int_0^r u(x+\rho\sin\theta\cos\varphi, y+\rho\sin\theta\sin\varphi, z+\rho\cos\theta, t) \rho^2 \mathrm{d}\rho = 4\pi a^2 r^2 \frac{\partial \bar{u}(x,t)}{\partial r}$$

两边对 r 求一阶导数（在左边要注意对定积分的求导规则）得

$$\frac{\partial^2}{\partial t^2} \oint_{S_r^M} u(\xi,\eta,\zeta,t) r^2 \mathrm{d}\Omega = 4\pi a^2 \frac{\partial}{\partial r}\left[r^2 \frac{\partial \bar{u}(r,t)}{\partial r}\right]$$

即

$$\frac{\partial^2 \bar{u}(r,t)}{\partial t^2} = \frac{a^2}{r^2} \frac{\partial}{\partial r}\left[r^2 \frac{\partial \bar{u}(r,t)}{\partial r}\right]$$

(4.2.11)

上面已利用了 $\oint_{S_1^M} \mathrm{d}S = \oint_{S_1^M} r^2 \mathrm{d}\Omega$。我们注意到式(4.2.11)的右端

$$\frac{a^2}{r^2} \frac{\partial}{\partial r}\left[r^2 \frac{\partial \bar{u}(r,t)}{\partial r}\right] = \frac{a^2}{r} \frac{\partial^2 [r\bar{u}(r,t)]}{\partial r^2}$$

因此，用 r 同乘式(4.2.11)两边得

$$\frac{\partial^2 [r\bar{u}(r,t)]}{\partial t^2} = a^2 \frac{\partial^2 [r\bar{u}(r,t)]}{\partial r^2}$$

(4.2.12)

这是关于 $r\bar{u}(r,t)$ 的一维波动方程，仿前面的讨论，其通解为

$$r\bar{u}(r,t) = f_1(r+at) + f_2(r-at)$$

(4.2.13)

f_1, f_2 仍为任意二次连续可微函数，其具体函数形式由初始条件确定。下面给出式(4.2.13)满足初始条件式(4.2.2)和式(4.2.3)的解 $u(M,t)$。

将式(4.2.2)、(4.2.3)改写为

$$\begin{cases} r\bar{u}(r,t)\big|_{t=0} = r\overline{\varphi_0}(r) \\ \dfrac{\partial [r\bar{u}(r,t)]}{\partial t}\bigg|_{t=0} = r\overline{\varphi_1}(r) \end{cases}$$

(4.2.14)

其中 $\overline{\varphi_0}(r)$、$\overline{\varphi_1}(r)$ 是 $\varphi_0(x,y,z)$ 和 $\varphi_1(x,y,z)$ 在球面 S_r^M 上的平均值。将

第 4 章　行波法与积分变换法

式(4.2.13)代入式(4.2.14)得

$$\begin{cases} f_1(r)+f_2(r)=r\overline{\varphi}_0(r) \\ f_1'(r)-f_2'(r)=\dfrac{r}{a}\overline{\varphi}_1(r) \end{cases} \quad (4.2.15)$$

由式(4.2.15)后一式在$[0,r]$上积分得

$$f_1(r)-f_2(r)=\dfrac{1}{a}\int_0^r \rho\overline{\varphi}_1(\rho)\mathrm{d}\rho+c \quad (4.2.16)$$

由式(4.2.15)前一式和式(4.2.16)联立求得

$$\begin{cases} f_1(r)=\dfrac{1}{2}\left[r\overline{\varphi}_0(r)+\dfrac{1}{a}\int_0^r \rho\overline{\varphi}_1(\rho)\mathrm{d}\rho\right]+\dfrac{c}{2} \\ f_2(r)=\dfrac{1}{2}\left[r\overline{\varphi}_0(r)-\dfrac{1}{a}\int_0^r \rho\overline{\varphi}_1(\rho)\mathrm{d}\rho\right]-\dfrac{c}{2} \end{cases} \quad (4.2.17)$$

在 $t>0$ 时则有

$$f_1(r+at)=\dfrac{1}{2}\left[(r+at)\overline{\varphi}_0(r+at)+\dfrac{1}{a}\int_0^{r+at}\rho\overline{\varphi}_1(\rho)\mathrm{d}\rho\right]+\dfrac{c}{2}$$

$$f_2(r-at)=\dfrac{1}{2}\left[(r-at)\overline{\varphi}_0(r-at)-\dfrac{1}{a}\int_0^{r-at}\rho\overline{\varphi}_1(\rho)\mathrm{d}\rho\right]-\dfrac{c}{2} \quad (4.2.18)$$

将式(4.2.18)代入式(4.2.13)得

$$\overline{u}(r,t)=\dfrac{(r+at)\overline{\varphi}_0(r+at)+(r-at)\overline{\varphi}_0(r-at)}{2r}+\dfrac{1}{2ar}\int_{r-at}^{r+at}\rho\overline{\varphi}_1(\rho)\mathrm{d}\rho \quad (4.2.19)$$

现在来说明 $\overline{u}(r,t)$ 是 r 的偶函数. 为此, 令 $\alpha_1=\sin\theta\cos\varphi, \alpha_2=\sin\theta\sin\varphi, \alpha_3=\cos\theta$, 则式(4.2.8)可表示为

$$\overline{u}(r,t)=\dfrac{1}{4\pi}\oint_{\alpha_1^2+\alpha_2^2+\alpha_3^2=1}u[x+r\alpha_1,y+r\alpha_2,z+r\alpha_3,t]\mathrm{d}\Omega$$

其中 $r>0$. 当取 $-r$ 时有

$$\overline{u}(-r,t)=\dfrac{1}{4\pi}\oint_{\alpha_1^2+\alpha_2^2+\alpha_3^2=1}u[x+r(-\alpha_1),y+r(-\alpha_2),z+r(-\alpha_3),t]\mathrm{d}\Omega$$

$$=\dfrac{1}{4\pi}\oint_{\beta_1^2+\beta_2^2+\beta_3^2=1}u(x+r\beta_1,y+r\beta_2,z+r\beta_3,t)\mathrm{d}\Omega$$

因此, 当我们将 $\overline{u}(r,t)$ 延拓到 $r<0$ 的范围时, 就有

$$\overline{u}(-r,t)=\overline{u}(r,t)$$

这就说明了 $\overline{u}(r,t)$ 确是 r 的偶函数. 同理可说明 $\overline{\varphi}_0(r)$ 和 $\overline{\varphi}_1(r)$ 也是 r 的偶函数. 这样一来, 式(4.2.19)中的 $\overline{\varphi}_0(r-at)$ 可写成 $\overline{\varphi}_0(at-r)$, 于是式(4.2.19)可改写为

$$\overline{u}(r,t)=\dfrac{(r+at)\overline{\varphi}_0(r+at)-(at-r)\overline{\varphi}_0(at-r)}{2r}+\dfrac{1}{2ar}\int_{r-at}^{r+at}\rho\overline{\varphi}_1(\rho)\mathrm{d}\rho$$

显然,当 $r \to 0$ 时,上式是"$\dfrac{0}{0}$"不定式,由洛必达法则得

$$\bar{u}(0,t) = \bar{\varphi}_0(at) + a\bar{\varphi}_0{}'(at) + t\bar{\varphi}_1(at)$$

$$= \frac{1}{a}\frac{\partial}{\partial t}[(at)\bar{\varphi}_0(at)] + t\bar{\varphi}_1(at)$$

$$= \frac{1}{4a\pi}\frac{\partial}{\partial t}\oint_{S_{at}^M}\frac{\varphi_0(x+at\sin\theta\cos\varphi,y+at\sin\theta\sin\varphi,z+at\cos\theta)}{at}(at)^2\sin\theta d\theta d\varphi$$

$$+ \frac{t}{4\pi}\oint_{S_{at}^M}\frac{\varphi_1(x+at\sin\theta\cos\varphi,y+at\sin\theta\sin\varphi,z+at\cos\theta)}{(at)^2}(at)^2\sin\theta d\theta d\varphi$$

$$= u(M,t) = u(x,y,z,t) \tag{4.2.20}$$

其中 S_{at}^M 是以 M 点为球心,at 为半径的球面. 若被积函数中的 at 用 r 代替,则上式可简记为

$$u(M,t) = \frac{1}{4a\pi}\frac{\partial}{\partial t}\oint_{S_{at}^M}\frac{\varphi_0}{r}dS + \frac{1}{4a\pi}\oint_{S_{at}^M}\frac{\varphi_1}{r}dS \tag{4.2.21}$$

式(4.2.21)称为三维波动方程的泊松公式. 若 φ_0 为三次连续可微函数,φ_1 为二次连续可微函数,易于验证式(4.2.21)确是原定解问题(4.2.1)~(4.2.3)的解.

例 求三维波动方程满足初始条件

$$\begin{cases} u(x,y,z,t)\big|_{t=0} = x+y+z \\ \dfrac{\partial u}{\partial t}\bigg|_{t=0} = 0 \end{cases}$$

的解.

解 将题目给出的初始条件即 $\varphi_0(x,y,z) = x+y+z, \varphi_1(x,y,z) = 0$ 代入式(4.2.21)即得所求的解为

$$u(x,y,z,t) = \frac{1}{4\pi a}\frac{\partial}{\partial t}\int_0^{2\pi}\int_0^{\pi}[x+y+z+at(\sin\theta\cos\varphi+\sin\theta\sin\varphi+\cos\theta)](at)\sin\theta d\theta d\varphi$$

$$= \frac{1}{4\pi a}\frac{\partial}{\partial t}\Big[(x+y+z)at\int_0^{2\pi}d\varphi\int_0^{\pi}\sin\theta d\theta$$

$$+ (at)^2\int_0^{2\pi}(\sin\varphi+\cos\varphi)d\varphi\int_0^{\pi}\sin^2\theta d\theta$$

$$+ (at)^2\int_0^{2\pi}d\varphi\int_0^{\pi}\sin\theta\cos\theta d\theta\Big] = x+y+z$$

可见,只要给定初始条件的具体函数形式,利用式(4.2.21)就可容易地求出三维波动方程满足所给条件的解.

下面讨论泊松公式的物理意义. 由式(4.2.21)可知,因积分是对以点 $M(x,y,z)$ 为中心、at 为半径的球面上进行的,故 t 时刻只有正好处于球面的初始扰动对积分才有贡献,即此时刻球面上的初始扰动对 $M(x,y,z)$ 点的 $u(x,y,z,t)$ 值才有影响.

若设初始扰动具有一定的区域 T_0，该区域与 $M(x,y,z)$ 点的最近和最远距离分别为 d 和 D，如图 4.4 所示. 为方便讨论，我们以 M 点为球心，过 b 点和 c 点分别作半径为 d 和 D 的球面，则初始扰动在 $t=0$ 时刻处于这两球面之间；在 $t>0$ 时刻，若 $at<d$，即 $t<\dfrac{d}{a}$，显然此时对 S_1^M 球面积分为零，这表示初始扰动 T_0 的前锋 b 尚未到达 M 点，因此 T_0 中的扰动未影响到 $u(M,t)$；当 $d<at<D$，即 $\dfrac{d}{a}<t<\dfrac{D}{a}$ 时，初始扰动

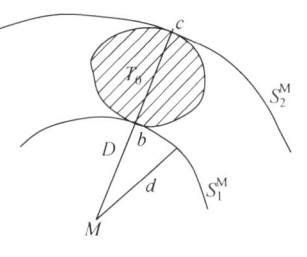

图 4.4

已落在球面 S_1^M 上，积分不为零，即此时初始扰动对 $u(M,t)$ 有影响；而当 $at>D$，即 $t>\dfrac{D}{a}$ 时，说明 T_0 的阵尾 c 点已过 M 点，因此对 $u(M,t)$ 也无影响. 当阵尾过 M 点之后，如果扰动不是连续的，则 M 点不再受 T_0 的影响. 这说明如果初始扰动是局限于空间某一区域内的，扰动就存在着清晰的前锋和阵尾，这就是物理学上的惠更斯(Huygens)原理，也称为无后效现象.

另外，初始扰动 T_0 中的任意一点的扰动都是以速度 a 向各方向传播的，在 t 时刻其波阵面都是以该点为球心、以 at 为半径的球面，故式(4.2.21)代表的是球面波解.

为了对照比较，同时出于系统性考虑，我们再来说明二维波动方程的解及其物理意义.

二维无界空间的始值问题是

$$\begin{aligned}&\dfrac{\partial^2 u}{\partial t^2}=a^2\left(\dfrac{\partial^2 u}{\partial x^2}+\dfrac{\partial^2 u}{\partial y^2}\right),\quad -\infty<x,y<\infty,\quad t>0\\ &u|_{t=0}=\varphi_0(x,y)\\ &u_t|_{t=0}=\varphi_1(x,y)\end{aligned} \quad (4.2.22)$$

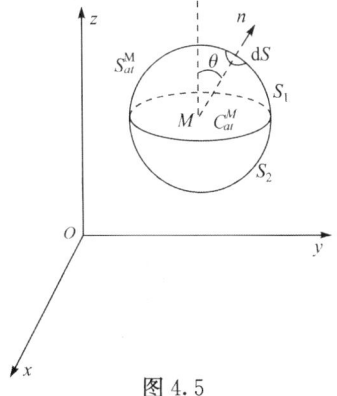

图 4.5

其解可由三维情形的解过渡而得. 当 u 与 z 无关时，我们只需在 xy 平面上讨论，即初始扰动只是沿 xy 平面上传播的. 因此，将式(4.2.21)中的球面积分过渡到在 xy 平面上沿圆域的积分即可，也就是将对球面 S_{at}^M 的积分投影到圆域 C_{at}^M 上就得到二维波动方程始值问题的解. 为此，用圆平面 C_{at}^M 将球面 S_{at}^M 分成上下两个半球面 S_1 和 S_2 (图 4.5)，这两半球面上任一面元 dS 的外法向的方向余弦分别为

$$S_1: \cos\theta = \frac{\sqrt{(at)^2-(\xi-x)^2-(\eta-y)^2}}{at}$$

$$S_2: \cos\theta = -\frac{\sqrt{(at)^2-(\xi-x)^2-(\eta-y)^2}}{at}$$

所以 ds 在 xy 平面的投影为

$$ds = \frac{d\xi d\eta}{\cos\theta} = \frac{at d\xi d\eta}{\sqrt{(at)^2-(\xi-x)^2-(\eta-y)^2}}$$

于是得二维波动方程始值问题的解为

$$\begin{aligned}u(M,t) = u(x,y,t) &= \frac{1}{4a\pi}\frac{\partial}{\partial t}\oint_{S_{at}^M}\frac{\varphi_0}{r}ds + \frac{1}{4a\pi}\oint_{S_{at}^M}\frac{\varphi_1}{r}ds\\
&= \frac{1}{4a\pi}\frac{\partial}{\partial t}\left[\int_{S_1}\frac{\varphi_0}{r}ds + \int_{S_2}\frac{\varphi_0}{r}ds\right] + \frac{1}{4a\pi}\left[\int_{S_1}\frac{\varphi_1}{r}ds + \int_{S_2}\frac{\varphi_1}{r}ds\right]\\
&= \frac{1}{2a\pi}\frac{\partial}{\partial t}\int_{C_{at}^M}\frac{\varphi_0(\xi,\eta)}{at}\frac{d\xi d\eta}{\cos\theta} + \frac{1}{2a\pi}\int_{C_{at}^M}\frac{\varphi_1(\xi,\eta)}{at}\frac{d\xi d\eta}{\cos\theta}\\
&= \frac{1}{2a\pi}\left[\frac{\partial}{\partial t}\int_{C_{at}^M}\frac{\varphi_0(\xi,\eta)d\xi d\eta}{\sqrt{(at)^2-(\xi-x)^2-(\eta-y)^2}}\right.\\
&\quad + \left.\int_{C_{at}^M}\frac{\varphi_1(\xi,\eta)d\xi d\eta}{\sqrt{(at)^2-(\xi-x)^2-(\eta-y)^2}}\right]\end{aligned} \tag{4.2.23}$$

需要强调的是:这里的 (ξ,η) 是圆域中任一点的坐标,而不是特指 C_{at}^M 上的圆周坐标.

现在扼要说明一下式(4.2.23)的物理意义. 如图 4.6 所示,设初始扰动仍限于 T_0 区域,图中 d 和 D 是初始扰动区域与 $M(x,y)$ 点在 $t=0$ 时刻的最近点和最远点距离,当 $t>0$ 时,若 $at<d$ 即 $t<\dfrac{d}{a}$,则式(4.2.23)的积分为零,即扰动的前锋尚未到达 $M(x,y)$ 点;当 $\dfrac{d}{a}<t<\dfrac{D}{a}$ 时,式(4.2.23)的积分显然不为零,即初始扰动对 M 点的 $u(x,y,t)$ 值有影响;当 $t>\dfrac{D}{a}$ 时,初始扰动对 $M(x,y)$ 点的影响并未完全消除,初始扰动仍有一部分或全部落在以 M 点为圆心、at 为半径的圆域内,故式(4.2.23)的积分仍不为零. 因此,对于二维扰动,即使阵尾已过 M 点,但 M 点仍受初始扰动的影响,这种现象称为有后效现象. 若初始扰动不是连续的,则当 T_0 的阵尾到达 M 点,再经 $\Delta t = \dfrac{D-d}{a}$ 的时间,扰动才不再对 M

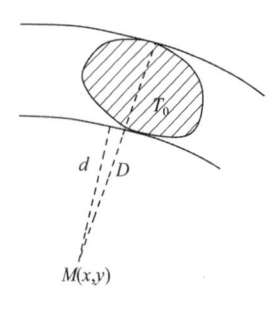

图 4.6

点的 u 值产生影响.

由上面讨论可知,二维与三维情形不同,三维情形中的初始扰动存在着明显的前锋与阵尾,而二维情形的初始扰动只存在明显的前锋,却没有明显的阵尾,这在数学上就表现为由初始扰动对球面积分和对平面积分的结果.

事实上,平面上扰动区域中的任一点 (ξ,η) 的初始扰动都是以该点为圆心沿各向传播的.所谓平面初始扰动实际上就是过平面一点 (ξ,η)、平行于 z 轴的一无限长直线上的初始扰动.因此,在时刻 t,受初始扰动影响的是以该直线为轴,半径为 at 的柱面,这说明解(4.2.23)代表一个柱面波.

4.3 积分变换法

在第 1 章中我们已分别给出了傅里叶变换与拉普拉斯变换的定义及其性质. 在这一小节中我们将通过实例讨论如何用积分变换法求解某些定解问题.

一般而言,对于常微分方程或微分积分方程,通过傅氏变换或拉氏变换之后,就可将其转化为求解代数方程;而对于两个变量的偏微分方程,通过对其中一个变量进行拉氏变换或傅氏变换之后就转化为求解常微分方程,这就是积分变换法的巨大优势. 当然,积分变换法并非对所有定解问题都是简单而方便的,因为尽管通过积分变换法可容易地求出其像函数,但由反演求原函数有时却是非常复杂的. 另外,虽然积分变换法不受方程类型的限制,对有界域的定解问题也适用,但根据拉氏变换和傅氏变换的定义式,显然这一方法主要是应用于半无界或无界域才是真正方便的,且拉氏变换主要用于半无界域,而傅氏变换则主要用于无界域. 下面分别加以讨论.

4.3.1 傅里叶变换的应用

例 1 设有一均匀无限长的杆,杆上具有强度为 $F(x,t)$ 的热源,杆的初始温度已知为 $\varphi(x)$. 求 $t>0$ 时杆上的温度分布.

解 这是一维热传导问题,可归结为求下面定解问题:

$$\begin{cases} \dfrac{\partial u}{\partial t}=a^2\dfrac{\partial^2 u}{\partial x^2}+f(x,t), & -\infty<x<\infty, \quad t>0 \\ u|_{t=0}=\varphi(x) \end{cases} \quad (4.3.1)$$
$$(4.3.2)$$

其中 $f(x,t)=F(x,t)/c\rho$. 由式(4.3.1)对 x 施行傅氏变换得

$$\frac{\mathrm{d}\bar{u}(\omega,t)}{\mathrm{d}t}=a^2(-\mathrm{i}\omega)^2\bar{u}(\omega,t)+\bar{f}(\omega,t)$$

即

$$\frac{\mathrm{d}\bar{u}(\omega,t)}{\mathrm{d}t}+a^2\omega^2\bar{u}(\omega,t)=\bar{f}(\omega,t) \quad (4.3.3)$$

这是像函数 $\bar{u}$ 所满足的一阶常系数非齐次线性常微分方程,对初始条件(4.3.2)也取傅氏变换得

$$\bar{u}(\omega,t)|_{t=0}=\bar{\varphi}(\omega) \quad (4.3.4)$$

与式(4.3.3)相应的齐次方程的解为

$$\bar{u}(\omega,t)=c\mathrm{e}^{-a^2\omega^2 t}$$

利用常数变易法,即令 $c=c(t)$,再将 $\bar{u}(\omega,t)=c(t)\mathrm{e}^{-a^2\omega^2 t}$ 代入式(4.3.3)得

$$\frac{\mathrm{d}c(t)}{\mathrm{d}t}=\bar{f}(\omega,t)\mathrm{e}^{a^2\omega^2 t}$$

两边积分得

$$c(t)=\int_0^t \bar{f}(\omega,\tau)\mathrm{e}^{a^2\omega^2\tau}\mathrm{d}\tau+c_0$$

于是

$$\bar{u}(\omega,t)=c_0\mathrm{e}^{-a^2\omega^2 t}+\int_0^t \bar{f}(\omega,\tau)\mathrm{e}^{-a^2\omega^2(t-\tau)}\mathrm{d}\tau \quad (4.3.5)$$

将式(4.3.5)代入初始条件(4.3.4)得

$$c_0=\bar{\varphi}(\omega)$$

代回(4.3.5)得(4.3.3)满足初始条件(4.3.4)的解为

$$\bar{u}(\omega,t)=\bar{\varphi}(\omega)\mathrm{e}^{-a^2\omega^2 t}+\int_0^t \bar{f}(\omega,\tau)\mathrm{e}^{-a^2\omega^2(t-\tau)}\mathrm{d}\tau \quad (4.3.6)$$

下面进行反演(即傅里叶逆变换)求原函数.注意式(4.3.6)右边每一项都是两个像函数的乘积,因此要用到卷积定理.由于

$$\mathscr{F}^{-1}[\bar{\varphi}(\omega)]=\varphi(x)$$

$$\mathscr{F}^{-1}[\mathrm{e}^{-a^2\omega^2 t}]=\frac{1}{\sqrt{2\pi}}\int_{-\infty}^{\infty}\mathrm{e}^{-a^2\omega^2 t}\mathrm{e}^{\mathrm{i}\omega x}\mathrm{d}\omega=\frac{1}{\sqrt{2\pi}}\int_{-\infty}^{\infty}\mathrm{e}^{-(a^2\omega^2 t-\mathrm{i}\omega x)}\mathrm{d}\omega=\frac{1}{a\sqrt{2t}}\mathrm{e}^{-\frac{x^2}{4a^2 t}}$$

$$\mathscr{F}^{-1}[\bar{f}(\omega,t)]=f(x,t)$$

$$\mathscr{F}^{-1}[\mathrm{e}^{-a^2\omega^2(t-\tau)}]=\frac{1}{a\sqrt{2(t-\tau)}}\mathrm{e}^{-\frac{x^2}{4a^2(t-\tau)}}$$

利用卷积定理得

$$u(x,t)=\mathscr{F}^{-1}[\bar{u}(\omega,t)]=\frac{1}{a\sqrt{2}}\left[\int_{-\infty}^{\infty}\frac{\varphi(\xi)}{\sqrt{t}}\mathrm{e}^{-\frac{(x-\xi)^2}{4a^2 t}}\mathrm{d}\xi+\int_0^t \mathrm{d}\tau\int_{-\infty}^{\infty}\frac{f(\xi,\tau)}{\sqrt{t-\tau}}\mathrm{e}^{-\frac{(x-\xi)^2}{4a^2(t-\tau)}}\mathrm{d}\xi\right]$$

例 2 求一根张紧的无限长弦的自由振动规律.已知弦的初始位移和初始速度分别为 $\varphi_0(x)$ 和 $\varphi_1(x)$.

解 这正是前节用行波法讨论过的一维波动方程的始值问题,现在我们用积分变换法再求解一次.定解问题为

$$\begin{cases} u_{tt}=a^2 u_{xx}, & -\infty<x<\infty, \quad t>0 \quad (4.3.7) \\ u|_{t=0}=\varphi_0(x), \quad u_t|_{t=0}=\varphi_1(x) & (4.3.8) \end{cases}$$

由式(4.3.7)、式(4.3.8)对变量 x 取傅氏变换得

$$\begin{cases} \dfrac{d^2 \bar{u}(\omega,t)}{dt^2} = -a^2 \omega^2 \bar{u}(\omega,t) & (4.3.9) \\ \bar{u}(\omega,t)\big|_{t=0} = \bar{\varphi}_0(\omega), \quad \dfrac{d\bar{u}(\omega,t)}{dt}\bigg|_{t=0} = \bar{\varphi}_1(\omega) & (4.3.10) \end{cases}$$

把 ω 当成参数,则式(4.3.9)就是关于变量 t 的二阶线性齐次常微分方程,其解为

$$\bar{u}(\omega,t) = C e^{ia\omega t} + D e^{-ia\omega t} \tag{4.3.11}$$

代入式(4.3.10)得

$$C + D = \bar{\varphi}_0(\omega)$$
$$ia\omega C - ia\omega D = \bar{\varphi}_1(\omega)$$

可解出

$$C = \frac{1}{2}\left[\bar{\varphi}_0(\omega) + \frac{\bar{\varphi}_1(\omega)}{ia\omega}\right], \qquad D = \frac{1}{2}\left[\bar{\varphi}_0(\omega) - \frac{\bar{\varphi}_1(\omega)}{ia\omega}\right]$$

代入式(4.3.11)并整理得

$$\bar{u}(\omega,t) = \frac{1}{2}\left[\bar{\varphi}_0(\omega) e^{ia\omega t} + \bar{\varphi}_0(\omega) e^{-ia\omega t}\right] + \frac{1}{2a}\left[\frac{\bar{\varphi}_1(\omega)}{i\omega} e^{ia\omega t} - \frac{\bar{\varphi}_1(\omega)}{i\omega} e^{-ia\omega t}\right] \tag{4.3.12}$$

下面对式(4.3.12)取傅氏逆变换。按延迟定理,式(4.3.12)右边第一个方括号中两项的逆变换分别为

$$\mathscr{F}^{-1}\left[\frac{1}{2}\bar{\varphi}_0(\omega) e^{ia\omega t}\right] = \frac{1}{2}\varphi_0(x+at)$$

$$\mathscr{F}^{-1}\left[\frac{1}{2}\bar{\varphi}_0(\omega) e^{-ia\omega t}\right] = \frac{1}{2}\varphi_0(x-at)$$

现在看式(4.3.12)右边后两项,根据积分定理 $\mathscr{F}\left[\int_{x_0}^{x} \varphi_1(\xi) d\xi\right] = \dfrac{1}{i\omega}\mathscr{F}[\varphi_1(x)] = \dfrac{1}{i\omega}\bar{\varphi}_1(\omega)$,令

$$g(x) = \int_{x_0}^{x} \varphi_1(\xi) d\xi$$

则

$$g(x-at) = \int_{x_0}^{x-at} \varphi_1(\xi) d\xi$$

因此

$$\mathscr{F}\left[\int_{x_0}^{x} \varphi_1(\xi) d\xi\right] = \mathscr{F}[g(x)] = \bar{g}(\omega) = \frac{1}{i\omega}\bar{\varphi}_1(\omega) \tag{4.3.13}$$

于是

$$g(x-at) = \mathscr{F}^{-1}[e^{-i\omega t}\overline{g}(\omega)] = \mathscr{F}^{-1}\left[e^{-i\omega t}\frac{\overline{\varphi_1}(\omega)}{i\omega}\right] = \int_{x_0}^{x-at}\varphi_1(\xi)d\xi \quad (4.3.14)$$

同理得

$$\mathscr{F}^{-1}\left[e^{i\omega t}\frac{\overline{\varphi_1}(\omega)}{i\omega}\right] = \int_{x_0}^{x+at}\varphi_1(\xi)d\xi \quad (4.3.15)$$

于是对式(4.3.12)进行傅氏逆变换便得

$$u(x,t) = \mathscr{F}^{-1}[\overline{u}(\omega,t)]$$
$$= \frac{1}{2}[\varphi_0(x+at)+\varphi_0(x-at)] + \frac{1}{2a}\int_{x-at}^{x+at}\varphi_1(\xi)d\xi \quad (4.3.16)$$

这正是一维波动方程的达朗贝尔公式.

4.3.2 拉普拉斯变换的应用

例 1 一根半无限长的杆,设杆的初始温度为 0℃,已知杆的端点温度为 $f(t)$, 求杆上的温度分布.

解 这是一维半无界的热传导问题,可归结为如下定解问题:

$$\begin{cases} u_t(x,t) = a^2 u_{xx}(x,t), & x>0, \quad t>0 & (4.3.17) \\ u|_{x=0} = f(t) & (4.3.18) \\ u|_{t=0} = 0 & (4.3.19) \end{cases}$$

因为两个变量的取值范围都属于半无界情形,故从表面上看可对任一变量取拉氏变换. 但根据拉氏变换的性质,关于变量 x 的边界条件少了一个(即 $u_x|_{x=0}$),因此本题只能对变量 t 进行拉氏变换. 由式(4.3.17)、(4.3.18)对 t 取拉氏变换得

$$\begin{cases} p\overline{u}(x,p) = a^2 \dfrac{d^2 \overline{u}(x,p)}{dx^2} & (4.3.20) \\ \overline{u}(x,p)|_{x=0} = \overline{f}(p) & (4.3.21) \end{cases}$$

这就变成了一个含有参量 p 的关于 $\overline{u}(x,p)$ 的二阶线性常微分方程的定解问题. 式(4.3.20)的通解为

$$\overline{u}(x,p) = Ce^{\frac{\sqrt{p}}{a}x} + De^{-\frac{\sqrt{p}}{a}x}$$

根据有限性要求,当 $x \to \infty$ 时,$\overline{u}(x,p)$ 应有界,因此 $C=0$,于是

$$\overline{u}(x,p) = De^{-\frac{\sqrt{p}}{a}x} \quad (4.3.22)$$

将式(4.3.22)代入式(4.3.21)得 $D = \overline{f}(p)$,于是

$$\overline{u}(x,p) = \overline{f}(p)e^{-\frac{\sqrt{p}}{a}x} \quad (4.3.23)$$

下面的任务是对式(4.3.23)进行反演(拉氏逆变换)而求原函数. 从拉氏变换表可查得

$$\mathscr{L}^{-1}\left[\frac{1}{p}\mathrm{e}^{\frac{\sqrt{p}}{a}x}\right]=erf\left(\frac{x}{2a\sqrt{t}}\right)=\frac{2}{\sqrt{\pi}}\int_{\frac{x}{2a\sqrt{t}}}\mathrm{e}^{-z^2}\mathrm{d}z$$

其中 $erf\left(\frac{x}{2a\sqrt{t}}\right)=\frac{2}{\sqrt{\pi}}\int_{\frac{x}{2a\sqrt{t}}}\mathrm{e}^{-z^2}\mathrm{d}z$ 称为误差函数, 有表可查. 而 $z=\frac{(\xi-x)}{2a\sqrt{t}}\left(\text{或}\right.$ $\left.\frac{(x-\xi)}{2a\sqrt{t}}\right)$, 于是

$$\mathscr{L}^{-1}[\mathrm{e}^{\frac{\sqrt{p}}{a}x}]=\mathscr{L}^{-1}\left[p\,\frac{1}{p}\mathrm{e}^{\frac{\sqrt{p}}{a}x}\right]=\frac{\mathrm{d}}{\mathrm{d}t}\left(\frac{2}{\sqrt{\pi}}\int_{\frac{x}{2a\sqrt{t}}}^{\infty}\mathrm{e}^{-z^2}\mathrm{d}z\right)=\frac{x}{2a\sqrt{\pi}t^{3/2}}\mathrm{e}^{\frac{x^2}{4a^2 t}}$$

利用卷积定理得原定解问题的解为

$$u(x,t)=\mathscr{L}^{-1}[\bar{f}(p)\mathrm{e}^{\frac{\sqrt{p}}{a}x}]=\frac{x}{2a\sqrt{\pi}}\int_0^t f(\tau)\frac{1}{(t-\tau)^{3/2}}\mathrm{e}^{-\frac{x^2}{4a^2(t-\tau)}}\mathrm{d}\tau$$

例 2 有一长为 l 的均匀杆,一端固定,另一端在纵向应力 $F=A\sin\omega t$ 的作用下由静止开始运动,求杆的纵振动规律.

解 这是杆的纵振动问题,即

$$u_{tt}=a^2 u_{xx}, \quad 0<x<l, \quad t>0 \tag{4.3.24}$$

$$u|_{t=0}=0, \quad u_t|_{t=0}=0 \tag{4.3.25}$$

$$u|_{x=0}=0, \quad u_x|_{x=l}=\frac{A}{Y}\sin\omega t \tag{4.3.26}$$

其中 Y 为杆的杨氏模量. 由式(4.3.24)、(4.3.26)对 t 取拉氏变换得

$$p^2\bar{u}(x,p)=a^2\frac{\mathrm{d}^2\bar{u}(x,p)}{\mathrm{d}x^2} \tag{4.3.27}$$

$$\bar{u}(x,p)|_{x=0}=0, \quad \bar{u}_x(x,p)|_{x=l}=\mathscr{L}\left(\frac{A}{Y}\sin\omega t\right)=\frac{A}{Y}\frac{\omega}{p^2+\omega^2} \tag{4.3.28}$$

式(4.3.27)的解为

$$\bar{u}(x,p)=c_1 \mathrm{e}^{\frac{p}{a}x}+c_2 \mathrm{e}^{-\frac{p}{a}x} \tag{4.3.29}$$

代入式(4.3.28)得

$$c_1=-c_2=c, \quad \frac{p}{a}c(\mathrm{e}^{\frac{p}{a}l}+\mathrm{e}^{-\frac{p}{a}l})=\frac{A}{Y}\frac{\omega}{p^2+\omega^2}$$

得

$$c=\frac{Aa\omega}{2Yp(p^2+\omega^2)\mathrm{ch}\frac{p}{a}l}$$

将上式代入式(4.3.29)即得式(4.3.27)满足条件(4.3.28)的解为

$$\bar{u}(x,p) = \frac{Aa\omega \operatorname{sh}\frac{p}{a}x}{Yp(p^2+\omega^2)\operatorname{ch}\frac{p}{a}l} \tag{4.3.30}$$

由黎曼-梅林反演公式可求得其原函数为

$$u(x,t) = \mathscr{L}^{-1}\left[\frac{Aa\omega \operatorname{sh}\frac{p}{a}x}{Yp(p^2+\omega^2)\operatorname{ch}\frac{p}{a}l}\right] = \frac{1}{2\pi i}\int\left[\frac{Aa\omega \operatorname{sh}\frac{p}{a}x}{Yp(p^2+\omega^2)\operatorname{ch}\frac{p}{a}l}\right]e^{pt}\,\mathrm{d}p \tag{4.3.31}$$

上式右端积分路径为沿着平行于虚轴自下而上进行. 从复变函数论和柯西定理知, 它等于在复平面上沿包围被积函数所有极点作为内点的回路积分, 而该积分又可用该回路所围极点的留数之和表示出. 因此, 根据留数定理有

$$\oint\left[\frac{Aa\omega \operatorname{sh}\frac{p}{a}x}{Yp(p^2+\omega^2)\operatorname{ch}\frac{p}{a}l}\right]e^{pt}\,\mathrm{d}p = 2\pi i[\text{被积函数所有极点的留数之和}]$$

$$= 2\pi i\sum_{i}\operatorname*{Res}_{p=p_i}\left[\frac{Aa\omega \operatorname{sh}\frac{p}{a}x}{Yp(p^2+\omega^2)\operatorname{ch}\frac{p}{a}l}e^{pt}\right] \tag{4.3.32}$$

其中 p_i 即为 $f(p)=\bar{u}(x,p)e^{pt}$ 的极点, 这些极点由 $p(p^2+\omega^2)\operatorname{ch}\frac{p}{a}l=0$ 确定. 显然 $p=0, \pm i\omega, \pm i\left(\frac{2k-1}{2l}\right)a\pi, (k=1,2,\cdots)$ 都是 $\bar{u}(x,p)e^{pt}$ 的一阶极点, 各极点的留数计算如下:

$$p_i=0: \operatorname{Res}f(0) = \lim_{p\to 0}[(p-0)\bar{u}(x,p)e^{pt}] = 0 \tag{4.3.33}$$

$$p_i = i\omega: \operatorname{Res}f(i\omega) = \lim_{p\to i\omega}\left[(p-i\omega)\frac{Aa\omega \operatorname{sh}\frac{p}{a}x}{Yp(p+i\omega)(p-i\omega)\operatorname{ch}\frac{p}{a}l}e^{pt}\right]$$

$$= \lim_{p\to i\omega}\frac{Aa\omega \operatorname{sh}\frac{p}{a}x}{Yp(p+i\omega)\operatorname{ch}\frac{p}{a}l} = -\frac{iAa\sin\frac{p}{a}x}{2Y\omega \operatorname{ch}\frac{p}{a}l}e^{i\omega t} \tag{4.3.34}$$

$$p_i = -\mathrm{i}\omega : \mathrm{Res} f(-\mathrm{i}\omega) = \lim_{p \to -\mathrm{i}\omega} \left[(p+\mathrm{i}\omega) \frac{Aa\omega \mathrm{sh}\dfrac{p}{a}x}{Yp(p+\mathrm{i}\omega)(p-\mathrm{i}\omega)\mathrm{ch}\dfrac{p}{a}l} \mathrm{e}^{pt} \right]$$

$$= \lim_{p \to -\mathrm{i}\omega} \frac{Aa\omega \mathrm{sh}\dfrac{p}{a}x}{Yp(p-\mathrm{i}\omega)\mathrm{ch}\dfrac{p}{a}l} = \frac{\mathrm{i}Aa\sin\dfrac{p}{a}x}{2Y\omega \cos\dfrac{p}{a}l} \mathrm{e}^{-\mathrm{i}\omega t} \tag{4.3.35}$$

$p_i = \mathrm{i}\dfrac{(2k-1)}{2l}a\pi$：

$$\mathrm{Res} f\left(\mathrm{i}\dfrac{(2k-1)}{2l}a\pi\right) = \lim_{p \to \mathrm{i}\frac{2k-1}{2l}a\pi} \left[\left(p - \mathrm{i}\dfrac{(2k-1)}{2l}a\pi\right) \frac{Aa\omega \mathrm{sh}\dfrac{p}{a}x}{Yp(p^2+\omega^2)\mathrm{ch}\dfrac{p}{a}l} \mathrm{e}^{pt} \right] \tag{4.3.36}$$

因 $\displaystyle\lim_{p \to \mathrm{i}\frac{(2k-1)}{2l}a\pi} \frac{p - \mathrm{i}\dfrac{(2k-1)}{2l}a\pi}{\mathrm{ch}\dfrac{p}{a}l}$ 为 "$\dfrac{0}{0}$" 未定式，由洛必达法则，式(4.3.36)可重新表为

$$\mathrm{Res} f\left[\mathrm{i}\dfrac{(2k-1)}{2l}a\pi\right] = \lim_{p \to \mathrm{i}\frac{2k-1}{2l}a\pi} \left[\frac{Aa\omega \mathrm{sh}\dfrac{p}{a}x}{Yp(p^2+\omega^2)\dfrac{l}{a}\mathrm{sh}\dfrac{p}{a}l} \mathrm{e}^{pt} \right]$$

$$= \frac{Aa\omega \mathrm{sh}\,\mathrm{i}\dfrac{(2k-1)}{2l}\pi x}{\mathrm{i}\dfrac{2k-1}{2l}a\pi\left[\omega^2 - \dfrac{(2k-1)^2 a^2 \pi^2}{4l^2}\right]\dfrac{l}{a}\mathrm{sh}\dfrac{\mathrm{i}(2k-1)\pi}{2}} \mathrm{e}^{\mathrm{i}\frac{(2k-1)}{2l}a\pi t}$$

$$= \frac{(-1)^k \mathrm{i} 8 Aa\omega l^2 \sin\dfrac{2k-1}{2l}\pi x}{(2k-1)\pi[4l^2\omega^2 - (2k-1)^2 a^2\pi^2]} \mathrm{e}^{\mathrm{i}\frac{(2k-1)a\pi}{2l}t} \tag{4.3.37}$$

同理得 $p_i = -\mathrm{i}\dfrac{(2k-1)}{2l}a\pi$ 的留数为

$$\mathrm{Res} f\left(-\mathrm{i}\dfrac{(2k-1)}{2l}a\pi\right) = \lim_{p \to -\mathrm{i}\frac{(2k-1)}{2l}a\pi} \left\{ \left[p + \mathrm{i}\dfrac{2k-1}{2l}a\pi\right] \frac{Aa\omega \mathrm{sh}\dfrac{p}{a}x}{Yp(p^2+\omega^2)\dfrac{l}{a}\mathrm{sh}\dfrac{p}{a}l} \right\}$$

$$= -\frac{(-1)^k \mathrm{i} 8 A a \omega l^2 \sin\dfrac{(2k-1)}{2l}\pi x}{(2k-1)\pi[4l^2\omega^2-(2k-1)^2 a^2 \pi^2]} \mathrm{e}^{-\mathrm{i}\frac{(2k-1)}{2l}a\pi t}$$

(4.3.38)

将式(4.3.33)~式(4.3.38)代入式(4.3.32),再将式(4.3.32)代回式(4.3.31)即得原定解问题的解为

$$u(x,t) = \frac{A a \sin\omega t}{\omega Y \cos\dfrac{\omega}{a}l}\sin\frac{\omega}{a}x + \sum_{k=1}^{\infty}(-1)^{k-1}\frac{16 A a \omega l^2 \sin\dfrac{(2k-1)}{2l}\pi x \sin\dfrac{2k-1}{2l}a\pi t}{Y(2k-1)[4l^2\omega^2-(2k-1)^2 a^2 \pi^2]\pi}$$

(4.3.39)

从以上积分变换法的应用实例中可看出,无论是傅氏变换还是拉氏变换,其像函数都很容易求得.对傅氏变换,某些问题的反演也是比较容易的,只需经过并不复杂的运算即可求得原函数.而对拉氏变换,除一些较简单的问题之外,其反演往往是比较复杂的.但由于积分变换法在工程技术上的应用比较广泛,因此,人们已制成了详细的变换表以备查阅,只需求出像函数,利用第 1 章中所介绍的有关变换性质就能很方便地从表中查到原函数.

习 题 4

1. 求下面始值问题:
$$u_{tt} - a^2 u_{xx} = 0, \quad u(x,0) = \sin x, \quad u_t(x,0) = x^2$$

2. 求下面定解问题:
$$u_{tt} + 2\varepsilon u_t + \varepsilon^2 u - a^2 u_{xx} = 0, \quad -\infty < x < \infty, \quad u(x,0) = \varphi(x), \quad u_t(x,0) = \psi(x)$$

3. 一根半无限长均匀细杆,杆的 $x=0$ 端温度保持为零度,初始温度分布为 $K(\mathrm{e}^{-\lambda x}-1)$. 求该热传导问题.

4. 求解一维半无界空间的输运问题:
$$u_t - a^2 u_{xx} = 0, \quad u(0,t) = At, \quad u(x,0) = 0$$

5. 求解三维热传导方程的始值问题:
$$u_t - a^2(u_{xx} + u_{yy} + u_{zz}) = 0, \quad -\infty < x,y,z < \infty, t > 0$$
$$u(x,y,z,0) = \varphi(x,y,z)$$

6. 求解在上半平面上拉普拉斯方程的边值问题:
$$u_{xx} + u_{yy} = 0, \quad -\infty < x < \infty, y > 0$$
$$u_y(x,0) = g(x), \quad u_y(x,y)|_{y \to \infty} = 有限值, u(x,y)|_{|x| \to \infty} = 0, \quad u_x(x,y)|_{|x| \to \infty} = 0.$$

7. 求解一端固定的半无界弦的自由振动问题:
$$u_{tt} - a^2 u_{xx} = 0, \quad 0 < x < \infty, t > 0$$
$$u(0,t) = 0, \quad u(x,t)|_{x \to \infty} = 0, \quad u(x,0) = \varphi(x), \quad u_t(x,0) = \varphi(x).$$

8. 一根半无限长的杆,初始温度为零,且在端点 $x=0$ 处以 $q(t)$ 的速率输入热量,求杆的温度分布.
9. 求解无界弦的受迫振动:
$$u_{tt} - a^2 u_{xx} = f(x,t), \quad -\infty < x < \infty, t > 0$$
$$u(x,0)|=\varphi(x), \quad u_t(x,0) = \psi(x)$$

第5章 格林函数法

本章我们专门讨论稳定场方程——拉普拉斯方程满足一定边界条件的一种求解方法——格林函数法. 此法有拉普拉斯内问题和外问题之分,本章详细给出内问题的讨论方法. 对于外问题,所述方法也适用.

5.1 拉普拉斯方程两种常见的定解问题

对于稳定场(如静电场的电势分布、稳恒温度场的温度分布等),在无源(或汇)的情况下,其分布规律一般由三维拉普拉斯方程所确定. 即

$$\nabla^2 u(x,y,z) = \frac{\partial^2 u}{\partial x^2} + \frac{\partial^2 u}{\partial y^2} + \frac{\partial^2 u}{\partial z^2} = 0 \tag{5.1.1}$$

由方程(5.1.1)和不同的边界条件即构成拉普拉斯方程不同提法的定解问题.

5.1.1 内问题

1. 狄氏(Dirichlet)问题(也称为第一边值问题)

问题的提法:给定某区域 Ω 边界 Γ 上的已知连续函数 f,在 Ω 内寻找一个调和函数 $u(x,y,z)$,它在边界上满足

$$u|_\Gamma = f \tag{5.1.2}$$

事实上,狄氏问题就是如下定解问题:

$$\nabla^2 u = 0, \qquad u|_\Gamma = f$$

所谓调和函数,就是在所定义的区域内具有二阶连续偏导数且满足拉普拉斯方程的函数. 复变函数理论中解析函数的实部或虚部都是调和函数.

因为我们所讨论的区域 Ω 是在边界 Γ 的内部(如图 5.1),故上面所提问题又称为狄氏内问题.

2. 诺伊曼(Neumann)问题(也称为第二边值问题)

问题的提法:在某光滑闭合曲面 Γ 上给定已知连续函数 f,在 Ω 内寻找一个调和函数 $u(x,y,z)$,它在边界上满足

$$\frac{\partial u}{\partial n}\bigg|_\Gamma = f \tag{5.1.3}$$

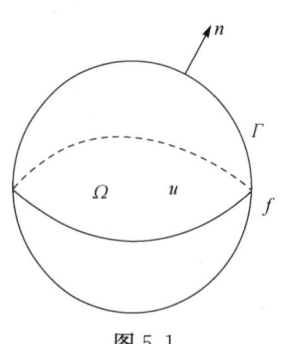

图 5.1

其中 n 是 Γ 的外法向矢量.

诺伊曼问题实际上就是要求下面定解问题:
$$\nabla^2 u=0, \qquad \frac{\partial u}{\partial n}\Big|_\Gamma = f$$

上述两个边值问题统称为拉普拉斯方程的内问题.

5.1.2 外问题

与内问题相对应,存在所谓的拉普拉斯方程的外问题. 设我们讨论的区域是 $\Omega'+\Gamma$(如图 5.2),这时就是要求我们在无穷区域上寻找满足给定边界条件的拉氏方程的解. 这样一来,我们就需要对解给予一定的限制,即在无限远处解的值应该有限或等于零. 根据实际情况提供的信息,我们只要附以限制条件

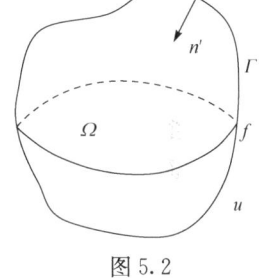

图 5.2

$$\lim_{r\to\infty} u(x,y,z)=0, \quad r=\sqrt{x^2+y^2+z^2} \qquad (5.1.4)$$

就可确保解是唯一的(若无此限制条件,解的唯一性可能得不到保证. 例如,调和函数 $u_1(x,y,z)\equiv 1$ 和 $u_2(x,y,z)=\dfrac{1}{\sqrt{x^2+y^2+z^2}}$ 在单位球面之外既满足拉氏方程也满足边界条件 $u|_{r=1}=1$).

对于二维情形,其附加条件改为 $\lim\limits_{r\to\infty} u(x,y)=$ 有限值即可(例如 3.5 节中的例 3). 于是有

1. 狄氏外问题

给定 Γ 上的连续函数 f,在 Ω' 内寻找一调和函数 $u(x,y,z)$,它在边界 Γ 上满足 $u|_\Gamma = f$,在无穷远处满足 $\lim\limits_{r\to\infty} u(x,y,z)=0$.

于是狄氏外问题归结为如下定解问题:
$$\nabla^2 u=0, \quad u|_\Gamma = f, \quad \lim_{r\to\infty} u(x,y,z)=0 \qquad (5.1.5)$$

2. 诺伊曼外问题

给定光滑曲面 Γ 上的连续函数 f,在 Ω' 内寻找一调和函数 $u(x,y,z)$,它在 Γ 上满足 $\dfrac{\partial u}{\partial n'}\Big|_\Gamma = f$,在无穷远处满足 $\lim\limits_{r\to\infty} u=0$. 因此,诺伊曼外问题就是下面定解问题:

$$\begin{cases} \nabla^2 u=0 \\ \dfrac{\partial u}{\partial n'}\Big|_\Gamma = f \\ \lim\limits_{r\to\infty} u=0 \end{cases} \qquad (5.1.6)$$

其中 n' 是 Γ 的内法向矢量.

5.2 调和函数的基本性质

为便于后面的应用,我们首先给出格林(Green)公式.

设函数 $u(x,y,z)$ 和 $v(x,y,z)$ 在 $\Omega+\Gamma$ 上具有一阶连续偏导数,在 Ω 内具有二阶连续偏导数,利用奥-高公式,乘积 $u\,\nabla v$ 在界面 Γ 上的面积分可表为对 Ω 的体积分,即

$$\oint_\Gamma u\,\nabla v\cdot\mathrm{d}s=\int_\Omega \nabla\cdot(u\,\nabla v)\mathrm{d}V$$
$$=\int_\Omega \nabla u\cdot\nabla v\mathrm{d}V+\int_\Omega u\,\nabla^2 v\mathrm{d}V$$

即

$$\int_\Omega u\,\nabla^2 v\mathrm{d}V=\oint_\Gamma u\,\nabla v\cdot\mathrm{d}s-\int_\Omega \nabla u\cdot\nabla v\mathrm{d}V$$
$$=\oint_\Gamma u\frac{\partial v}{\partial n}\mathrm{d}s-\int_\Omega \nabla u\cdot\nabla v\mathrm{d}V \tag{5.2.1}$$

同理有

$$\int_\Omega v\,\nabla^2 u\mathrm{d}V=\oint_\Gamma v\frac{\partial u}{\partial n}\mathrm{d}s-\int_\Omega \nabla v\cdot\nabla u\mathrm{d}V \tag{5.2.2}$$

式(5.2.1)、(5.2.2)称为第一格林公式.

由式(5.2.1)减式(5.2.2)得

$$\oint_\Omega (u\,\nabla^2 v-v\,\nabla^2 u)\mathrm{d}V=\oint_\Gamma \left(u\frac{\partial v}{\partial n}-v\frac{\partial u}{\partial n}\right)\mathrm{d}s \tag{5.2.3}$$

式(5.2.3)称为第二格林公式.

下面我们将利用格林公式导出调和函数的几个基本性质.

1. 调和函数的积分表达式

如图 5.3 所示,设 $M_0(x_0,y_0,z_0)$ 是 Ω 内的一定点,r 为 Ω 中任意一点到 $M_0(x_0,y_0,z_0)$ 的距离. 显然,除 M_0 点之外,函数

$$v=\frac{1}{r}=\frac{1}{\sqrt{(x-x_0)^2+(y-y_0)^2+(z-z_0)^2}} \tag{5.2.4}$$

在 Ω 内处处调和,而 M_0 点则是 v 的奇点. 由于函数 $v=\dfrac{1}{r}$ 在三维拉普拉斯方程的研究中起着重要的作用,故称它为三维拉普拉斯方程的基本解.

为使 $v=\dfrac{1}{r}$ 在某一闭区域内处处为调和函数,我们可设法把 M_0 点的一个无限小邻域挖掉. 例如,我们可将以 M_0 为球心、以足够小的正数 ε 为半径、界面为 Γ_ε 的球形区域 K_ε 挖掉(如图 5.3). 这样,$v=\dfrac{1}{r}$ 在 $\Omega-K_\varepsilon$ 内以及在边界 Γ 上连续且具有任意阶偏导数,此时 $v=\dfrac{1}{r}$ 在 $\Omega-K_\varepsilon$ 内处处调和. 于是,在第二格林公式(5.2.3)中令 $v=\dfrac{1}{r}$,并设 u 是 Ω 上的调和函数,则有

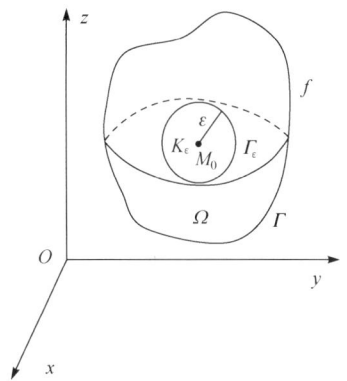

图 5.3

$$\int_{\Omega-K_\varepsilon}\left(u\nabla^2\frac{1}{r}-\frac{1}{r}\nabla^2 u\right)\mathrm{d}V=\oint_{\Gamma+\Gamma_\varepsilon}\left[u\frac{\partial}{\partial n}\left(\frac{1}{r}\right)-\frac{1}{r}\frac{\partial u}{\partial n}\right]\mathrm{d}s \quad (5.2.5)$$

因为 u 和 v 在 $\Omega-K_\varepsilon$ 内均为调和函数,即 $\nabla^2 u=\nabla^2 v=0$,所以

$$\oint_\Gamma\left[u\frac{\partial}{\partial n}\left(\frac{1}{r}\right)-\frac{1}{r}\frac{\partial u}{\partial n}\right]\mathrm{d}s+\oint_{\Gamma_\varepsilon}\left[u\frac{\partial}{\partial n}\left(\frac{1}{r}\right)-\frac{1}{r}\frac{\partial u}{\partial n}\right]\mathrm{d}s=0 \quad (5.2.6)$$

我们注意到,在球面 Γ_ε 上,Γ_ε 的外法向是与 r 反向的. 因此,

$$\frac{\partial}{\partial n}\left(\frac{1}{r}\right)=-\frac{\partial}{\partial r}\left(\frac{1}{r}\right)=\frac{1}{r^2}=\frac{1}{\varepsilon^2}$$

于是

$$\oint_{\Gamma_\varepsilon}u\frac{\partial}{\partial n}\left(\frac{1}{r}\right)\mathrm{d}s=\frac{1}{\varepsilon^2}\oint_{\Gamma_\varepsilon}u\,\mathrm{d}s=4\pi\bar{u}$$

同理有

$$\oint_{\Gamma_\varepsilon}\frac{1}{r}\frac{\partial u}{\partial n}\mathrm{d}s=\frac{1}{\varepsilon}\oint_{\Gamma_\varepsilon}\frac{\partial u}{\partial n}\mathrm{d}s=4\pi\varepsilon\left(\overline{\frac{\partial u}{\partial n}}\right)$$

其中 $\bar{u}$ 和 $\left(\overline{\dfrac{\partial u}{\partial n}}\right)$ 分别是 u 和 $\dfrac{\partial u}{\partial n}$ 在球面 Γ_ε 上的平均值. 将这两式代回式(5.2.6)左边第二个积分得

$$\oint_\Gamma\left[u\frac{\partial}{\partial n}\left(\frac{1}{r}\right)-\frac{1}{r}\frac{\partial u}{\partial n}\right]\mathrm{d}s+4\pi\bar{u}-4\pi\varepsilon\left(\overline{\frac{\partial u}{\partial n}}\right)=0$$

因 $u(x,y,z)$ 是 Ω 内的连续函数,故 $\dfrac{\partial u}{\partial n}$ 存在且有界. 所以,当 $\varepsilon\to 0$ 时有

$$\lim_{\varepsilon\to 0}\bar{u}=u(M_0),\quad \lim_{\varepsilon\to 0}\varepsilon\left(\overline{\frac{\partial u}{\partial n}}\right)=0$$

最后得到

$$\lim_{\varepsilon \to 0} \bar{u}(r) = u(M_0) = -\frac{1}{4\pi} \oint_\Gamma \left[u(M) \frac{\partial}{\partial n}\left(\frac{1}{r_{M_0 M}}\right) - \frac{1}{r_{M_0 M}} \frac{\partial u(M)}{\partial n} \right] ds \quad (5.2.7)$$

式中 M 表示 u 在界面 Γ 上点的坐标, 而 $r_{M_0 M} = \sqrt{(x-x_0)^2 + (y-y_0)^2 + (z-z_0)^2}$.

式(5.2.7)表明: 对于在 $\Omega + \Gamma$ 上存在一阶连续偏导数的调和函数 u, 它在 Ω 内任意一点 M_0 的值可用该函数在区域边界 Γ 上的值及其在 Γ 上的法向导数通过积分式(5.2.7)给出, 因此式(5.2.7)称为调和函数的积分表达式.

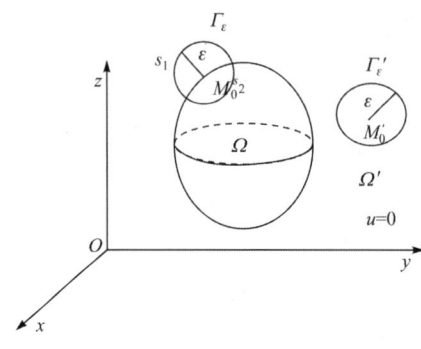

图 5.4

上面是假设 M_0 点是在 Ω 内, u 是 Ω 内的调和函数的情形下导出的积分表达式. 若 M_0 在 Ω 外或在边界 Γ 上, 或 u 不是调和函数, 情况又将如何? 下面分别讨论这几种情况.

(1) M_0 在 Ω 之外. 因为假设 u 只是 Ω 内的调和函数(如图 5.4), 即 u 只在区域 $\Omega + \Gamma$ 上才有定义. 因此, 积分

$$\oint_{\Gamma'_\varepsilon} u \frac{\partial}{\partial n}\left(\frac{1}{r}\right) ds = 0, \qquad \oint_{\Gamma'_\varepsilon} \frac{1}{r} \frac{\partial u}{\partial n} ds = 0$$

所以

$$\lim_{\varepsilon \to 0} \bar{u} = u(M'_0) = 0$$

即

$$\oint_\Gamma \left[u \frac{\partial}{\partial n}\left(\frac{1}{r}\right) - \frac{1}{r} \frac{\partial u}{\partial n} \right] ds = 0$$

(2) M_0 在边界 Γ 上. 如图 5.4 所示, 我们以点 M_0 为球心, 以任意小的正数 ε 为半径作一球面 Γ_ε, 可认为该球面有一半 s_2 在 Ω 内, 另一半 s_1 则在 Ω 外, 因此

$$\oint_{\Gamma_\varepsilon} u \frac{\partial}{\partial n}\left(\frac{1}{r}\right) ds = \int_{s_1} u \frac{\partial}{\partial n}\left(\frac{1}{r}\right) ds + \int_{s_2} u \frac{\partial}{\partial n}\left(\frac{1}{r}\right) ds$$

$$= \int_{s_1} u \frac{\partial}{\partial n}\left(\frac{1}{r}\right) ds = \int_{\frac{1}{2}\Gamma_\varepsilon} u \frac{\partial}{\partial n}\left(\frac{1}{r}\right) ds = \frac{1}{\varepsilon^2} \int_{\Gamma_\varepsilon} u \, ds = 2\pi \bar{u}$$

其中 $\bar{u}$ 是在半球面 $s_1 = \frac{1}{2}\Gamma_\varepsilon$ 上的平均值, 而积分

$$\lim_{\varepsilon \to 0} \oint_{\Gamma_\varepsilon} \frac{1}{r} \frac{\partial u}{\partial n} ds = \lim_{\varepsilon \to 0} 2\pi\varepsilon \left(\frac{\partial \bar{u}}{\partial r}\right) = 0$$

于是得 M_0 点在边界 Γ 上 $\bar{u}(r)$ 的值为

$$\lim_{\varepsilon \to 0} \bar{u}(r) = u(M_0) = -\frac{1}{2\pi} \oint_\Gamma \left[\frac{\partial}{\partial n}\left(\frac{1}{r}\right) - \frac{1}{r} \frac{\partial u}{\partial n} \right] ds \quad (5.2.8)$$

(3) u 不是 Ω 内的调和函数,但 u 在 $\Omega+\Gamma$ 上有一阶连续偏导数,在 Ω 有二阶连续偏导数. 设 $\nabla^2 u = F$,由第二格林公式得

$$\int_\Omega (u\nabla^2 v - v\nabla^2 u)\mathrm{d}V = \int_\Omega \left(u\nabla^2 \frac{1}{r} - \frac{1}{r}F\right)\mathrm{d}V = -\int_\Omega \frac{F}{r_{M_0 M}}\mathrm{d}V$$

$$= \oint_{\Gamma+\Gamma_\varepsilon} \left[u\frac{\partial}{\partial n}\left(\frac{1}{r}\right) - \frac{1}{r}\frac{\partial u}{\partial n}\right]\mathrm{d}s$$

$$= \oint_\Gamma \left[u\frac{\partial}{\partial n}\left(\frac{1}{r}\right) - \frac{1}{r}\frac{\partial u}{\partial n}\right]\mathrm{d}s + \oint_{\Gamma_\varepsilon} \left[u\frac{\partial}{\partial n}\left(\frac{1}{r}\right) - \frac{1}{r}\frac{\partial u}{\partial n}\right]\mathrm{d}s$$

与积分表达式(5.2.7)的推导过程完全相似,可得上式右边第二个积分为

$$\lim_{\varepsilon \to 0}\oint_{\Gamma_\varepsilon} \left[u\frac{\partial}{\partial n}\left(\frac{1}{r}\right) - \frac{1}{r}\frac{\partial u}{\partial n}\right]\mathrm{d}s = 4\pi\bar{u}(r) = 4\pi u(M_0)$$

最后得

$$u(M_0) = -\frac{1}{4\pi}\int_\Gamma \left[u(M)\frac{\partial}{\partial n}\left(\frac{1}{r_{M_0 M}}\right) - \frac{1}{r_{M_0 M}}\frac{\partial u(M)}{\partial n}\right]\mathrm{d}s - \int_\Omega \frac{F}{r_{M_0 M}}\mathrm{d}V \quad (5.2.9)$$

2. 伊诺曼内问题

$$\nabla^2 u = 0, \qquad \left.\frac{\partial u}{\partial n}\right|_\Gamma = f$$

有解的充要条件是

$$\oint_\Gamma f\mathrm{d}s = 0 \tag{5.2.10}$$

证明 设 u 是在以 Γ 为边界的区域 Ω 内的调和函数,在 $\Omega+\Gamma$ 上存在一阶连续偏导数,若在第二格林公式(5.2.3)中令 $v=1$,则得

$$\oint_\Gamma \frac{\partial u}{\partial n}\mathrm{d}s = 0$$

将 $\left.\frac{\partial u}{\partial n}\right|_\Gamma = f$ 代入上式即得要证明的结果(5.2.10).

3. 某区域 Ω 内的调和函数 u 在 Ω 内任意一点 M_0 的值,可用 u 在以点 M_0 为中心, a 为半径且完全落在 Ω 内的球面 Γ_a 上的平均值表示出,即

$$u(M_0) = \frac{1}{4\pi a^2}\oint_{\Gamma_a} u\mathrm{d}s \tag{5.2.11}$$

证明 因在球面 Γ_a 上 $\frac{1}{r} = \frac{1}{a}$, $\frac{\partial}{\partial n}\left(\frac{1}{r}\right) = \frac{\partial}{\partial r}\left(\frac{1}{r}\right) = -\frac{1}{a^2}$,而当 $a \to 0$ 时有

$$\lim_{a \to 0}\oint_{\Gamma_a} \frac{1}{r}\frac{\partial u}{\partial n}\mathrm{d}s = \lim_{a \to 0}\frac{1}{a}\oint_{\Gamma_a} \frac{\partial u}{\partial n}\mathrm{d}s = \lim_{a \to 0} 4\pi a\left(\frac{\overline{\partial u}}{\partial n}\right) = 0$$

所以把式(5.2.7)应用于球面 Γ_a 即得式(5.2.11)的结果.

4. 拉氏方程解的唯一性问题

我们将要说明:在区域 Ω 内的狄氏问题
$$\nabla^2 u=0, \qquad u|_\Gamma=0 \qquad (5.2.12)$$
的解是唯一确定的,而诺伊曼问题
$$\nabla^2 u=0, \qquad \frac{\partial u}{\partial n}\bigg|_\Gamma=0 \qquad (5.2.13)$$
的解除相差一常数外也是唯一确定的.

证明 设 u_1,u_2 都是式(5.2.12)和式(5.2.13)的解,则 $u=u_1-u_2$ 显然也满足式(5.2.12)和式(5.2.13),在式(5.2.12)或式(5.2.13)中令 $u=v=u_1-u_2$,则
$$\oint_\Gamma u\frac{\partial u}{\partial n}\mathrm{d}s = \int_\Omega (\nabla u)^2 \mathrm{d}V$$
由式(5.2.12)和式(5.2.13),上式左边都为零,于是
$$\int_\Omega (\nabla u)^2 \mathrm{d}V = 0$$
因此在 Ω 内必有
$$\nabla u\equiv 0 \quad 或 \quad \frac{\partial u}{\partial x}=\frac{\partial u}{\partial y}=\frac{\partial u}{\partial z}\equiv 0$$
这就证明了 $u=u_1-u_2$ 只能是零或一常数 c. 可见,对狄氏问题(5.2.12),$u=0$;而对诺伊曼问题(5.2.13),$u=c$.

5.3 格林函数

积分表达式虽然指出了可用调和函数在边界上的值及其在边界上法向导数来确定其在区域 Ω 内的值,但由于在该表达式中 $u|_\Gamma$ 和 $\frac{\partial u}{\partial n}\bigg|_\Gamma$ 交织在一起,故由式(5.2.7)不能直接提供狄氏问题或诺伊曼问题的解. 但如果能设法在式(5.2.7)中消去 $u|_\Gamma$ 或 $\frac{\partial u}{\partial n}\bigg|_\Gamma$,我们就可由式(5.2.7)直接得到诺伊曼或狄氏问题的解. 为此,下面我们引入格林函数来实现这一目的.

设第二格林公式(5.2.3)中的 u,v 都是 Ω 内的调和函数,且在 $\Omega+\Gamma$ 上存在一阶连续偏导数,于是
$$\oint_\Gamma \left(v\frac{\partial u}{\partial n}-u\frac{\partial v}{\partial n}\right)\mathrm{d}s = 0$$
用式(5.2.7)减上式得

$$u(M_0) = \oint_\Gamma \left\{ u\left[\frac{\partial v}{\partial n} - \frac{1}{4\pi} \frac{\partial}{\partial n}\left(\frac{1}{r_{M_0M}}\right) \right] + \left(\frac{1}{4\pi r_{M_0M}} - v\right)\frac{\partial u}{\partial n} \right\} ds \quad (5.3.1)$$

由式(5.3.1)右端可见,若选择调和函数 v 使之在边界上满足

$$v|_\Gamma = \frac{1}{4\pi r_{M_0M}}\bigg|_\Gamma$$

则式(5.3.1)右边第二项为零,即 $\dfrac{\partial u}{\partial n}\bigg|_\Gamma$ 这一项可在积分表达式中消失,于是

$$\begin{aligned} u(M_0) &= \oint_\Gamma u\left[\frac{\partial v}{\partial n} - \frac{\partial}{\partial n}\left(\frac{1}{4\pi r_{M_0M}}\right)\right] ds \\ &= -\oint_\Gamma u\frac{\partial}{\partial n}\left(\frac{1}{4\pi r_{M_0M}} - v\right) ds \end{aligned} \quad (5.3.2)$$

若令

$$G(M, M_0) = \frac{1}{4\pi r_{M_0M}} - v \quad (5.3.3)$$

则式(5.3.2)为

$$u(M_0) = -\oint_{\Gamma_a} u\frac{\partial G}{\partial n} ds \quad (5.3.4)$$

式(5.3.3)定义的函数称为格林函数. 由式(5.3.4)可知,只要确定了格林函数中的调和函数 v,且它在 $\Omega+\Gamma$ 上的一阶连续偏导数存在,则狄氏问题

$$\begin{cases} \nabla^2 u = 0, & \text{在 } \Omega \text{ 内} \\ u|_\Gamma = f(M) \end{cases}$$

的解可表为

$$u(M_0) = -\oint_{\Gamma_a} f(M)\frac{\partial G}{\partial n} ds \quad (5.3.5)$$

通过完全类似的讨论,我们可得泊松方程的狄氏问题

$$\begin{cases} \nabla^2 u = F, & \text{在 } \Omega \text{ 内} \\ u|_\Gamma = f \end{cases}$$

的解为

$$u(M_0) = -\oint_{\Gamma_a} f(M)\frac{\partial G}{\partial n} ds - \int_\Omega GF dV \quad (5.3.6)$$

由上面讨论可见,求解拉普拉斯方程或泊松方程的狄氏问题就归结为求所论区域内的格林函数,而格林函数的寻求又归结为求解下面的狄氏问题:

$$\begin{cases} \nabla^2 v = 0, & \text{在 } \Omega \text{ 内} \\ v|_\Gamma = \dfrac{1}{4\pi r_{M_0M}} \end{cases} \quad (5.3.7)$$

在静电学中,格林函数的物理意义是明显的. 设在以 Γ 为闭曲面的区域 Ω 内

的 M_0 点处有一单位正电荷,当 Γ 为导体壳时,在 Γ 内侧出现感应负电荷,Γ 外侧出现等量感应正电荷. 若 Γ 外侧接地,则外侧的感应正电荷消失,且电势为零. 此时,Γ 内任意一点 M 的电势是由 M_0 点的单位正电荷与 Γ 内侧的感应负电荷在该点产生的电势之和. 由电磁学知,M_0 点的单位正电荷在 M 点的电势为 $\dfrac{1}{4\pi r_{M_0M}}$(为了方便,取 $\varepsilon=1$),而 Γ 内侧的感应负电荷在 M 点的电势为 v,显然 v 就是式(5.3.7)的解. 于是 M 点的电势为

$$\frac{1}{4\pi r_{M_0M}}-v$$

这正好就是式(5.3.3). 因此,格林函数就是导电曲面 Γ 内的电势.

下面就两种特殊区域给出格林函数及其狄氏问题的解.

1. 半空间中的格林函数

若要在 $z\geqslant 0$ 的上半空间中求满足边界条件 $u|_{z=0}=f(x,y)$ 的拉普拉斯方程的解,即求下面拉氏方程的狄氏问题:

$$\begin{cases}\dfrac{\partial^2 u}{\partial x^2}+\dfrac{\partial^2 u}{\partial y^2}+\dfrac{\partial^2 u}{\partial z^2}=0, & z>0\\ u|_{z=0}=f(x,y)\end{cases} \quad (5.3.8)$$

根据以上讨论,只要能找到 $z>0$ 的上半空间中的格林函数,问题即告解决. 对于此问题,我们可用电像法求解. 方法是:在 $z>0$ 的上半空间的点 $M_0(x_0,y_0,z_0)$ 处放置单位正电荷,若再假设在 M_0 点关于 xy 平面的对称点 $M_1(x_0,y_0,-z_0)$ 处放置单位负电荷,则由这两个等量异号的单位点电荷在 $z=0$ 平面上产生的电势相互抵消(如图 5.5). 易见,由 M_1 处的单位负电荷在 $z\geqslant 0$ 上的电势 $\dfrac{1}{4\pi r_{M_1M}}$ 具有连续一阶导数,且在 $z>0$ 内显然是调和函数,于是得 $z>0$ 的上半空间的格林函数为

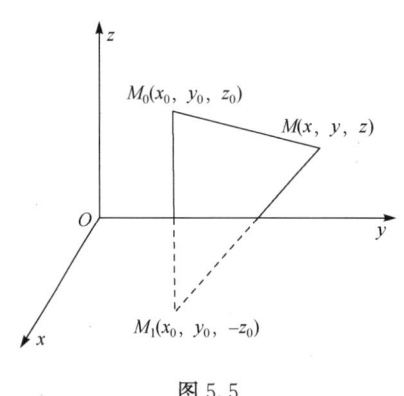

图 5.5

$$G(M,M_0)=\frac{1}{4\pi}\left(\frac{1}{r_{M_0M}}-\frac{1}{r_{M_1M}}\right) \quad (5.3.9)$$

对本问题,易得

$$\frac{\partial G}{\partial n}\bigg|_{z=0}=-\frac{\partial G}{\partial z}\bigg|_{z=0}$$

$$= \frac{1}{4\pi} \left\{ \frac{z-z_0}{[(x-x_0)^2+(y-y_0)^2+(z-z_0)^2]^{3/2}} - \frac{z+z_0}{[(x-x_0)^2+(y-y_0)^2+(z+z_0)^2]^{3/2}} \right\}_{z=0}$$

$$= -\frac{1}{2\pi} \frac{z_0}{[(x-x_0)^2+(y-y_0)^2+z_0^2]^{3/2}}$$

代入式(5.3.5)即得式(5.3.8)的解为

$$u(x_0,y_0,z_0) = \frac{1}{2\pi}\int_{-\infty}^{+\infty}\int_{-\infty}^{+\infty} \frac{z_0 f(x,y)}{[(x-x_0)^2+(y-y_0)^2+z_0^2]^{\frac{3}{2}}} \mathrm{d}x\mathrm{d}y$$

2. 球域内的格林函数

如图 5.6 所示，设 Γ 是半径为 R 的球面，在球内任取一点 M_0，延长 OM_0 到 M_1，在球面上必可找到一点 p，连接 PM_0，使得 $\triangle OM_0P \backsim \triangle OPM_1$，因此 $r_{OM_0} \cdot r_{OM_1} = R^2$；令 $\rho_0 = r_{0M_0}$，$\rho_1 = r_{0M_1}$，则有 $\rho_0\rho_1 = R^2$. 现于 M_0 点放置单位正电荷，于 M_1 点放置电量为 q 单位的负点电荷，只要适当选择 q 的值，即可使这两个点电荷在球面 Γ 上产生的电势相互抵消，即

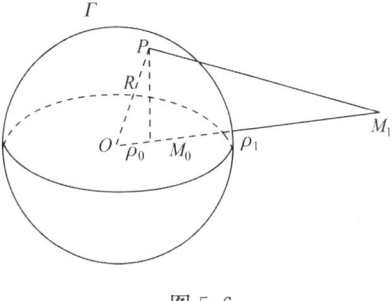

图 5.6

$$\frac{1}{4\pi r_{M_0P}} = \frac{q}{4\pi r_{M_1P}} \text{ 或 } q = \frac{r_{M_1P}}{r_{M_0P}} = \frac{R}{\rho_0} \text{（两相似三角形对应边成比例）}$$

于是，只要在 M_1 点放置 R/ρ_0 单位的负点电荷，由它激发的电势 $v = \dfrac{R}{4\pi\rho_0 r_{M_1M}}$ 在球面 Γ 的内部显然是调和函数，在 $\Omega + \Gamma$ 上具有连续一阶导数，且在 Γ 上满足

$$\frac{1}{4\pi r_{M_0M}}\bigg|_\Gamma = \frac{R}{4\pi\rho_0 r_{M_1M}}\bigg|_\Gamma$$

于是得球域的格林函数为

$$G(M_1,M_0) = \frac{1}{4\pi}\left(\frac{1}{r_{M_0M}} - \frac{R}{\rho_0 r_{M_1M}}\right) \tag{5.3.10}$$

现在我们来求球域内的狄氏问题

$$\begin{cases} \nabla^2 u = 0 \\ u|_\Gamma = f \end{cases} \quad \text{（在 Γ 内部）} \tag{5.3.11}$$

的解. 根据式(5.3.5)，先求 $\dfrac{\partial G}{\partial n}\bigg|_\Gamma$，因为

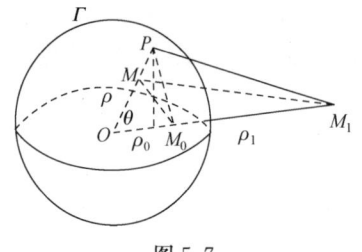

图 5.7

$$\frac{1}{r_{M_0M}} = \frac{1}{\sqrt{\rho_0^2 + \rho^2 - 2\rho\rho_0\cos\theta}}$$

$$\frac{1}{r_{M_1M}} = \frac{1}{\sqrt{\rho_1^2 + \rho^2 - 2\rho_1\rho\cos\theta}}$$

其中 $\rho = r_{OM}$，θ 为 OM_0 与 OM 的夹角，如图 5.7 所示，所以

$$G(M,M_0) = \frac{1}{4\pi}\left[\frac{1}{\sqrt{\rho_0^2 + \rho^2 - 2\rho\rho_0\cos\theta}} - \frac{R}{\rho_0\sqrt{\rho_1^2 + \rho^2 - 2\rho_1\rho\cos\theta}}\right]$$

$$= \frac{1}{4\pi}\left[\frac{1}{\sqrt{\rho_0^2 + \rho^2 - 2\rho\rho_0\cos\theta}} - \frac{R}{\sqrt{\rho_0^2\rho^2 + R^4 - 2R^2\rho\rho_0\cos\theta}}\right]$$

于是在球面 Γ 上有

$$\left.\frac{\partial G}{\partial n}\right|_\Gamma = \left.\frac{\partial G}{\partial \rho}\right|_\Gamma = -\frac{1}{4\pi}\left[\frac{\rho - \rho_0\cos\theta}{(\rho^2 + \rho_0^2 - 2\rho\rho_0\cos\theta)^{3/2}} - \frac{(\rho_0^2\rho - R^2\rho_0\cos\theta)R}{(R^4 + \rho_0^2\rho^2 - 2R^2\rho\rho_0\cos\theta)^{3/2}}\right]_{\rho=R}$$

$$= -\frac{1}{4\pi R}\frac{R^2 - \rho_0^2}{(R^2 + \rho_0^2 - 2R\rho_0\cos\theta)^{\frac{3}{2}}}$$

由式(5.3.5)即得球内狄氏问题(5.3.11)的解为

$$u(M_0) = \frac{1}{4\pi R}\iint_\Gamma \frac{(R^2 - \rho_0^2)f}{(R^2 + \rho_0^2 - 2R\rho_0\cos\theta)^{\frac{3}{2}}}ds$$

即

$$u(\rho_0, \phi_0, \varphi_0) = \frac{R}{4\pi}\int_0^{2\pi}\int_0^\pi f(R, \phi, \varphi)\frac{R^2 - \rho_0^2}{(R^2 + \rho_0^2 - 2R\rho_0\cos\theta)^{\frac{3}{2}}}\sin\phi d\phi d\varphi$$

其中 $(\rho_0, \phi_0, \varphi_0)$ 为点 M_0 的球坐标，(R, ϕ, φ) 为 Γ 上 p 点的球坐标，而 $\cos\theta$ 则是 OM_0 与 OP 夹角的余弦，由几何关系可将 $\cos\theta$ 用 ϕ, ϕ_0, φ 和 φ_0 表示为

$$\cos\theta = \cos\phi\cos\phi_0 + \sin\phi\sin\phi_0(\sin\varphi\sin\varphi_0 + \cos\varphi\cos\varphi_0)$$
$$= \cos\phi\cos\phi_0 + \sin\phi\sin\phi_0\cos(\varphi - \varphi_0)$$

因此

$$u(\rho_0, \phi_0, \varphi_0)$$
$$= \frac{R}{4\pi}\int_0^{2\pi}\int_0^\pi \frac{f(R, \phi, \varphi)(R^2 - \rho_0^2)\sin\phi d\phi d\varphi}{\{R^2 + \rho_0^2 - 2R\rho_0[\cos\phi\cos\phi_0 + \sin\phi\sin\phi_0\cos(\varphi - \varphi_0)]\}^{3/2}}$$

上式称为球泊松公式.

以上我们用电像法找到了半空间和球域内的格林函数，从而求出了这两种特殊区域内拉普拉斯方程狄氏问题的解. 但从严格的数学意义上说，这样的解应该说是形式上的. 因为我们是在假定定解问题有解的情况下得到解的表达式的，这些表

达式是否就是原定解问题的解,还需加以验证. 由于篇幅所限,我们略去了验证过程. 有兴趣的读者请参阅其他相关专著.

习 题 5

1. 在圆 $\rho=a$ 内求解拉普拉斯方程的第一边值问题 $\Delta_2 u=0(\rho<a), u|_{\rho=a}=f(\varphi)$.
2. 在半平面 $y>0$ 内求解拉普拉斯方程的第一边值问题 $\Delta_2 u=0(y>0), u|_{y=0}=f(x)$.
3. 在圆形域 $\rho \leqslant a$ 上求解 $\Delta u=0$ 使满足边界条件:
   (1) $u|_{\rho=a}=A\cos\varphi$
   (2) $u|_{\rho=a}=A+B\sin\varphi$
4. 试求层状空间 $0<z<H$ 第一边值问题的格林函数.
5. 已知半径为 ρ 的球面上电势分布为 $u|_{\rho=a}=f(\theta,\varphi)$,试用格林函数法求球内电势分布.
6. 求解有界弦的受迫振动问题:
$$\begin{cases} u_{tt}-a^2 u_{xx}=f(x,t), & 0<x<l, \quad t>0 \\ u(0,t)=0, & u(l,t)=0 \\ u(x,0)=0, & u_t(x,0)=0 \end{cases}$$

第 6 章 贝塞尔函数

在分离变量法一章中我们已经看到,当采用极坐标系时,经分离变量就会出现变系数的线性常微分方程——欧拉方程. 由于不同的物理问题有其特定的边界,故采用与之相应的坐标系将会给我们的求解带来很大的方便. 因此,本章将在柱坐标系下对定解问题进行变量分离,由此引出贝塞尔方程,并讨论此方程的性质及其求解过程.

6.1 贝塞尔方程的导出

设有一半径为 R 的无限长直圆柱热导体,其中瞬时温度分布随圆柱横截面中不同点而异,但任一横截面的温度分布相同,若圆柱面上的温度保持为零度,圆柱体的初始温度为已知函数 φ,我们来求 $t>0$ 时圆柱内的瞬时温度分布规律.

事实上,该问题已明确指出了瞬时温度分布与圆柱轴线方向无关,因此只需讨论任一横截面的温度分布情况即可. 若取沿圆柱轴线方向为 z 轴,则其任意一横截面就是 x-y 平面,用 u 表温度,则 u 与 z 无关. 这就归结为求一半径为 R 的侧面绝热的薄圆盘的温度分布规律,即有定解问题:

$$\begin{cases} \dfrac{\partial u}{\partial t}=a^2\left(\dfrac{\partial^2 u}{\partial x^2}+\dfrac{\partial^2 u}{\partial y^2}\right), & x^2+y^2<R^2,\quad t>0 \quad (6.1.1)\\ u|_{x^2+y^2=R^2}=0 & \quad (6.1.2)\\ u|_{t=0}=\varphi(x,y) & \quad (6.1.3) \end{cases}$$

首先,将空间变量与时间变量分离,即令 $u(x,y,z)=v(x,y)T(t)$ 代入式(6.1.1)得

$$vT'=a^2\left(\dfrac{\partial^2 v}{\partial x^2}+\dfrac{\partial^2 v}{\partial y^2}\right)T$$

即

$$\dfrac{T'}{a^2 T}=\dfrac{1}{v}\left(\dfrac{\partial^2 v}{\partial x^2}+\dfrac{\partial^2 v}{\partial y^2}\right)$$

上式左端是 t 的函数,而右端是 x,y 的函数,因此,两边恒等的条件是它们等于同一常数. 令此常数为 $-\lambda$,于是得

$$T'(t)+a^2\lambda T(t)=0 \tag{6.1.4}$$

$$\dfrac{\partial^2 v(x,y)}{\partial x^2}+\dfrac{\partial^2 v(x,y)}{\partial y^2}+\lambda v=0 \tag{6.1.5}$$

(此处 $\lambda>0$. 虽然 $\lambda=0$ 存在常数解,但这对我们没有实际意义. 因为我们这里讨论的是随时间变化的温度分布,故只取 $\lambda>0$).

易得式(6.1.4)的解为
$$T(t)=ce^{-a^2\lambda t}$$

方程(6.1.5)称为亥姆霍兹(Helmholtz)方程. 为了求解的方便,根据问题的边界(圆周),我们在平面极坐标系中求解式(6.1.5).

在平面极坐标系中,坐标变量为极径 $\rho(0\leqslant\rho\leqslant R)$ 和极角 $\theta(0\leqslant\theta\leqslant 2\pi)$,此时亥姆霍兹方程及其边界条件取如下形式:

$$\frac{\partial^2 v(\rho,\theta)}{\partial \rho^2}+\frac{1}{\rho}\frac{\partial v(\rho,\theta)}{\partial \rho}+\frac{1}{\rho^2}\frac{\partial^2 v(\rho,\theta)}{\partial \theta^2}+\lambda v(\rho,\theta)=0, \quad \rho<R \quad (6.1.6)$$

$$v(R,\theta)=0 \quad (6.1.7)$$

令 $v(\rho,\theta)=p(\rho)\psi(\theta)$,代入式(6.1.6)得

$$\psi\frac{\mathrm{d}^2 p}{\mathrm{d}\rho^2}+\frac{\psi}{\rho}\frac{\mathrm{d}p}{\mathrm{d}\rho}+\frac{p}{\rho^2}\frac{\mathrm{d}^2\psi}{\mathrm{d}\theta^2}+\lambda p\psi=0$$

即

$$\frac{\rho^2}{p}\frac{\mathrm{d}^2 p}{\mathrm{d}\rho^2}+\frac{\rho}{p}\frac{\mathrm{d}p}{\mathrm{d}\rho}+\frac{1}{\psi}\frac{\mathrm{d}^2\psi}{\mathrm{d}\theta^2}+\lambda \rho^2=0$$

或

$$\frac{\rho^2}{p}\frac{\mathrm{d}^2 p}{\mathrm{d}\rho^2}+\frac{\rho}{p}\frac{\mathrm{d}p}{\mathrm{d}\rho}+\lambda \rho^2=-\frac{1}{\psi}\frac{\mathrm{d}^2\psi}{\mathrm{d}\theta^2}$$

令分离常数为 μ,分别得到关于 ρ 和 θ 的常微分方程

$$\psi''(\theta)+\mu\psi(\theta)=0 \quad (6.1.8)$$

$$\rho^2 p''(\rho)+\rho p'(\rho)+(\lambda\rho^2-\mu)p(\rho)=0 \quad (6.1.9)$$

由式(6.1.8)及隐含的自然周期条件 $u(\rho,\theta,t)=u(\rho,\theta+2\pi,t)$ 有

$$\psi(\theta)=\psi(\theta+2\pi) \quad (6.1.10)$$

式(6.1.8)满足式(6.1.10)的解为

$$\psi(\theta)=c_1 e^{\sqrt{-\mu}\theta}+c_2 e^{-\sqrt{-\mu}\theta} \quad (6.1.11)$$

当 $\mu<0$ 时,式(6.1.11)中指数因子的根号内为实数,代入周期条件(6.1.10)可知只有 $c_1=c_2=0$ 时才能满足,即 $\mu<0$ 时只有零解.

当 $\mu=0$ 时,式(6.1.8)的解为

$$\psi(\theta)=c_1\theta+c_2$$

由式(6.1.10)得

$$c_1\theta+c_2=c_1(\theta+2\pi)+c_2$$

得

$$c_1=0, \quad \psi_0(\theta)=c_2=c_0 \quad (c_0 \text{ 为任意常数})$$

当 $\mu>0$ 时,令 $\mu=n^2$,于是式(6.1.11)变为
$$\psi(\theta)=c_n\mathrm{e}^{in\theta}+c_n\mathrm{e}^{-in\theta}$$
用实数形式表为
$$\psi(\theta)=a_n\cos n\theta+b_n\sin n\theta \tag{6.1.12}$$

要满足自然周期条件(6.1.10),式(6.1.12)中的 n 只能取 $\pm 1,\pm 2,\pm 3,\cdots$,但因 $\cos n\theta$ 与 $\cos(-n\theta)$、$\sin n\theta$ 与 $\sin(-n\theta)$ 线性相关,故只取 $n=1,2,\cdots$(或只取 $n=-1,-2,\cdots$)即可. 至此,关于时间和极角的方程已解出,剩下的就是求关于极径 ρ 的函数 $p(\rho)$ 所满足的方程.

将 $\mu=n^2$ 代入式(6.1.9)得
$$\rho^2 p''(\rho)+\rho p'(\rho)+(\lambda\rho^2-n^2)p(\rho)=0 \tag{6.1.13}$$

这便是 n 阶贝塞尔方程. 若作代换 $r=\sqrt{\lambda}\rho$,且记 $F(r)=p\left(\dfrac{r}{\sqrt{\lambda}}\right)$

则
$$\frac{\mathrm{d}p}{\mathrm{d}\rho}=\frac{\mathrm{d}p}{\mathrm{d}r}\frac{\mathrm{d}r}{\mathrm{d}\rho}=\sqrt{\lambda}\frac{\mathrm{d}F}{\mathrm{d}r}$$
$$\frac{\mathrm{d}^2 p}{\mathrm{d}\rho^2}=\frac{\mathrm{d}}{\mathrm{d}\rho}\left(\sqrt{\lambda}\frac{\mathrm{d}F}{\mathrm{d}r}\right)=\lambda\frac{\mathrm{d}^2 F}{\mathrm{d}r^2}$$

代入式(6.1.13)并将 ρ 换为 $\dfrac{r}{\sqrt{\lambda}}$ 即得 n 阶贝塞尔方程的常见形式
$$r^2 F''(r)+rF'(r)+(r^2-n^2)F(r)=0 \tag{6.1.14}$$

根据条件(6.7)和解的有限性要求,$p(\rho)$ 在 $\rho=R$ 处和 $\rho=0$ 处还应满足如下条件:
$$\begin{cases} p(\rho)|_{\rho=R}=0 \\ p(\rho)|_{\rho=0}<\infty \end{cases} \tag{6.1.15}$$

式(6.1.15)第二式称为自然边界条件(有限性条件). 这样,原定解问题最终归结为求 n 阶贝塞尔方程满足条件(6.1.15)的解.

6.2 贝塞尔方程的解

本节我们来讨论 n 阶贝塞尔方程(6.1.14)的求解方法. 一般情况下,贝塞尔方程的解不能用初等函数表出. 下面将看到,即使 n 仅限于实数的情形,其解也是由特殊函数——贝塞尔函数表出.

为了与其他同类书籍符号一致,我们按惯例用 x 和 y 分别代替式(6.1.14)中的 r 和 F,于是式(6.1.14)变为
$$x^2 y''(x)+xy'(x)+(x^2-n^2)y(x)=0 \tag{6.2.1}$$

我们先假设 $n\geqslant 0$,且令式(6.2.1)的解为

$$y = x^c(a_0 + a_1 x + a_2 x^2 + \cdots + a_k x^k + \cdots)$$
$$= \sum_{k=0}^{\infty} a_k x^{c+k}, \quad a_0 \neq 0 \tag{6.2.2}$$

其中 c 和 a_k 为待定常数，$k = 0, 1, 2, \cdots$，将

$$y' = \sum_{k=0}^{\infty} (c+k) a_k x^{c+k-1}$$

$$y'' = \sum_{k=0}^{\infty} (c+k)(c+k-1) a_k x^{c+k-2}$$

以及式(6.2.2)代入式(6.2.1)得

$$\sum_{k=0}^{\infty} [(c+k)(c+k-1) + (c+k) + (x^2 - n^2)] a_k x^{c+k}$$
$$= \sum_{k=0}^{\infty} [(c+k)^2 - n^2 + x^2] a_k x^{c+k}$$
$$= \sum_{k=0}^{\infty} [(c+k)^2 - n^2] a_k x^{c+k} + \sum_{k=0}^{\infty} a_k x^{c+k+2}$$

对后一和项作求和指标变换 $k = n - 2$ 得

$$\sum_{k=0}^{\infty} a_k x^{c+k+2} = \sum_{n=2}^{\infty} a_{n-2} x^{c+n} = \sum_{k=2}^{\infty} a_{k-2} x^{c+k}$$

代回上式且将 $k = 0, 1$ 两项分出来得

$$(c^2 - n^2) a_0 x^c + [(c+1)^2 - n^2] a_1 x^{c+1} + \sum_{k=2}^{\infty} \{[(c+k)^2 - n^2] a_k + a_{k-2}\} x^{c+k} = 0$$

上式恒等的条件是各 x 幂的系数全为零，于是有

$$a_0(c^2 - n^2) = 0 \qquad \text{①}$$
$$a_1[(c+1)^2 - n^2] = 0 \qquad \text{②}$$
$$[(c+k)^2 - n^2] a_k + a_{k-2} = 0, \quad k = 2, 3, \cdots \qquad \text{③}$$

由式①得 $c = \pm n$，代入式②得 $a_1 = 0$. 先取 $c = n$ 并代入式③得

$$a_k = -\frac{a_{k-2}}{k(2n+k)} \tag{6.2.3}$$

因 $a_1 = 0$，由式(6.2.3)可知，$a_1 = a_3 = a_5 = \cdots = a_{2m+1} = \cdots = 0$，$(m = 0, 1, 2 \cdots)$，而 $a_2, a_4, \cdots, a_{2k}, \cdots$ 则可由 a_0 表出，即

$$a_2 = \frac{-a_0}{2(2n+2)}$$

$$a_4 = \frac{-a_2}{4(2n+4)} = \frac{a_0}{2 \cdot 4(2n+2)(2n+4)}$$

$$a_6 = \frac{-a_0}{2 \cdot 4 \cdot 6(2n+2)(2n+4)(2n+6)}$$

……

$$a_{2m} = (-1)^m \frac{a_0}{2 \cdot 4 \cdot 6 \cdots 2m(2n+2)(2n+4)\cdots(2n+2m)}$$
$$= (-1)^m \frac{a_0}{2^{2m} m! \; (n+1)(n+2)\cdots(n+m)} \tag{6.2.4}$$
……

于是得式(6.2.2)的一般项为

$$a_k x^{c+k} = a_n x^{n+2m} = (-1)^m \frac{a_0 x^{n+2m}}{2^{2m} m! \; (n+1)(n+2)\cdots(n+m)} \tag{6.2.5}$$

显然,只要给定 a_0 的值,便得到式(6.2.1)的一个特解. 为使结果显得简洁,我们取 a_0 为如下形式:

$$a_0 = \frac{1}{2^n \Gamma(n+1)}$$

这样选取 a_0 是为了使 2 的幂次与变量 x 的幂次相同,且可利用下面 Γ 函数的性质

$$(n+m)(n+m-1)\cdots(n+2)(n+1)\Gamma(n+1) = \Gamma(n+m+1)$$

而使式(6.2.4)中的分母得以简化,此时式(6.2.4)可表为

$$a_{2m} = (-1)^m \frac{1}{2^{n+2m} m! \; \Gamma(n+m+1)} \tag{6.2.6}$$

由此得到式(6.2.1)的一个特解为

$$y_1(x) = \sum_{m=0}^{\infty} (-1)^m \frac{x^{n+2m}}{2^{n+2m} m! \Gamma(n+m+1)}$$

用比值判别法易证该级数在整个数轴上收敛,由这个无穷级数所确定的函数称为 n 阶第一类贝塞尔函数,并记为

$$J_n(x) = \sum_{m=0}^{\infty} (-1)^m \frac{x^{n+2m}}{2^{n+2m} m! \Gamma(n+m+1)}, \quad n \geqslant 0 \tag{6.2.7}$$

若取 n 为正整数或零,由 Γ 函数性质(见附录 B)有,$\Gamma(n+m+1) = (n+m)!$,于是得

$$J_n(x) = \sum_{m=0}^{\infty} (-1)^m \frac{x^{n+2m}}{2^{n+2m} m! (n+m)!}, \quad n = 0,1,2,\cdots \tag{6.2.8}$$

再取 $c = -n$,按完全类似的方法可得式(5.2.1)的另一特解为

$$J_{-n}(x) = \sum_{m=0}^{\infty} (-1)^m \frac{x^{-n+2m}}{2^{-n+2m} m! \Gamma(-n+m+1)}, \quad n \geqslant 0 \tag{6.2.9}$$

由式(6.2.7)和式(6.2.9)可见,只要在式(6.2.7)中将 n 换为 $-n$,或在式(6.2.9)中将 $-n$ 换成 n,两式便可相互得出. 因此,无论 n 是正还是负,总可用式(6.2.7)统一地表达第一类贝塞尔函数.

事实上,当 n 为整数时,$J_n(x)$ 和 $J_{-n}(x)$ 是线性相关的. 证明如下:

设 n 为某正整数 N,由 Γ 函数定义知,在 $m = 0,1,2,\cdots,(N-1)$ 时,式(6.2.9)

中这些项因 $\dfrac{1}{\Gamma(-N+m+1)}=0$ 而均等于零,只有从 $m=N$ 项起级数才开始出现非零项,于是式(6.2.9)变为

$$J_{-N}(x) = \sum_{m=N}^{\infty}(-1)^m \frac{x^{-N+2m}}{2^{-N+2m}m!\Gamma(-N+m+1)}$$

$$= (-1)^N\left[\frac{x^N}{2^N N!} - \frac{x^{N+2}}{2^{N+2}(N+1)!} + \frac{x^{N+4}}{2!2^{N+4}(N+2)!} + \cdots\right]$$

$$= (-1)^N J_N(x)$$

这就证明了 $J_N(x)$ 和 $J_{-N}(x)$ 的确是线性相关的.

下面讨论当 n 不为整数时式(6.2.1)的解. 由式(6.2.7)和式(6.2.9)容易看出,此时 $J_n(x)$ 和 $J_{-n}(x)$ 是线性无关的. 由微分方程理论可知,式(6.2.1)的通解可表示为这两个特解的线性叠加,即

$$y(x) = AJ_n(x) + BJ_{-n}(x) \tag{6.2.10}$$

其中 A、B 均为任意常数.

当 n 不为整数时,方程(6.2.1)的通解除了可以写成式(6.2.10)的形式之外,还可写成其他的形式. 只要能找到方程(6.2.1)另一个与 $J_n(x)$ 线性无关的特解,即可与 $J_n(x)$ 构成 n 阶贝塞尔方程的通解. 这样的解其实并不难找到,例如,在式(6.2.10)中取 $A=\cot n\pi, B=-\csc n\pi$,即得式(6.2.1)的一个特解

$$N_n(x) = \cot n\pi \cdot J_n(x) = -\csc n\pi \cdot J_{-n}(x)$$

$$= \frac{J_n(x)\cos n\pi - J_{-n}(x)}{\sin n\pi}, \qquad n \neq \text{整数} \tag{6.2.11}$$

由式(6.2.11)确定的函数 $N_n(x)$ 称为第二类贝塞尔函数,也叫做诺伊曼(Neumann)函数. 容易看出,当 $n \neq$ 整数时,$N_n(x)$ 与 $J_n(x)$ 是线性无关的,于是式(5.2.1)的通解又可表为 $J_n(x)$ 与 $N_n(x)$ 的线性叠加

$$y(x) = AJ_n(x) + BN_n(x) \tag{6.2.12}$$

6.3 n 为整数时贝塞尔方程的通解

上一节的讨论已指出,当 n 不为整数时,贝塞尔方程的通解由式(6.2.10)或式(6.2.12)给出. 而当 n 为整数时,$J_n(x)$ 和 $J_{-n}(x)$ 实际上是线性相关的,因此它们不能构成式(6.2.1)的通解. 为了得到 n 为整数时式(6.2.1)的通解,还要找出一个与 $J_n(x)$ 线性无关的特解. 可另一特解应具有什么样的形式呢? 我们不妨重新审视第二类贝塞尔函数 $N_n(x)$,显然,$n=$ 整数时式(6.2.11)的右边没有意义. 因此,若坚持用第二类贝塞尔函数作为式(6.2.1)的另一特解,就必须修改第二类贝塞尔函数的定义. 我们不防将第二类贝塞尔函数重新定义为

$$N_n(x) = \lim_{\alpha \to n} \frac{J_\alpha(x)\cos\alpha\pi - J_{-\alpha}(x)}{\sin\alpha\pi}, \qquad n \text{ 为整数} \qquad (6.3.1)$$

由以上定义可知,当 $\alpha \to n$ 时,$J_{-n}(x) = (-1)^n J_n(x) = \cos n\pi J_n(x)$,所以式 (6.3.1) 右边的极限为"$\frac{0}{0}$"未定式,将 $J_\alpha(x)$ 和 $J_{-\alpha}(x)$ 代入式(6.3.1)并应用洛必达法则可最后得

$$N_0(x) = \frac{2}{\pi} J_0(x)\left(\ln\frac{x}{2} + c\right) - \frac{2}{\pi}\sum_{m=0}^{\infty}\frac{(-1)^m \left(\frac{x}{2}\right)^{2m}}{(m!)^2}\sum_{k=0}^{m-1}\frac{1}{k+1}$$

$$N_n(x) = \frac{2}{\pi} J_n(x)\left(\ln\frac{x}{2} + c\right) - \frac{1}{\pi}\sum_{m=0}^{n-1}\frac{(n-m-1)}{m!}\left(\frac{x}{2}\right)^{-n+2m}$$

$$- \frac{1}{\pi}\sum_{m=0}^{\infty}\frac{(-1)^m \left(\frac{x}{2}\right)^{n+2m}}{m!(n+m)!}\left(\sum_{k=0}^{n+m-1}\frac{1}{k+1} + \sum_{k=0}^{m-1}\frac{1}{k+1}\right), \quad n=1,2,3\cdots$$

$$(6.3.2)$$

其中 $c = \lim_{n\to\infty}(1 + \frac{1}{2} + \frac{1}{3} + \cdots + \frac{1}{n} - \ln n)$ 称为欧拉常数. 由 $J_n(x)$ 的级数展开式和式(6.3.2)容易看出,当 $x=0$ 时,$J_n(x)$ 为有限值,而 $N_n(x)$ 则为无穷大,因此 $J_n(x)$ 与 $N_n(x)$ 确是线性无关的. 于是我们可用 $J_n(x)$ 和重新定义的第二类贝塞尔函数 $N_n(x)$ 构成整数阶贝塞尔方程的通解. 这样一来,无论 n 是否整数,我们可统一将贝塞尔方程(6.2.1)的通解表为

$$y(x) = A J_n(x) + B N_n(x)$$

式中 A、B 为任意常数,而 n 为任意实数.

6.4 贝塞尔函数的递推公式

各阶贝塞尔函数并非彼此孤立,它们之间由下面导出的递推公式联系着. 在式(6.2.7)中分别令 $n=0$ 和 $n=1$,并写出其对应的展开式有

$$J_0(x) = 1 - \frac{x^2}{2^2} + \frac{x^4}{2^4 (2!)^2} - \frac{x^6}{2^6 (3!)^2} + \cdots + (-1)^k \frac{x^{2k}}{2^{2k}(k!)^2} + \cdots \qquad (6.4.1)$$

$$J_1(x) = \frac{x}{2} - \frac{x^3}{2^3 \cdot 2!} + \frac{x^5}{2^5 \cdot 2! \, 3!} - \cdots + (-1)^k \frac{x^{2k+1}}{2^{2k+1} k! \, (k+1)!} - \cdots$$

$$(6.4.2)$$

由式(6.4.1)对 x 求微商得

$$\frac{dJ_0(x)}{dx} = -\frac{x}{2} + \frac{x^3}{2^3 \cdot 2!} - \frac{x^5}{2^5 \cdot 2! \, 3!} + \cdots - (-1)^k \frac{x^{2k+1}}{2^{2k+1} k! \, (k+1)!} + \cdots$$

$$= -\left[\frac{x}{2} - \frac{x^3}{2^3 \cdot 2!} + \frac{x^5}{2^5 \cdot 2! \ 3!} - \cdots + (-1)^k \frac{x^{2k+1}}{2^{2k+1} k! \ (k+1)!} + \cdots\right]$$

$$= -J_1(x) \tag{6.4.3}$$

现用 x 乘以 $J_1(x)$ 并对 x 微商得

$$\frac{\mathrm{d}[xJ_1(x)]}{\mathrm{d}x} = \frac{\mathrm{d}}{\mathrm{d}x}\left[\frac{x^2}{2} - \frac{x^4}{2^3 \cdot 2!} + \frac{x^6}{2^5 \cdot 2! \ 3!} - \cdots + (-1)^k \frac{x^{2k+2}}{2^{2k+1} k! \ (k+1)!} - \cdots\right]$$

$$= x - \frac{x^3}{2^2} + \cdots + (-1)^k \frac{x^{2k+1}}{2^{2k}(k!)^2} - \cdots$$

$$= x\left[1 - \frac{x^2}{2^2} + \cdots + (-1)^k \frac{x^{2k}}{2^{2k}(k!)^2} - \cdots\right]$$

上式右边括号里恰好是 $J_0(x)$，因此有

$$\frac{\mathrm{d}[xJ_1(x)]}{\mathrm{d}x} = xJ_0(x) \tag{6.4.4}$$

于是 $J_0(x)$ 与 $J_1(x)$ 便通过式(6.4.3)或式(6.4.4)联系起来，若知道了 $J_1(x)$，由 (6.4.4)很容易就可得到 $J_0(x)$，反之，可由式(6.4.3)得到 $J_1(x)$.

将上面结果推广，可得

$$\frac{\mathrm{d}[x^n J_n(x)]}{\mathrm{d}x} = x^n J_{n-1}(x) \tag{6.4.5}$$

$$\frac{\mathrm{d}[x^{-n} J_n(x)]}{\mathrm{d}x} = -x^n J_{n+1}(x) \tag{6.4.6}$$

式(6.4.5)和式(6.4.6)可由下面的直接计算而得到证明：

$$\frac{\mathrm{d}[x^n J_n(x)]}{\mathrm{d}x} = \frac{\mathrm{d}}{\mathrm{d}x} \sum_{m=0}^{\infty} (-1)^m \frac{x^{2n+2m}}{2^{n+2m} m! \Gamma(n+m+1)}$$

$$= \sum_{m=0}^{\infty} (-1)^m \frac{2(m+n)x^{2n+2m-1}}{2^{n+2m} m! \Gamma(n+m+1)}$$

$$= x^n \sum_{m=0}^{\infty} (-1)^m \frac{x^{n+2m-1}}{2^{(n-1)+2m} m! \Gamma(n+m)}$$

$$= x^n \sum_{m=0}^{\infty} (-1)^m \frac{x^{(n-1)+2m}}{2^{(n-1)+2m} m! \Gamma[(n-1)+m+1]}$$

$$= x^n J_{n-1}(x)$$

$$\frac{\mathrm{d}[x^{-n} J_n(x)]}{\mathrm{d}x} = \frac{\mathrm{d}}{\mathrm{d}x} \sum_{m=0}^{\infty} (-1)^m \frac{x^{2m}}{2^{n+2m} m! \Gamma(n+m+1)}$$

$$= \sum_{m=0}^{\infty} (-1)^m \frac{2m x^{2m-1}}{2^{n+2m} m! \Gamma(n+m+1)}$$

$$= x^{-n} \sum_{m=0}^{\infty} (-1)^m \frac{2m x^{n+2m-1}}{2^{n+2m} m! \Gamma(n+m+1)}$$

作求和指标变换，即令 $m=k+1$，得

$$\frac{d[x^{-n}J_n(x)]}{dx} = x^{-n}\sum_{k=-1}^{\infty}(-1)^{k+1}\frac{2(k+1)x^{n+2k+1}}{2^{n+2(k+1)}(k+1)!\Gamma(n+k+2)}$$

$$=-x^{-n}\sum_{k=-1}^{\infty}(-1)^k\frac{x^{n+2k+1}}{2^{(n+1)+2k}k!\Gamma[(n+1)+k+1]}$$

$$=-x^{-n}\sum_{k=0}^{\infty}(-1)^k\frac{x^{(n+1)+2k}}{2^{(n+1)+2k}k!\Gamma[(n+1)+k+1]} \quad (|(-1)!|\to\infty)$$

$$=-x^{-n}\sum_{m=0}^{\infty}(-1)^m\frac{x^{(n+1)+2m}}{2^{(n+1)+2m}m!\Gamma[(n+1)+m+1]}$$

$$=x^n J_{n+1}(x)$$

这就证明了式(6.4.5)和式(6.4.6)。

将式(6.4.5)和式(6.4.6)两式左边的导数求出并化简可得

$$xJ_n'(x)+nJ_n(x)=xJ_{n-1}(x)$$
$$xJ_n'(x)-nJ_n(x)=-xJ_{n+1}(x)$$

将上两式分别相加和相减得

$$J_{n-1}(x)-J_{n+1}(x)=2J_n'(x) \tag{6.4.7}$$

$$J_{n-1}(x)+J_{n+1}(x)=\frac{2}{x}nJ_n(x) \tag{6.4.8}$$

式(6.4.3)～(6.4.8)便是贝塞尔函数的递推公式。由式(6.4.8)可见，若已知 $J_{n-1}(x)$ 和 $J_n(x)$，即可求出 $J_{n+1}(x)$。又例如已知 $J_0(x)$，则可由式(6.4.3)求得 $J_1(x)$，再由式(6.4.8)便可求出 $J_2(x)$，…。在贝塞尔函数的分析和运算中，以上递推公式是非常有用的。

对于第二类贝塞尔函数，通过类似的讨论，可给出与第一类贝塞尔函数相同的递推公式：

$$\begin{cases}\dfrac{d[x^n N_n(x)]}{dx}=x^n N_{n-1}(x)\\[2mm]\dfrac{d[x^{-n}N_n(x)]}{dx}=-x^n N_{n+1}(x)\\[2mm]N_{n-1}(x)+N_{n+1}(x)=\dfrac{2}{x}nN_n(x)\\[2mm]N_{n-1}(x)-N_{n+1}(x)=2N_n'(x)\end{cases} \tag{6.4.9}$$

下面以半奇数阶贝塞尔函数为例说明递推公式的应用。

根据贝氏函数的级数形式，当 $n=\dfrac{1}{2}$ 时有

$$J_{\frac{1}{2}}(x) = \sum_{m=1}^{\infty} (-1)^m \frac{1}{m!\Gamma\left(\frac{3}{2}+m\right)} \left(\frac{x}{2}\right)^{\frac{1}{2}+2m}$$

由 Γ 函数性质(参阅附录 B)和定义有

$$\Gamma\left(\frac{3}{2}+m\right) = \frac{1 \cdot 3 \cdot 5 \cdots (2m+1)}{2^{m+1}} \Gamma\left(\frac{1}{2}\right)$$
$$= \frac{1 \cdot 3 \cdot 5 \cdots (2m+1)}{2^{m+1}} \sqrt{\pi}$$

于是

$$J_{\frac{1}{2}}(x) = \sum_{m=0}^{\infty} (-1)^m \frac{2^{m+1}}{m!(2m+1)\cdots 5 \cdot 3 \cdot 1 \sqrt{\pi}} \left(\frac{x}{2}\right)^{\frac{1}{2}+2m}$$
$$= \sqrt{\frac{2}{\pi x}} \sum_{m=0}^{\infty} \frac{(-1)^m}{(2m+1)!} x^{2m+1} = \sqrt{\frac{2}{\pi x}} \sin x$$

同理可得

$$J_{-\frac{1}{2}}(x) = \sqrt{\frac{2}{\pi x}} \cos x$$

由递推公式(5.4.8)可得

$$J_{\frac{3}{2}}(x) = \frac{1}{x} J_{\frac{1}{2}}(x) - J_{-\frac{1}{2}}(x)$$
$$= \sqrt{\frac{2}{\pi x}} \left(-\cos x + \frac{1}{x} \sin x\right)$$
$$= -\sqrt{\frac{2}{\pi}} x^{3/2} \frac{1}{x} \frac{\mathrm{d}}{\mathrm{d}x} \left(\frac{\sin x}{x}\right)$$
$$= -\sqrt{\frac{2}{\pi}} x^{3/2} \left(\frac{1}{x} \frac{\mathrm{d}}{\mathrm{d}x}\right) \left(\frac{\sin x}{x}\right)$$

同理有

$$J_{-\frac{3}{2}}(x) = \sqrt{\frac{2}{\pi}} x^{\frac{3}{2}} \left(\frac{1}{x} \frac{\mathrm{d}}{\mathrm{d}x}\right) \left(\frac{\cos x}{x}\right)$$

推广到任意半奇数阶贝氏函数得

$$\begin{cases} J_{n+\frac{1}{2}}(x) = (-1)^n \sqrt{\frac{2}{\pi}} x^{n+\frac{1}{2}} \left(\frac{1}{x} \frac{\mathrm{d}}{\mathrm{d}x}\right)^n \left(\frac{\sin x}{x}\right) \\ J_{-(n+\frac{1}{2})}(x) = \sqrt{\frac{2}{\pi}} x^{n+\frac{1}{2}} \left(\frac{1}{x} \frac{\mathrm{d}}{\mathrm{d}x}\right)^n \left(\frac{\cos x}{x}\right) \end{cases} \quad (6.4.10)$$

由式(6.4.10)可见,半奇数阶贝塞尔函都是初等函数.需要强调的是:上面出现的

$\left(\dfrac{1}{x}\dfrac{\mathrm{d}}{\mathrm{d}x}\right)$ 是作为一个完整的微分算子，$\left(\dfrac{1}{x}\dfrac{\mathrm{d}}{\mathrm{d}x}\right)^n$ 表示用 $\left(\dfrac{1}{x}\dfrac{\mathrm{d}}{\mathrm{d}x}\right)$ 对某函数连续作用 n 次，因此 $\left(\dfrac{1}{x}\dfrac{\mathrm{d}}{\mathrm{d}x}\right)^n$ 与 $\dfrac{1}{x^n}\dfrac{\mathrm{d}^n}{\mathrm{d}x^n}$ 是完全不同的.

6.5 将函数展为贝塞尔函数的级数

为便于后面的应用，我们首先说明贝塞尔函数的零点，并证明贝塞尔方程的所有本征函数构成一正交完备函数系.

6.5.1 贝塞尔函数的零点

我们知道，在求解圆盘的温度分布问题中，通过分离变量，就转化为求解下面贝塞尔方程的本征值问题：

$$\begin{cases} r^2 p''(r) + r p'(r) + (\lambda r^2 - n^2) p(r) = 0, & 0 < r < R & (6.5.1) \\ p(r)|_{r=R} = 0 & (6.5.2) \\ P(r)|_{r=0} < \infty & (6.5.3) \end{cases}$$

6.3 节已给出方程(6.5.1)的通解为

$$p(r) = A J_n(\sqrt{\lambda} r) + B N_n(\sqrt{\lambda} r)$$

根据式(6.3.2)，当 $r=0$ 时，$N_n(0) \to \infty$，因此，条件(6.5.3)要求 $B=0$，于是有

$$p(r) = A J_n(\sqrt{\lambda} r)$$

再由条件(6.5.2)有

$$J_n(\sqrt{\lambda} R) = 0 \tag{6.5.4}$$

上式表明，欲求得本征值 λ，就要计算贝塞尔函数的零点. 现在的问题是，$J_n(x)$ 是否存在着实的零点？若存在实零点，它们又有多少个？关于这个问题[①]，我们在此不作更深入的讨论，仅给出相关的几点结论：

(1) $J_n(x)$ 存在着无穷多个单重实零点，这些零点在 x 轴上是关于原点对称分布的. 由此得知 $J_n(x)$ 必有无穷多个正零点；

(2) $J_n(x)$ 的零点与 $J_{n+1}(x)$ 的零点彼此相间分布，即 $J_{n+1}(x)$（或 $J_n(x)$）的任意两个相邻零点之间存在且仅存在一个 $J_n(x)$（或 $J_{n+1}(x)$）的零点；

(3) 若以 $\mu_m^{(n)}$ 表示 $J_n(x)$ 的正零点的坐标值，则当 $m \to \infty$ 时，$\mu_{m+1}^{(n)} - \mu_m^{(n)} \to \pi$，这说明在大 m 时，$J_n(x)$ 几近以 2π 为周期的周期函数，如图 6.1 所示（图中示意

---

① 请参阅梁昆淼编著的《数学物理方法》第 336～337 页.

地给出了零阶和 1 阶贝塞尔函数图线). 在工程技术上, 贝塞尔函数的各零点值可直接查表引用, 无需经过繁琐的计算.

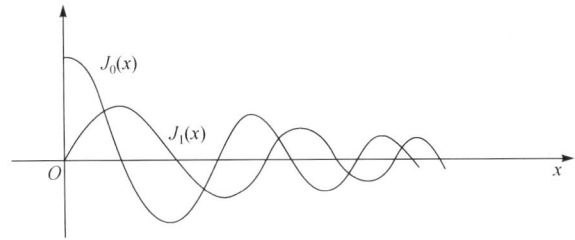

图 6.1

利用上述结论, 可得

$$\sqrt{\lambda}R = \mu_m^{(n)} = x_m^{(n)}$$

及各本征值为

$$\lambda_m^{(n)} = \left(\frac{\mu_m^{(n)}}{R}\right)^2 = \left(\frac{x_m^{(n)}}{R}\right)^2, \quad m = 1, 2, \cdots \qquad (6.5.5)$$

相应的本征函数为

$$p_m(r) = J_n\left(\frac{\mu_m^{(n)}}{R}r\right), \quad m = 1, 2, \cdots \qquad (6.5.6)$$

6.5.2 贝塞尔函数的正交性

本征值问题属于刘维尔理论, 故其所有性质由刘维尔理论给出. 因贝塞尔函数系 $\{J_n(x)\}$ 是本征值问题 (6.5.1)~(6.5.3) 的本征函数系, 根据刘维尔理论, 这一本征函数系是正交的. 下面我们将证明:

$$\int_0^R rJ_n\left(\frac{\mu_m^{(n)}}{R}r\right)J_n\left(\frac{\mu_k^{(n)}}{R}r\right)dr = \begin{cases} 0, & m \neq k \\ \dfrac{1}{2}R^2[J'_n(\mu_m^{(n)})]^2, & m = k \end{cases} \qquad (6.5.7)$$

式 (6.5.7) 表明贝塞尔函数 $J_n\left(\dfrac{\mu_m^{(n)}}{R}r\right)$ 是带权 r 正交的. 式 (6.5.7) 证明如下:

为了方便, 令 $f_1(r) = J_n\left(\dfrac{\mu_m^{(n)}}{R}r\right), f_2(r) = J_n(\alpha r)$ (α 为任意常数), 它们应分别满足贝塞尔方程, 即

$$\frac{d}{dr}\left[r\frac{df_1(r)}{dr}\right] + \left[\left(\frac{\mu_m^{(n)}}{R}\right)^2 r - \frac{n^2}{r}\right]f_1(r) = 0 \qquad (6.5.8)$$

$$\frac{d}{dr}\left[r\frac{df_2(r)}{dr}\right] + \left[\alpha^2 r - \frac{n^2}{r}\right]f_2(r) = 0 \qquad (6.5.9)$$

用 $f_2(r)$ 乘以式(6.5.8)减 $f_1(r)$ 乘以式(6.5.9)并对 r 从 0 到 R 积分得

$$\left[\left(\frac{\mu_m^{(n)}}{R}\right)^2 - \alpha^2\right]\int_0^R rf_1(r)f_2(r)\mathrm{d}r$$
$$+\int_0^R f_2(r)\frac{\mathrm{d}}{\mathrm{d}r}\left[r\frac{\mathrm{d}f_1(r)}{\mathrm{d}r}\right]\mathrm{d}r - \int_0^R f_1(r)\frac{\mathrm{d}}{\mathrm{d}r}\left[r\frac{\mathrm{d}f_2(r)}{\mathrm{d}r}\right]\mathrm{d}r = 0$$

对上式后两项分部积分得

$$\left[\left(\frac{\mu_m^{(n)}}{R}\right)^2 - \alpha^2\right]\int_0^R rf_1(r)f_2(r)\mathrm{d}r + r[f_2(r)f_1'(r) - f_1(r)f_2'(r)]\Big|_0^R = 0$$

即

$$\int_0^R rf_1(r)f_2(r)\mathrm{d}r = -\frac{R[f_2(R)f_1'(R) - f_1(R)f_2'(R)]}{\left(\frac{\mu_m^{(n)}}{R}\right)^2 - \alpha^2}$$

因 $f_1(R) = J(\mu_m^{(n)}) = 0$,故上式为

$$\int_0^R rJ_n\left(\frac{\mu_m^{(n)}}{R}r\right)J_n(\alpha r)\mathrm{d}r = -\frac{Rf_2(R)f_1'(R)}{\left(\frac{\mu_m^{(n)}}{R}\right)^2 - \alpha^2} = -\frac{\mu_m^{(n)}J_n(\alpha R)J_n'(\mu_m^{(n)})}{\left(\frac{\mu_m^{(n)}}{R}\right)^2 - \alpha^2}$$

(6.5.10)

若 $\alpha = \frac{\mu_k^{(n)}}{R}, k \neq m$,则 $\mu_k^{(n)}$ 是 $J_n(x)$ 的第 k 个零点坐标,于是

$$J_n(\alpha R) = J_n(\mu_k^{(n)}) = 0$$

由此得

$$\int_0^R rJ_n\left(\frac{\mu_m^{(n)}}{R}r\right)J_n\left(\frac{\mu_k^{(n)}}{R}r\right)\mathrm{d}r = 0, \quad k \neq m$$

这就证明了式(6.5.7)的第一个式子.

现令 $\alpha \to \frac{\mu_m^{(n)}}{R}$,可见此时式(6.5.10)的右端为"$\frac{0}{0}$"未定式,由洛必达法则得

$$\int_0^R rJ_n^2\left(\frac{\mu_m^{(n)}}{R}r\right)\mathrm{d}r = \lim_{\alpha \to \frac{\mu_m^{(n)}}{R}}\frac{-\mu_m^{(n)}J_n'(\mu_m^{(n)})J_n'(\alpha R)R}{-2\alpha} = \frac{R^2}{2}[J_n'(\mu_m^{(n)})]^2$$

这就证明了式(6.5.7)的第二个式子.

由递推公式并注意到 $J_n(\mu_m^{(n)}) = 0$ 便得

$$J_n'(\mu_m^{(n)}) = J_{n-1}(\mu_m^{(n)}) = -J_{n+1}(\mu_m^{(n)})$$

于是又可写成

$$\int_0^R rJ_n^2\left(\frac{\mu_m^{(n)}}{R}r\right)\mathrm{d}r = \frac{R^2}{2}[J_{n-1}(\mu_m^{(n)})]^2 = \frac{1}{2}R^2[J_{n+1}(\mu_m^{(n)})]^2$$

通常将积分 $\int_0^R rJ_n^2\left(\frac{\mu_m^{(n)}}{R}r\right)\mathrm{d}r$ 称为贝塞尔函数 $J_n\left(\frac{\mu_m^{(n)}}{R}r\right)$ 的模方,用 N^2 表示,因

此贝塞尔函数 $J_n\left(\dfrac{\mu_m^{(n)}}{R}r\right)$ 的模为

$$N = \left[\int_0^R r J_n^2\left(\dfrac{\mu_m^{(n)}}{R}r\right)\mathrm{d}r\right]^{\frac{1}{2}} = \dfrac{\sqrt{2}}{2}RJ_{n-1}(\mu_m^{(n)}) = \dfrac{\sqrt{2}}{2}RJ_{n+1}(\mu_m^{(n)})$$

6.5.3　广义傅里叶级数

根据刘维尔理论,本征函数系总是正交完备的. 因此,若任意函数 $f(x)$ 在 $[0, R]$ 上具有一阶连续导数并具有分段连续的二阶导数,且满足条件:

$$f(r)|_{r=0} = 有限值,$$
$$f(r)|_{r=R} = 0$$

则 $f(r)$ 必能展开为下面形式绝对且一致收敛的级数

$$f(r) = \sum_{m=1}^{\infty} a_m J_n\left(\dfrac{\mu_m^{(n)}}{R}r\right) \tag{6.5.11}$$

由于贝塞尔函数 $J_n\left(\dfrac{\mu_m^{(n)}}{R}r\right)$ 是带权 r 正交的,为确定上式中的展开系数 a_m,用 $rJ_n\left(\dfrac{\mu_m^{(n)}}{R}r\right)$ 同乘以式(6.5.11)两边并对 r 从 0 到 R 积分,同时注意到贝塞尔函数的正交性,便得到

$$\int_0^R rf(r)J_n\left(\dfrac{\mu_k^{(n)}}{R}r\right)\mathrm{d}r = a_k\int_0^R rJ_n^2\left(\dfrac{\mu_k^{(n)}}{R}r\right)\mathrm{d}r = \dfrac{1}{2}R^2 a_k J_{n-1}^2(\mu_k^{(n)})$$

于是得展开系数为

$$a_k = \dfrac{2}{R^2 J_{n-1}^2(\mu_k^{(n)})}\int_0^R rf(r)J_n\left(\dfrac{\mu_k^{(n)}}{R}r\right)\mathrm{d}r$$

即

$$a_m = \dfrac{2}{R^2 J_{n-1}^2(\mu_m^{(n)})}\int_0^R rf(r)J_n\left(\dfrac{\mu_m^{(n)}}{R}r\right)\mathrm{d}r$$

下面通过两个实例说明贝塞尔函数的应用.

例1　有一半径为 1 的均匀薄圆盘,边界上温度为零,初始时刻圆盘内温度分布为 $1-r^2$. 求圆盘内的温度分布规律.

解　由于初始温度分布与角量无关,即问题具有轴对称性,于是在平面极坐标下本定解问题为

$$\begin{cases}\dfrac{\partial u}{\partial t} = a^2\left(\dfrac{\partial^2 u}{\partial r^2} + \dfrac{1}{r}\dfrac{\partial u}{\partial r}\right), & 0 \leqslant r < 1 \tag{6.5.12}\\ u|_{r=1} = 0 & (6.5.13)\\ u|_{t=0} = 1-r^2 & (6.5.14)\end{cases}$$

很显然，本问题还隐含着下面两个条件：
$$u|_{r=0} < \infty \tag{6.5.15}$$
$$u|_{t\to\infty} \to 0 \tag{6.5.16}$$

令 $u(r,t)=f(r)T(t)$，代入式(6.5.12)得
$$fT' = a^2\left(f'' + \frac{1}{r}f'\right)T$$

即
$$\frac{T'}{a^2 T} = \frac{f'' + \dfrac{1}{r}f'}{f} = -\lambda$$

由此得到关于 t 和 r 的常微分方程
$$r^2 f'' + rf' + \lambda r^2 f = 0 \tag{6.5.17}$$
$$T' + a^2\lambda T = 0 \tag{6.5.18}$$

方程(6.5.18)的解为
$$T(t) = c\mathrm{e}^{-a^2\lambda t}$$

由于当 $t\to\infty$ 时，$u\to 0$，因 c 不能为零（否则只能得零解），故有 $\lambda>0$，于是可令 $\lambda=\beta^2$，则
$$T(t) = c\mathrm{e}^{-a^2\beta^2 t}$$

由方程(6.5.17)可知，这是零阶($n=0$)贝塞尔方程，其通解为
$$f(r) = c_1 J_0(\beta r) + c_2 N_0(\beta r)$$

因为 $u(r,t)$ 必须有界，故 $c_2=0$，而由条件(6.5.13)得 $J_0(\beta)=0$，故 β 是 $J_0(x)$ 的零点，以 $\mu_n^{(0)}$ 表示 $J_0(x)$ 的正零点，即
$$\beta = \mu_n^{(0)}, \quad n=1,2,3,\cdots$$

由此得
$$f_n(r) = J_0(\mu_n^{(0)} r)$$
$$T_n(t) = c_n \mathrm{e}^{-a^2(\mu_n^{(0)})^2 t}$$

于是
$$u_n(r,t) = c_n \mathrm{e}^{-a^2(\mu_n^{(0)})^2 t} J_0(\mu_n^{(0)} r)$$

再由叠加原理即得原定解问题的解为
$$u(r,t) = \sum_{n=1}^{\infty} c_n \mathrm{e}^{-a^2(\mu_n^{(0)})^2 t} J_0(\mu_n^{(0)} r)$$

代入条件(6.5.14)得
$$1 - r^2 = \sum_{n=1}^{\infty} c_n J_0(\mu_n^{(0)} r)$$

用 $rJ_0(\mu_n^{(0)} r)$ 同乘以上式两边并对 r 从 0 到 1 积分，注意到贝氏函数的正交性可得

$$c_n = \frac{2}{[J'_0(\mu_n^{(0)})]^2} \int_0^1 (1-r^2) r J_0(\mu_n^{(0)} r) \, dr$$

$$= \frac{2}{[J_1(\mu_n^{(0)})]^2} \left[\int_0^1 r J_0(\mu_n^{(0)} r) \, dr - \int_0^1 r^3 J_0(\mu_n^{(0)} r) \, dr \right] \tag{6.5.19}$$

由递推公式知

$$r J_0(\mu_n^{(0)} r) \, dr = d\left[\frac{r J_1(\mu_n^{(0)} r)}{\mu_n^{(0)}} \right]$$

于是式(6.5.19)右边第一个积分为

$$\int_0^1 r J_0(\mu_n^{(0)} r) \, dr = \frac{r J_1(\mu_n^{(0)} r)}{\mu_n^{(0)}} \bigg|_0^1 = \frac{J_1(\mu_n^{(0)})}{\mu_n^{(0)}}$$

而式(6.5.19)的第二个积分利用递推公式可得

$$\int_0^1 r^3 J_0(\mu_n^{(0)} r) \, dr = \int_0^1 r^2 \, d\left[\frac{r J_1(\mu_n^{(0)} r)}{\mu_n^{(0)}} \right]$$

$$= \frac{r^3 J_1(\mu_n^{(0)} r)}{\mu_n^{(0)}} \bigg|_0^1 - \frac{2}{\mu_n^{(0)}} \int_0^1 r^2 J_1(\mu_n^{(0)} r) \, dr$$

$$= \frac{J_1(\mu_n^{(0)})}{\mu_n^{(0)}} - \frac{2 r^2 J_2(\mu_n^{(0)} r)}{(\mu_n^{(0)})^2} \bigg|_0^1 = \frac{J_1(\mu_n^{(0)})}{\mu_n^{(0)}} - \frac{2 J_2(\mu_n^{(0)})}{(\mu_n^{(0)})^2}$$

最后得

$$c_n = \frac{4 J_2(\mu_n^{(0)})}{(\mu_n^{(0)})^2 J_1^2(\mu_n^{(0)})}$$

于是得定解问题的解为

$$u(r,t) = \sum_{n=1}^{\infty} \frac{4 J_2(\mu_n^{(0)})}{(\mu_n^{(0)})^2 J_1^2(\mu_n^{(0)})} J_0(\mu_n^{(0)} r) e^{-a^2 (\mu_n^{(0)})^2 t}$$

例 2 求下面定解问题：

$$\frac{\partial^2 u}{\partial t^2} - a^2 \left(\frac{\partial^2 u}{\partial r^2} + \frac{1}{r} \frac{\partial u}{\partial r} \right) = 0, \quad 0 \leqslant r < R \tag{6.5.20}$$

$$\frac{\partial u}{\partial r} \bigg|_{r=R} = 0, \quad u \big|_{r=0} < \infty \tag{6.5.21}$$

$$u \big|_{t=0} = 0, \quad \frac{\partial u}{\partial t} \bigg|_{t=0} = 1 - \frac{r^2}{R^2} \tag{6.5.22}$$

解 令 $u(r,t) = f(r) T(t)$，代入方程(6.5.20)可得

$$r^2 f'' + r f' + \lambda r^2 f = 0 \tag{6.5.23}$$

$$T'' + \lambda a^2 T = 0 \tag{6.5.24}$$

其中 λ 为分离常数，即本征值. 式(6.5.23)是熟悉的零阶贝塞尔方程. 易得式(6.5.23)、(6.5.24)的解分别为

$$f(r) = c_1 J_0(\beta r) + c_2 N_0(\beta r) \tag{6.5.25}$$

$$T(t) = c_3 \cos a\beta t + c_4 \sin a\beta t \tag{6.5.26}$$

因只有 $\lambda > 0$ 才有非零解(读者可自行证明),故已令 $\lambda = \beta^2$。由条件(6.5.21)的后一式知 $c_2 = 0$,于是

$$f(r) = c_1 J_0(\beta r) \tag{6.5.27}$$

再由条件(6.5.21)的第一式得

$$f'(R) = c_1 \beta J_0'(\beta R) = 0$$

因 $c_1 \beta$ 不能为零(否则只得到零解),故唯有

$$J_0'(\beta R) = 0$$

由递推公式 $\dfrac{\mathrm{d} J_0(x)}{\mathrm{d} x} = -J_1(x)$ 得

$$J_1(\beta R) = 0$$

即 βR 是 $J_1(x)$ 的正零点。用 $\mu_1^{(1)}, \mu_2^{(1)}, \mu_3^{(1)}, \cdots$ 表示 $J_1(x)$ 的所有正零点,即

$$\beta R = \mu_n^{(1)}, \qquad n = 1, 2, \cdots$$

于是得本征值

$$\lambda = \beta^2 = \left(\frac{\mu_n^{(1)}}{R}\right)^2 \tag{6.5.28}$$

代入式(6.5.26)、式(6.5.27)分别得

$$T_n(t) = c_3 \cos \frac{a\mu_n^{(1)}}{R} t + c_4 \sin \frac{a\mu_n^{(1)}}{R} t$$

$$f_n(r) = c_1 J_0\left(\frac{\mu_n^{(1)}}{R} r\right)$$

于是

$$u_n(r,t) = f_n(r) T_n(t) = \left(c_3 \cos \frac{a\mu_n^{(1)}}{R} t + c_4 \sin \frac{a\mu_n^{(1)}}{R} t\right) c_1 J_0\left(\frac{\mu_n^{(1)}}{R} r\right)$$

$$= \left(C_n \cos \frac{a\mu_n^{(1)}}{R} t + D_n \sin \frac{a\mu_n^{(1)}}{R} t\right) J_0\left(\frac{\mu_n^{(1)}}{R} r\right)$$

由叠加原理得

$$u(r,t) = \sum_{n=1}^{\infty} u_n(r,t) = \sum_{n=1}^{\infty} \left(C_n \cos \frac{a\mu_n^{(1)}}{R} t + D_n \sin \frac{a\mu_n^{(1)}}{R} t\right) J_0\left(\frac{\mu_n^{(1)}}{R} r\right) \tag{6.5.29}$$

代入条件(6.5.22)得

$$\sum_{n=1}^{\infty} C_n J_0\left(\frac{\mu_n^{(1)}}{R} r\right) = 0 \tag{6.5.30}$$

$$\sum_{n=1}^{\infty} \frac{a}{R} D_n \mu_n^{(1)} J_0\left(\frac{\mu_n^{(1)}}{R} r\right) = 1 - \frac{r^2}{R^2} \tag{6.5.31}$$

由式(6.5.30)得 $C_n = 0 (n = 1, 2, \cdots)$,用 $r J_0\left(\dfrac{\mu_k^{(1)}}{R} r\right) \mathrm{d}r$ 乘以式(6.5.31)两边并对 r

从 0 到 R 积分,注意到贝氏函数的正交性便得到

$$\int_0^R r\left(1-\frac{r^2}{R^2}\right)J_0\left(\frac{\mu_n^{(1)}}{R}r\right)\mathrm{d}r = \frac{a}{R}D_n\mu_n^{(1)}\int_0^R rJ_0^2\left(\frac{\mu_n^{(1)}}{R}r\right)\mathrm{d}r$$

于是

$$D_n = \frac{R}{a\mu_n^{(1)}}\frac{\int_0^R\left(1-\frac{r^2}{R^2}\right)rJ_0\left(\frac{\mu_n^{(1)}}{R}r\right)\mathrm{d}r}{\int_0^R rJ_0^2\left(\frac{\mu_n^{(1)}}{R}r\right)\mathrm{d}r} \qquad (6.5.32)$$

对式(6.5.32)分母进行分部积分并注意到 $J_0'\left(\frac{\mu_n^{(1)}}{R}r\right) = -J_1\left(\frac{\mu_n^{(1)}}{R}r\right)$ 得

$$\int_0^R rJ_0^2\left(\frac{\mu_n^{(1)}}{R}r\right)\mathrm{d}r = \frac{R}{\mu_n^{(1)}}\left[rJ_0\left(\frac{\mu_n^{(1)}}{R}r\right)J_1\left(\frac{\mu_n^{(1)}}{R}r\right)\Big|_0^R - \frac{\mu_n^{(1)}}{R}\int_0^R rJ_0'\left(\frac{\mu_n^{(1)}}{R}r\right)J_1\left(\frac{\mu_n^{(1)}}{R}r\right)\mathrm{d}r\right]$$

$$= \frac{R^2}{2}[J_1'(\mu_n^{(1)})]^2 = \frac{R^2}{2}[J_0(\mu_n^{(1)})]^2$$

再对式(6.5.32)分子进行分部积分并注意到 $J_2(\mu_n^{(1)}) = -J_0(\mu_n^{(1)})$,最后得积分常数

$$D_n = \frac{2}{a\mu_n^{(1)}RJ_0^2(\mu_n^{(1)})}\int_0^R r\left(1-\frac{r^2}{R^2}\right)J_0\left(\frac{\mu_n^{(1)}}{R}r\right)\mathrm{d}r = \frac{2}{a\mu_n^{(1)}RJ_0^2(\mu_n^{(1)})}\frac{2R^2J_2(\mu_n^{(1)})}{(\mu_n^{(1)})^2}$$

$$= -\frac{4R}{a(\mu_n^{(1)})^3J_0(\mu_n^{(1)})}$$

代回式(6.5.29)得原定解问题(6.5.20)~(6.5.22)的解为

$$u(r,t) = -\frac{4R}{a}\sum_{n=1}^{\infty}\frac{1}{(\mu_n^{(1)})^3J_0(\mu_n^{(1)})}\sin\frac{a\mu_n^{(1)}}{R}t\,J_0\left(\frac{\mu_n^{(1)}}{R}r\right)$$

6.6 虚宗量贝塞尔函数与开尔文函数

在柱坐标系中对拉普拉斯方程进行分离变量求定解问题时,当圆柱上下底之边界条件是齐次的,而侧面边界条件是非齐次的,此时将会出现如下形式的方程(请读者自行推证)

$$y'' + \frac{1}{x}y' - \left(1+\frac{n^2}{x^2}\right)y = 0$$

或

$$x^2y'' + x^2y' - (x^2-n^2)y = 0 \qquad (6.6.1)$$

与前面的 n 阶贝塞尔方程

$$x^2y'' + x^2y' + (x^2-n^2)y = 0 \qquad (6.6.2)$$

对照可知,式(6.6.1)与式(6.6.2)仅存在第三项的一个负号之差. 若在式(6.6.1)

中令 $x = -\mathrm{i}t$,

则有 $\mathrm{d}x = -\mathrm{i}\mathrm{d}t$,而此时($\mathrm{i}$ 为虚数单位)

$$\frac{\mathrm{d}y}{\mathrm{d}x} = -\frac{1}{\mathrm{i}}\frac{\mathrm{d}y}{\mathrm{d}t}, \qquad \frac{\mathrm{d}^2 y}{\mathrm{d}x^2} = -\frac{\mathrm{d}^2 y}{\mathrm{d}t^2}$$

于是式(6.6.1)变为

$$t^2 y'' + t y' + (t^2 - n^2)y = 0 \qquad (6.6.3)$$

式(6.6.3)称为虚宗量贝塞尔方程.仿照贝塞尔方程的求解程序,可得式(6.6.3)的通解为

$$y = A J_n(t) + B Y_n(t) = A J_n(\mathrm{i}x) + B Y_n(\mathrm{i}x)$$

其中

$$J_n(\mathrm{i}x) = \mathrm{i}^n \sum_{m=0}^{\infty} \frac{x^{n+2m}}{2^{n+2m} m! \, \Gamma(n+m+1)}$$

现定义第一类虚宗量贝塞尔函数 $I_n(x)$ 如下:

$$I_n(x) = \mathrm{i}^{-n} J_n(\mathrm{i}x) = \sum_{m=0}^{\infty} \frac{x^{n+2m}}{2^{n+2m} m! \, \Gamma(n+m+1)} \qquad (6.6.4)$$

若 n 为整数,虚宗量贝塞尔方程的两个线性无关的解是 n 阶虚宗量贝塞尔函数和 n 阶虚宗量诺伊曼函数[1].在圆柱内部拉普拉斯方程的解中应舍弃诺伊曼函数而只保留 n 阶虚宗量贝塞尔函数 $I_n(x)$.

当 n 为非整数时,我们来定义第二类虚宗量贝塞尔函数 $k_n(x)$ 如下:

$$k_n(x) = \frac{\frac{1}{2}\pi [I_{-n}(x) - I_n(x)]}{\sin n\pi}$$

若 n 为整数,上式无定义.则第二类虚宗量贝塞尔函数需重新定义为

$$k_n(x) = \lim_{\alpha \to n} \frac{\frac{1}{2}\pi [I_{-\alpha}(x) - I_\alpha(x)]}{\sin \alpha \pi} \qquad (6.6.5)$$

于是式(6.6.1)的通解可普遍写为

$$y = A I_n(x) + B k_n(x), \quad A \text{、} B \text{ 为任意常数}$$

第一、第二类虚宗量贝塞尔函数不存在实的零点,故其图形不是振荡型曲线.

下面再介绍一个在物理中的高频交变电流趋肤效应研究中用到的一个特殊宗量的函数——开尔文(Kelvin)函数.开尔文函数是开尔文方程

$$x^2 \frac{\mathrm{d}^2 y}{\mathrm{d}x^2} + x \frac{\mathrm{d}y}{\mathrm{d}x} - (\mathrm{i}\beta^2 x^2 + n^2) y = 0 \qquad (6.6.6)$$

---

[1] 详见吴崇试编著的《数学物理方法》p_{436}.北京大学出版社,1999 年第一版.

的解. 很显然,开尔文方程其实就是以 $\sqrt{-i}\beta x$ 为宗量的柱函数. 由于这些函数的值是复数,其实部和虚部亦应分别满足方程(6.6.6). 将式(6.6.6)通解中各函数的实部与虚部分开,并记为 $ber_n(\beta x)$ 和 $bei_n(\beta x)$,所有这些实部和虚部统称为开尔文函数. 应用中,最常用到的是零阶开尔文函数,其具体函数形式为

$$ber_0(\beta x) = \mathrm{Re} J_0(\sqrt{-i}\beta x) = 1 - \frac{1}{(2!)^2}\left(\frac{\beta x}{2}\right)^4 + \frac{1}{(4!)^2}\left(\frac{\beta x}{2}\right)^8 - \cdots$$
$$+ (-1)^{k-1} \frac{1}{[(2k-2)!]^2}\left(\frac{\beta x}{2}\right)^{4(k-1)} + \cdots \qquad (6.6.7)$$

$$bei_0(\beta x) = \mathrm{Im} J_0(\sqrt{-i}\beta x) = \frac{1}{(1!)^2}\left(\frac{\beta x}{2}\right)^2 - \frac{1}{(3!)^2}\left(\frac{\beta x}{2}\right)^6 + \cdots$$
$$+ (-1)^{k-1} \frac{1}{[(2k-1)!]^2}\left(\frac{\beta x}{2}\right)^{4k-2} + \cdots \qquad (6.6.8)$$

习 题 6

1. 计算不定积分 $\int J_3(x) \mathrm{d}x$.

2. 在区间 $[0,1]$ 上,第一类齐次边界条件,用零阶贝塞尔函数把 $f(x)=1$ 展为傅里叶-贝塞尔级数.

3. 半径为 ρ_0,高为 L 的圆柱体,下底和侧面保持零度,上底温度分布为 $f(\rho)=\rho^2$,求柱体内各点的稳定温度分布.

4. 半径为 ρ_0 而高为 L 的圆柱体,下底温度分布为 $u_0\rho^2$,上底温度保持为 u_1,侧面绝热,求柱体的稳定温度分布.

5. 半径为 ρ_0 的圆形膜,边缘固定,初始形状是旋转抛物面 $u|_{t=0}=(1-\rho^2/\rho_0^2)u_0$,初始速度为零,求解膜的振动情形.

6. 半径为 ρ_0 的圆形膜,边缘固定,初始位移、初始速度均为零,每单位质量上的作用力为 $f=A\sin\omega t$. 求解膜的振动情况.

7. 半径为 ρ_0 的长圆柱面上一条母线作谐振动,即柱面径向速度为 $v=v_0\delta(\varphi-\varphi_0)\cos\omega t$. 试求解这个长圆柱在空气中辐射出去的声场中的速度势,设 $\rho_0 \ll \lambda$(声波波长).

8. 试证明虚宗量贝塞尔函数 $I_v(x)$ 的下列递推关系:

(1) $\dfrac{\mathrm{d}}{\mathrm{d}x}\left[\dfrac{I_v(x)}{x^v}\right] = \dfrac{I_{v+1}(x)}{x^v}$; $\quad \dfrac{\mathrm{d}}{\mathrm{d}x}[x^v I_v(x)] = x^v I_{v-1}(x)$

(2) $I_{v-1}(x) - I_{v+1}(x) = \dfrac{2v I_v(x)}{x}$; $I_{v-1}(x) + I_{v+1}(x) = 2 I_v'(x)$

9. 均匀圆柱半径为 ρ_0、高为 L,下底保持温度 u_1,上底保持温度 u_2,侧面温度分布为 $f(z) = (2u_2/L^2)(z-L/2) + (u_1/L)(L-z)$. 求解柱体内各点的稳定温度.

10. 半径为 ρ_0、高为 L 的圆柱,上底绝热,下底保持温度 u_0,侧面有均匀分布的强度为 q_0 的热流进入,求柱外均匀介质中各点的稳定温度.

11. 证明：

(1) $[x^3 J_{l-1}(x) J_{l+1}(x)]' = x^3 J_l(x)[J_{l-1}(x) - J_{l+1}(x)] = x^2 [x J_l^2(x)]'$

(2) $\int x^2 J_l^2(x) dx = \frac{1}{2} x^3 [J_l^2(x) - J_{l-1}(x) J_{l+1}(x)] + C$

12. 均质球半径为 r_0，初始温度分布为 $f(r)$，使球面温度保持为零度而使它冷却．求解球内各处温度的变化情况．

13. 半径为 $2r_0$ 的均质球，初始温度 $= \begin{cases} u_0 & (0<r<r_0) \\ 0 & (r_0<r<2r_0) \end{cases}$．让球面保持为零度而使它冷却．求球内温度的变化情况．

14. 半径为 r_0 的均质球，初始温度为 U_0，放在温度为 u_0 的空气中自由冷却（按照牛顿冷却定律与空气交换热量），求解球内各处温度的变化情况．

第7章 勒让德多项式

在本章中,我们将在球坐标系中讨论拉普拉斯方程的求解方法.对球坐标下的拉普拉斯方程进行变量分离,将出现第2章中指出的勒让德方程,通过求解勒让德方程,我们会发现勒让德方程在区间[-1,1]上的有界解也构成一正交完备函数系——勒让德多项式.

7.1 勒让德方程的导出

在球坐标下拉普拉斯方程的具体形式为

$$\frac{1}{r^2}\frac{\partial}{\partial r}\left(r^2\frac{\partial u}{\partial r}\right)+\frac{1}{r^2\sin\theta}\frac{\partial}{\partial \theta}\left(\sin\theta\frac{\partial u}{\partial \theta}\right)+\frac{1}{r^2\sin^2\theta}\frac{\partial^2 u}{\partial \varphi^2}=0 \tag{7.1.1}$$

令 $u(r,\theta,\varphi)=R(r)\Theta(\theta)\Phi(\varphi)$,代入式(7.1.1)得

$$\Theta\Phi\frac{1}{r^2}\frac{\mathrm{d}}{\mathrm{d}r}\left(r^2\frac{\mathrm{d}R}{\mathrm{d}r}\right)+\frac{R\Phi}{r^2\sin\theta}\frac{\mathrm{d}}{\mathrm{d}\theta}\left(\sin\theta\frac{\mathrm{d}\Theta}{\mathrm{d}\theta}\right)+\frac{R\Theta}{r^2\sin^2\theta}\frac{\mathrm{d}^2\Phi}{\mathrm{d}\varphi^2}=0$$

整理后得

$$\frac{1}{R}\frac{\mathrm{d}}{\mathrm{d}r}\left(r^2\frac{\mathrm{d}R}{\mathrm{d}r}\right)+\frac{1}{\Theta\sin\theta}\frac{\mathrm{d}}{\mathrm{d}\theta}\left(\sin\theta\frac{\mathrm{d}\Theta}{\mathrm{d}\theta}\right)+\frac{1}{\Phi\sin^2\theta}\frac{\mathrm{d}^2\Phi}{\mathrm{d}\varphi^2}=0$$

或

$$\frac{1}{R}\frac{\mathrm{d}}{\mathrm{d}r}\left(r^2\frac{\mathrm{d}R}{\mathrm{d}r}\right)=-\frac{1}{\Theta\sin\theta}\frac{\mathrm{d}}{\mathrm{d}\theta}\left(\sin\theta\frac{\mathrm{d}\Theta}{\mathrm{d}\theta}\right)-\frac{1}{\Phi\sin^2\theta}\frac{\mathrm{d}^2\Phi}{\mathrm{d}\varphi^2}$$

这样一来,已将变量 r 与角量 θ 和 φ 分离.上式左边只是 r 的函数,右边只是 θ 和 φ 的函数,显然两边只能等于同一常数.为使数学内容与量子力学相关内容相联系,我们令此常数为 $l(l+1)$(l 为任意实数或整数).于是有

$$\frac{1}{R}\frac{\mathrm{d}}{\mathrm{d}r}\left(r^2\frac{\mathrm{d}R}{\mathrm{d}r}\right)=l(l+1) \tag{7.1.2}$$

$$\frac{1}{\Theta\sin\theta}\frac{\mathrm{d}}{\mathrm{d}\theta}\left(\sin\theta\frac{\mathrm{d}\Theta}{\mathrm{d}\theta}\right)+\frac{1}{\Phi\sin^2\theta}\frac{\mathrm{d}^2\Phi}{\mathrm{d}\varphi^2}=-l(l+1) \tag{7.1.3}$$

式(7.1.2)是我们熟释的欧拉型方程,其通解为

$$R_n(r)=A_1r^l+A_2r^{-(l+1)}, \qquad A_1、A_2 \text{ 为任意常数}$$

用 $\sin^2\theta$ 乘以式(7.1.3)两边得

$$\frac{\sin\theta}{\Theta}\frac{\mathrm{d}}{\mathrm{d}\theta}\left(\sin\theta\frac{\mathrm{d}\Theta}{\mathrm{d}\theta}\right)+l(l+1)\sin^2\theta+\frac{1}{\Phi}\frac{\mathrm{d}^2\Phi}{\mathrm{d}\varphi^2}=0$$

即
$$\frac{1}{\Theta}\sin\theta\frac{\mathrm{d}}{\mathrm{d}\theta}\left(\sin\theta\frac{\mathrm{d}\Theta}{\mathrm{d}\theta}\right)+l(l+1)\sin^2\theta=-\frac{1}{\Phi}\frac{\mathrm{d}^2\Phi}{\mathrm{d}\varphi^2}$$

上式左边是 θ 的函数,右边是 φ 的函数,因此两端应等于同一常数. 设该常数为 λ,于是有

$$\frac{1}{\Theta}\sin\theta\frac{\mathrm{d}}{\mathrm{d}\theta}\left(\sin\theta\frac{\mathrm{d}\Theta}{\mathrm{d}\theta}\right)+l(l+1)\sin^2\theta=\lambda \tag{7.1.4}$$

$$\frac{\mathrm{d}^2\Phi}{\mathrm{d}\varphi^2}+\lambda\Phi=0 \tag{7.1.5}$$

方程(7.1.5)隐含着一个自然周期条件 $\Phi(\varphi)=\Phi(\varphi+2\pi)$,其解为
$$\Phi(\varphi)=c_1 e^{\sqrt{-\lambda}\varphi}+c_2 e^{-\sqrt{-\lambda}\varphi}$$

若 $\lambda<0$,由周期条件可知 $\Phi(\varphi)=0$,只有零解;

若 $\lambda=0$,只有常数解 $\Phi(\varphi)=C_0$;

若 $\lambda>0$,则解为
$$\Phi(\varphi)=B_1\cos\sqrt{\lambda}\varphi+B_2\sin\sqrt{\lambda}\varphi$$

而周期条件 $\Phi(\varphi)=\Phi(\varphi+2\pi)$ 要求 $\sqrt{\lambda}$ 必为整数. 综合以上讨论可得
$$\lambda=m^2,\qquad m=0,1,2,\cdots$$
$$\Phi(\varphi)=B_1\cos m\varphi+B_2\sin m\varphi$$

将 $\lambda=m^2$ 代入式(7.1.4)有
$$\frac{1}{\Theta}\sin\theta\frac{\mathrm{d}}{\mathrm{d}\theta}\left(\sin\theta\frac{\mathrm{d}\Theta}{\mathrm{d}\theta}\right)+l(l+1)\sin^2\theta=m^2$$

或
$$\frac{1}{\sin\theta}\frac{\mathrm{d}}{\mathrm{d}\theta}\left(\sin\theta\frac{\mathrm{d}\Theta}{\mathrm{d}\theta}\right)-\frac{m^2}{\sin^2\theta}\Theta+l(l+1)\Theta=0$$

进一步整理得
$$\frac{\mathrm{d}^2\Theta}{\mathrm{d}^2\theta}+\cot\theta\frac{\mathrm{d}\Theta}{\mathrm{d}\theta}+\left[l(l+1)-\frac{m^2}{\sin^2\theta}\right]\Theta=0 \tag{7.1.6}$$

式(7.1.6)称为 l 阶连带勒让德(Legerdre)方程.

作变换 $\cos\theta=x,(-1\leqslant x\leqslant 1)$,并用 $p(x)$ 代替 $\Theta(\theta)$,式(7.1.6)即变为常见的形式

$$(1-x^2)\frac{\mathrm{d}^2 p}{\mathrm{d}x^2}-2x\frac{\mathrm{d}p}{\mathrm{d}x}+\left[l(l+1)-\frac{m^2}{1-x^2}\right]p=0 \tag{7.1.7}$$

若问题具有轴对称性,即 $u(r,\theta,\varphi)$ 与 φ 无关,则此时 $m=0$. 于是式(7.1.7)变为

$$(1-x^2)\frac{\mathrm{d}^2 p}{\mathrm{d}x^2}-2x\frac{\mathrm{d}p}{\mathrm{d}x}+l(l+1)p=0 \tag{7.1.8}$$

式(7.1.8)称为 l 阶勒让德方程. 以后将会看到,在电动力学和量子力学中有些问题即可归结为求解勒让德方程的本征值和本征函数.

7.2 勒让德方程的解

在实际应用中,n 为整数的情形是普遍而重要的,因此我们不考虑 n 为非整数和复数的情形.

7.2.1 勒让德方程的解

将勒让德方程

$$(1-x^2)\frac{d^2 p}{dx^2}-2x\frac{dp}{dx}+l(l+1)p=0$$

表为施图姆-刘维尔理论中习惯的形式

$$(1-x^2)y''-2xy'+l(l+1)y=0 \tag{7.2.1}$$

或

$$\frac{d^2 y}{dx^2}+H(x)\frac{dy}{dx}+G(x)y=0 \tag{7.2.2}$$

其中 $H(x)=-\dfrac{2x}{1-x^2}$,$G(x)=\dfrac{l(l+1)}{1-x^2}$. 若将 x 拓展为复变量 z,则 $H(x)$ 和 $G(x)$ 就成为复函数 $H(z)$ 和 $G(z)$. 由复变函数理论知,在 $z=0$ 的邻域内,系数 $H(z)=-\dfrac{2z}{1-z^2}$ 和 $G(z)=\dfrac{l(l+1)}{1-z^2}$ 是解析的,因此 $x=0$ 是方程(7.2.1)的常点. 根据施图姆-刘维尔理论,在常点的邻域内勒让德方程的解存在且可以点 $x=0$ 为中心展为泰勒级数. 我们可设方程(7.2.1)的解为

$$y(x)=\sum_{k=0}^{\infty}a_k x^k \tag{7.2.3}$$

将式(7.2.3)这一级数解及其一阶、二阶导数代入式(7.2.1)可得

$$\sum_{k=0}^{\infty}\{a_{k+2}(k+2)(k+1)+a_k[l(l+1)-k(k+1)]\}x^k=0 \tag{7.2.4}$$

这事实上是 x 的幂级数[①]. 上式成立的条件是 x 各幂次的系数都为零,即

$$2a_2+l(l+1)a_0=0$$

[①] 已对 $\sum\limits_{k=0}^{\infty}a_k k(k-1)x^{k-2}$ 这一项进行了求和指标变换 $k=m+2$,于是该项化为 $\sum\limits_{m=-2}^{\infty}a_{m+2}(m+2)(m+1)x^m=\sum\limits_{k=0}^{\infty}a_{k+2}(k+2)(k+1)x^k$. 这在级数运算中是经常要用到的技巧.

$$3 \cdot 2a_3 + (l^2+l-2)a_1 = 0$$
$$4 \cdot 3a_4 + (l^2+l-6)a_2 = 0$$
......
$$(k+2)(k+1)a_{k+2} + (l^2+l-k^2-k)a_k = 0$$
......

于是得系数递推公式

$$a_{k+2} = \frac{k^2+k-l^2-l}{(k+2)(k+1)}a_k = \frac{(k-l)(k+l+1)}{(k+2)(k+1)}a_k \tag{7.2.5}$$

由式(7.2.5)可依次推得

$$a_2 = \frac{(-l)(l+1)}{2!}a_0, \qquad a_3 = \frac{(1-l)(l+2)}{3!}a_1$$

$$a_4 = \frac{(2-l)(l+3)}{4 \cdot 3}a_2, \qquad a_5 = \frac{(3-l)(l+4)}{5 \cdot 4}a_3$$

$$= \frac{(2-l)(-l)(l+1)(l+3)}{4!} \qquad = \frac{(3-l)(1-l)(l+2)(l+4)}{5!}$$

......

$$a_{2k} = \frac{(2k-2-l)(2k-4-l)\cdots(2-l)(-l)(l+1)(l+3)\cdots(l+2k-l)}{(2k)!}a_0$$

......

$$a_{2k+1} = \frac{(2k-1-l)(2k-3-l)\cdots(1-l)(l+2)(l+4)\cdots(l+2k)}{(2k+1)!}a_1$$

......

这样,我们就确定了级数解中的所有系数,由 a_0 和 a_1 (a_0 和 a_1 为任意不等于零的常数)可分别确定 x 的偶次幂和奇次幂的系数 a_{2k} 和 a_{2k+1},于是可将 l 阶勒让德方程的解表为

$$y(x) = a_0 y_0(x) + a_1 y_1(x) \tag{7.2.6}$$

其中

$$y_0(x) = 1 + \frac{(-l)(l+1)}{2!}x^2 + \frac{(2-l)(-l)(l+1)(l+3)}{4!}x^4 + \cdots$$
$$+ \frac{(2k-2-l)(2k-4-l)\cdots(-l)(l+1)(l+3)\cdots(l+2k-1)}{(2k)!}x^{2k} + \cdots$$
$$\tag{7.2.7}$$

$$y_1(x) = x + \frac{(1-l)(l+2)}{3!}x^3 + \frac{(3-l)(1-l)(l+2)(l+4)}{5!}x^5 + \cdots$$
$$+ \frac{(2k-1-l)(2k-3-l)\cdots(1-l)(l+2)(l+4)\cdots(l+2k)}{(2k+1)!}x^{2k+1} + \cdots$$
$$\tag{7.2.8}$$

由于 $y_0(x)$ 和 $y_1(x)$ 是线性无关的,故式(7.2.7)和式(7.2.8)就是勒让德方程两个线性独立的解,于是式(7.2.6)即为勒让德方程的通解. 根据达朗贝尔判别法,可得级数解的收敛半径为

$$R=\lim_{k\to\infty}\left|\frac{a_k}{a_{k+1}}\right|=\lim_{k\to\infty}\left|\frac{(k+2)(k+1)}{(k-l)(k+l+1)}\right|=\lim_{k\to\infty}\left|\frac{\left(1+\dfrac{2}{k}\right)\left(1+\dfrac{1}{k}\right)}{\left(1-\dfrac{l}{k}\right)\left(1+\dfrac{l+1}{k}\right)}\right|=1$$

这就是说,特解 y_0, y_1 和通解 y 都收敛于 $|x|<1$ 而发散于 $|x|>1$. 但我们知道 $x=\cos\theta$,因此 $|x|=|\cos\theta|\leqslant 1$,故无需考虑 $|x|>1$ 的发散问题. 现在的问题是:在 $x=\pm 1$ 时勒让德方程的解是否收敛? 可以证明[①],在 $x=\pm 1$ 时勒让德方程的解不可能有限,即此时 y_0, y_1(显然还有通解 y)都是发散的. 限于篇幅关系,本书不附带更多的数学论证.

7.2.2 勒让德多项式

由式(7.2.7)和式(7.2.8)可见,若 l 为整数,则 y_0 或 y_1 便成为多项式. 当 l 为正偶数(或负奇数)时,y_0 就是 l 次[或 $-(l+1)$ 次]多项式;而当 l 为正奇数(或负偶数)时,y_1 就是 l 次[或 $-(l+1)$ 次]多项式. 事实上,l 阶勒让德方程与 $x=\pm 1$(或 $\theta=0,\pi$)的自然边界条件构成本征值问题,其本征值就是 $l(l+1)$,本征函数就是下面给出的勒让德多项式.

为便于实际应用,下面分别给出勒让德多项式的级数形式和微分形式.

将系数递推公式(7.2.5)改写为如下形式:

$$a_k=-\frac{(k+2)(k+1)}{(l-k)(k+l+1)}a_{k+2} \qquad (k\leqslant l-2)$$

这样,就可用多项式的最高幂次项的系数 a_l 表出其他较低幂次项的系数.

$$a_{l-2}=-\frac{l(l-1)}{2(2l-1)}a_l$$

$$a_{l-4}=-\frac{(l-2)(l-3)}{4(2l-3)}a_{l-2}=\frac{l(l-1)(l-2)(l-3)}{2\cdot 4(2l-1)(2l-3)}a_l$$

……

为使多项式具有较简洁的表达式,且使其在 $x=\pm 1$ 处的取值等于 1,我们取 a_l(即系数递推公式中的 a_{k+2})为

$$a_l=\frac{(2l)!}{2^l(l!)^2}=\frac{1\cdot 3\cdot 5\cdots(2l-1)}{l!} \qquad (l=1,2,3,\cdots)$$

[①] 有兴趣的读者可参阅梁昆淼编著的《数学物理方法》,1979 年版附录十.

于是有

$$a_{l-2} = -\frac{l(l-1)}{2(2l-1)}\frac{(2l)!}{2^l(l!)^2}$$

$$a_{l-4} = -\frac{(l-2)(l-3)}{4(2l-3)}a_{l-2} = -\frac{(l-2)(l-3)}{4(2l-3)}\frac{-(2l-2)!}{2^l(l-1)!(l-2)!}$$

$$= \frac{(l-2)(l-3)(2l-2)(2l-3)(2l-4)!}{4 \cdot 2^l 2(2l-3)(l-1)(l-2)!(l-2)(l-3)(l-4)!}$$

$$= \frac{(2l-4)!}{2^l 2!(l-2)!(l-4)!}$$

……

一般地,当 $l-2m \geqslant 0$ 时有

$$a_{l-2m} = (-1)^m \frac{(2l-2m)!}{2^l m!(l-m)!(l-2m)!} \quad \left(m \text{ 为} \leqslant \frac{l}{2} \text{的正整数}\right)$$

显然,这样选取的最高幂次项系数 a_l 与在勒让德方程通解中令 $a_0 = a_1 = 1$ 等价.

若 l 为正偶数,有

$$y_0(x) = \frac{(2l)!}{2^l(l!)^2}x^l - \frac{(2l-2)!}{2^l(l-1)!(l-2)!}x^{l-1} + \cdots$$

$$= \sum_{m=0}^{\frac{l}{2}}(-1)^m \frac{(2l-2m)!}{2^l m!(l-m)!(l-2m)!}x^{l-2m}$$

若 l 为正奇数,有

$$y_1(x) = \sum_{m=0}^{\frac{l-1}{2}}(-1)^m \frac{(2l-2m)!}{2^l m!(l-m)!(l-2m)!}x^{l-2m}$$

于是可将两个多项式写成下面统一的形式

$$P_l(x) = \sum_{m=0}^{M}(-1)^m \frac{(2l-2m)!}{2^l m!(l-m)!(l-2m)!}x^{l-2m}, \quad M = \begin{cases} l/2, & l \text{ 为偶数} \\ (l-1)/2, & l \text{ 为奇数} \end{cases}$$
(7.2.9)

这就是 l 阶勒让德多项式. 式(7.2.9)也称为第一类勒让德函数. 下面给出前几个多项式及其图形.

$$p_0(x) = 1$$
$$p_1(x) = x$$
$$p_2(x) = \frac{1}{2}(3x^2 - 1)$$
$$p_3(x) = \frac{1}{2}(5x^3 - 3x)$$

$$p_4(x)=\frac{1}{8}(35x^4-30x^2+3)$$

……

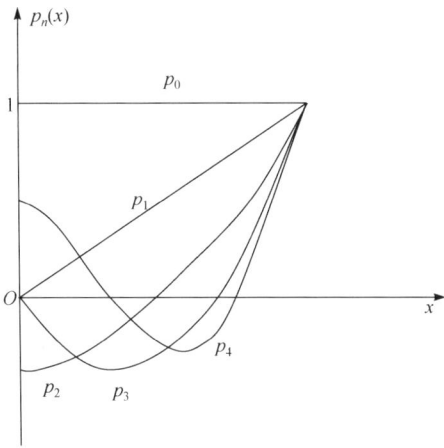

图 7.1

为便于后面的应用,我们将证明勒让德多项式 $p_l(x)$ 可表为下面的微分形式

$$p_l(x)=\frac{1}{2^l l!}\frac{\mathrm{d}^l}{\mathrm{d}x^l}(x^2-1)^l \tag{7.2.10}$$

式(7.2.10)称为罗德利格斯(Rodrigues)公式. 证明如下:

根据二项式定理有

$$(x^2-1)^l=\sum_{m=0}^{l}(-1)^m\frac{l!}{m!(l-m)!}x^{2l-2m} \tag{7.2.11}$$

将式(7.2.11)代入式(7.2.10)得

$$\begin{aligned}\frac{1}{2^l l!}\frac{\mathrm{d}^l}{\mathrm{d}x^l}(x^2-1)^l&=\frac{1}{2^l l!}\frac{\mathrm{d}^l}{\mathrm{d}x^l}\sum_{m=0}^{l}(-1)^m\frac{l!}{m!(l-m)!}x^{2l-2m}\\&=\frac{1}{2^l l!}\sum_{m=0}^{l}(-1)^m\frac{l!}{m!(l-m)!}\frac{\mathrm{d}^l}{\mathrm{d}x^l}(x^{2l-2m})\end{aligned}$$

$$\tag{7.2.12}$$

式(7.2.12)中 x 的幂次 $2l-2m<l\left(\text{即 }m>\frac{l}{2}\right)$ 的项经求 l 阶导数后均为零,因此只剩下 x 的幂次 $2l-2m\geq l\left(\text{即 }m\leq\frac{l}{2}\right)$ 的项,因此,式(7.2.12)中求和的上限为

$$M = \begin{cases} l/2, & l \text{ 为偶数} \\ (l-1)/2, & l \text{ 为奇数} \end{cases} \tag{7.2.13}$$

直接求得式(7.2.12)中的导数为

$$\frac{\mathrm{d}^l}{\mathrm{d}x^l}(x^{2l-2m}) = (2l-2m)(2l-2m-1)(2l-2m-2)\cdots(l-2m+1)x^{l-2m}$$

$$= \frac{(2l-2m)!}{(l-2m)!}x^{l-2m} \tag{7.2.14}$$

将式(7.2.13)、(7.2.14)代入式(7.2.12)有

$$\frac{1}{2^l l!}\frac{\mathrm{d}^l}{\mathrm{d}x^l}(x^2-1)^l = \sum_{m=0}^{M}(-1)^m \frac{(2l-2m)!}{2^l m!(l-m)!(l-2m)!}x^{l-2m}$$

这就证明了 l 阶勒让德多项式的级数形式(7.2.9)和微分形式(7.2.10)是等价的.

至此,我们终于在球坐标下求得了具有轴对称的拉普拉斯方程的解

$$u(r,\theta) = \sum_{l=0}^{\infty}(A_l r^l + B_l r^{-(l+1)})p_l(\cos\theta) \tag{7.2.15}$$

7.3 勒让德多项式的性质

7.3.1 勒让德多项式的几条基本性质

$$p_l(-x) = (-1)^l p_l(x) \tag{7.3.1}$$

$$p_{2l+1}(0) = 0, \quad l = 0,1,2,\cdots \tag{7.3.2}$$

$$p'_{2l+1}(0) = \frac{(-1)^l(2l+2)!}{2^{2l+1}l!(l+1)!}, \quad l = 0,1,2,\cdots \tag{7.3.3}$$

$$p_{2l}(0) = (-1)^l \frac{(2l)!}{2^{2l}l!\,l!}, \quad l = 0,2,3\cdots \tag{7.3.4}$$

$$p'_{2l}(0) = 0, \quad l = 0,1,2,\cdots \tag{7.3.5}$$

$$p_l(1) = 1 \tag{7.3.6}$$

$$p_l(-1) = (-1)^l \tag{7.3.7}$$

以上性质除式(7.3.7)之外,其他性质均可直接证明,而式(7.3.7)可由式(7.3.1)和式(7.3.6)而得到证明.

7.3.2 勒让德多项式的正交性

作为施图姆-刘维尔本征值问题正交性的特例,我们将证明不同阶的勒让德多项式在开区间$(-1,\pm1)$上正交,即

第7章 勒让德多项式

$$\int_{-1}^1 p_l(x)P_k(x)\mathrm{d}x = \begin{cases} 0, & l \neq k \\ \dfrac{2}{2l+1}, & l = k \end{cases} \tag{7.3.8}$$

证明如下：

若 k 为不等于 l 的正整数，我们先来证明

$$\int_{-1}^1 x^k p_l(x)\mathrm{d}x = 0 \text{ 或} \int_{-1}^1 x^l P_k(x)\mathrm{d}x = 0, k \neq l \tag{7.3.9}$$

若 $k<l$，对式(7.3.9)前一式分部积分得

$$\int_{-1}^1 x^k p_l(x)\mathrm{d}x = \int_{-1}^1 \frac{1}{2^l l!} x^k \frac{\mathrm{d}^l(x^2-1)^l}{\mathrm{d}x^l}\mathrm{d}x$$

$$= \frac{x^k}{2^l l!}\frac{\mathrm{d}^{l-1}(x^2-1)^l}{\mathrm{d}x^{l-1}}\bigg|_{-1}^1 - \frac{k}{2^l l!}\int_{-1}^1 x^{k-1}\frac{\mathrm{d}^{l-1}(x^2-1)^l}{\mathrm{d}x^{l-1}}\mathrm{d}x$$

上式右端第一项求出 $l-1$ 阶导数之后，每一项均含有因子 $(x^2-1)\big|_{-1}^1$，将上下限代入后显然为零．对上式第二项再经历 $k-1$ 次分部积分之后有

$$\int_{-1}^1 x^k p_l(x)\mathrm{d}x = (-1)^k \frac{k!}{2^l l!}\int_{-1}^1 \frac{\mathrm{d}^{l-k}(x^2-1)^l}{\mathrm{d}x^{l-k}}\mathrm{d}x$$

$$= (-1)^k \frac{k!}{2^l l!}\frac{\mathrm{d}^{l-k-1}}{\mathrm{d}x^{l-k-1}}(x^2-1)^l\bigg|_{-1}^1 = 0$$

若 $k>l$，对式(7.3.9)后一式分部积分得

$$\int_{-1}^1 x^l p_k(x)\mathrm{d}x = \int_{-1}^1 \frac{1}{2^k k!} x^l \frac{\mathrm{d}^k(x^2-1)^k}{\mathrm{d}x^k}\mathrm{d}x$$

$$= \frac{x^l}{2^k k!}\frac{\mathrm{d}^{k-1}(x^2-1)^k}{\mathrm{d}x^{k-1}}\bigg|_{-1}^1 - \frac{l}{2^k k!}\int_{-1}^1 x^{l-1}\frac{\mathrm{d}^{k-1}(x^2-1)^k}{\mathrm{d}x^{k-1}}\mathrm{d}x$$

与上面相似的讨论可得

$$\int_{-1}^1 x^l p_k(x)\mathrm{d}x = (-1)^l \frac{l!}{2^k k!}\int_{-1}^1 \frac{\mathrm{d}^{k-l}(x^2-1)^k}{\mathrm{d}x^{k-l}}\mathrm{d}x$$

$$= (-1)^l \frac{l!}{2^k k!}\frac{\mathrm{d}^{k-l-1}}{\mathrm{d}x^{k-l-1}}(x^2-1)^k\bigg|_{-1}^1 = 0$$

由于积分 $\int_{-1}^1 p_k(x)p_l(x)\mathrm{d}x$ 总可以化为有限个形如 $\int_{-1}^1 x^k p_l(x)\mathrm{d}x$（或 $\int_{-1}^1 x^l P_k(x)\mathrm{d}x$）的积分，因此，无论 $k>l$ 还是 $k<l$，只要 $k \neq l$，则总有

$$\int_{-1}^1 p_k(x)p_l(x)\mathrm{d}x = 0, \quad k \neq l$$

这样，我们就证明了式(7.3.8) 的第一个等式．需要注意的是：若 $k = l$，则积分 $\int_{-1}^1 x^l p_l(x)\mathrm{d}x \neq 0$，但这与勒让德多项式的正交性并不矛盾．

当 $k=l$ 时,反复利用分部积分得

$$\int_{-1}^{1} p_l^2(x)\mathrm{d}x = \frac{1}{2^{2l}(l!)^2}\int_{-1}^{1}\frac{\mathrm{d}^l}{\mathrm{d}x^l}(x^2-1)^l\frac{\mathrm{d}^l}{\mathrm{d}x^l}(x^2-1)^l\mathrm{d}x$$

$$= \frac{1}{2^{2l}(l!)^2}\left\{\left[\frac{\mathrm{d}^{l-1}}{\mathrm{d}x^{l-1}}(x^2-1)^l\frac{\mathrm{d}^l}{\mathrm{d}x^l}(x^2-1)^l\right]_{-1}^{1} - \int_{-1}^{1}\frac{\mathrm{d}^{l+1}}{\mathrm{d}x^{l+1}}(x^2-1)^l\frac{\mathrm{d}^{l-1}}{\mathrm{d}x^{l-1}}(x^2-1)^l\mathrm{d}x\right\}$$

...

$\xrightarrow{\text{经 } l \text{ 次分部积分后}} = (-1)^l\frac{1}{2^{2l}(l!)^2}\int_{-1}^{1}\left[\frac{\mathrm{d}^{2l}}{\mathrm{d}x^{2l}}(x^2-1)^l\right](x^2-1)^l\mathrm{d}x$

$$= (-1)^l\frac{1}{2^{2l}(l!)^2}\int_{-1}^{1}\left[\frac{\mathrm{d}^{2l}}{\mathrm{d}x^{2l}}(x^{2l})\right](x^2-1)^l\mathrm{d}x$$

$$= (-1)^l\frac{(2l)!}{2^{2l}(l!)^2}\int_{-1}^{1}(x^2-1)^l\mathrm{d}x$$

$$= (-1)^l\frac{(2l)!}{2^{2l}(l!)^2}\int_{-1}^{1}(x-1)^l(x+1)^l\mathrm{d}x$$

$\xrightarrow{\text{再经 } l \text{ 次分部积分后}} = (-1)^l\frac{(2l)!}{2^{2l}(l!)^2} \cdot (-1)^l\frac{(l!)^2(x+1)^{2l+1}}{(2l+1)!}\bigg|_{-1}^{1} = \frac{2}{2l+1}$

于是式(7.3.8)的第二个等式得到了证明.通常将 $\left[\int_{-1}^{1}p_l^2(x)\mathrm{d}x\right]^{1/2}$ 称为勒让德多项式的模,用 N_l 表示.

7.3.3 勒让德多项式的母函数(或生成函数)

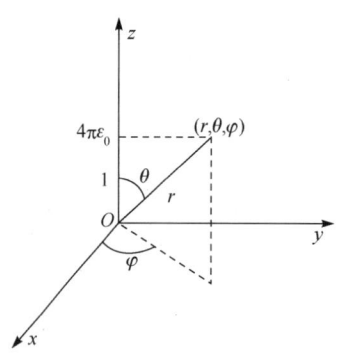

图 7.2

我们先考察这样一个物理问题:在球坐标的极轴上距原点为 1 处放置一电量为 $4\pi\varepsilon_0$ 的点电荷(图 7.2),求其电势分布.

本问题存在轴对称性,故电势 $u(r,\theta,\varphi) = u(r,\theta)$.

由静电学知,该点电荷在空间任一点 (r,θ,φ) 的电势为

$$u(r,\theta) = \frac{1}{\sqrt{1-2r\cos\theta+r^2}} \quad (7.3.10)$$

上式在点 $(1,0)$ 处发散,因此式(7.3.10)并不是满足要求的解.事实上,本问题所求的电势就是具有轴对称的拉普拉斯方程的解(7.2.15),即

$$u(r,\theta) = \begin{cases} \sum_{l=0}^{\infty} A_l r^l p_l(\cos\theta), & r<1 \\ \sum_{l=0}^{\infty} B_l r^{-(l+1)} p_l(\cos\theta), & r>1 \end{cases} \quad (7.3.11)$$

当 $\theta=0$,即 $p_l(1)=1$ 时,由式(7.3.10)有

$$u(r,\theta) = \frac{1}{\sqrt{(1-r)^2}} = \begin{cases} \dfrac{1}{1-r}, & r<1 \\ \dfrac{1}{r-1}, & r>1 \end{cases} \quad (7.3.12)$$

由式(7.3.11)有

$$u(r,\theta) = \begin{cases} \sum_{l=0}^{\infty} A_l r^l, & r<1 \\ \sum_{l=0}^{\infty} B_l r^{-(l+1)}, & r>1 \end{cases} \quad (7.3.13)$$

显然式(7.3.12)与式(7.3.13)应相等. 为此,在 $r<1$ 的区域将 $\dfrac{1}{1-r}$ 在 $r=0$ 的邻域展开为幂级数;而在 $r>1$ 的区域将 $\dfrac{1}{r-1}$ 在 $\dfrac{1}{r}=0$ (即 $r=\infty$)的邻域展开为幂级数,则式(7.3.12)变成

$$u(r,\theta) = \begin{cases} \sum_{l=0}^{\infty} r^l, & r<1 \\ \sum_{l=0}^{\infty} r^{-(l+1)}, & r>1 \end{cases} \quad (7.3.14)$$

由式(7.3.13)与式(7.3.14)相等即可确定系数 A_l 和 B_l,即

$$A_l=1, \quad B_l=1, \quad l=0,1,2,\cdots$$

于是得本问题的解为

$$u(r,\theta) = \begin{cases} \sum_{l=0}^{\infty} r^l p_l(\cos\theta), & r<1 \\ \sum_{l=0}^{\infty} r^{-(l+1)} p_l(\cos\theta), & r>1 \end{cases} \quad (7.3.15)$$

由于式(7.3.10)与式(7.3.15)是描述同一电荷体系的电势分布,故两式应相等,即

$$\frac{1}{\sqrt{1-2r\cos\theta+r^2}} = \begin{cases} \sum_{l=0}^{\infty} r^l p_l(\cos\theta), & r<1 \\ \sum_{l=0}^{\infty} r^{-(l+1)} p_l(\cos\theta), & r>1 \end{cases} \quad (7.3.16)$$

即

$$\frac{1}{\sqrt{1-2rx+r^2}} = \begin{cases} \sum_{l=0}^{\infty} r^l p_l(x), & r<1 \\ \sum_{l=0}^{\infty} r^{-(l+1)} p_l(x), & r>1 \end{cases} \quad (7.3.17)$$

以上两式表明,函数

$$\frac{1}{\sqrt{1-2r\cos\theta+r^2}} \left(\text{或} \frac{1}{\sqrt{1-2rx+r^2}}\right) \quad (7.3.18)$$

与勒让德多项式有着密切的关系,于是将式(7.3.18)称为勒让德多项式的生成函数或母函数。

7.3.4 勒让德多项式的递推公式

与贝塞尔函数类似,不同阶勒让德多项式之间存在下面的联系——勒让德多项式递推公式:

$$(l+1)p_{l+1}(x) + lp_{l-1}(x) = (2l+1)xp_l(x) \quad (7.3.19)$$
$$p_l(x) = p'_{l+1}(x) - 2xp'_l(x) + p'_{l-1}(x) \quad (e \geqslant 1) \quad (7.3.20)$$
$$p'_{l+1}(x) = xp'_l(x) + (l+1)p_l(x) \quad (7.3.21)$$
$$(2l+1)p_l(x) = p'_{l+1}(x) - p'_{l-1}(x) \quad (e \geqslant 1) \quad (7.3.22)$$

下面对递推公式(7.3.19)~式(7.3.22)逐一加以证明:

由式(7.3.17)第一式中两边对 r 求导得

$$\frac{x-r}{(1-2xr+r^2)^{3/2}} = \sum_{l=0}^{\infty} lr^{l-1} p_l(x)$$

即

$$\frac{x-r}{(1-2xr+r^2)^{1/2}} = (1-2xr+r^2)\sum_{l=0}^{\infty} lr^{l-1} p_l(x)$$

再将式(7.3.17)第一式代入上式得

$$(x-r)\sum_{l=0}^{\infty} r^l p_l(x) = (1-2xr+r^2)\sum_{l=0}^{\infty} lr^{l-1} p_l(x)$$

即

$$\sum_{l=0}^{\infty} \left[-lp_l(x)r^{l-1} + (2l+1)xp_l(x)r^l - (l+1)p_l(x)r^{l+1}\right] = 0$$

$$(7.3.23)$$

可将上式第一(作求和指标变换 $l=k+1$)、第三(作求和指标变换 $l=k-1$)两项写为

$$\sum_{l=0}^{\infty} -lp_l(x)r^{l-1} = \sum_{k=-1}^{\infty} -(k+1)p_{k+1}(x)r^k = \sum_{k=0}^{\infty} -(k+1)p_{k+1}(x)r^k$$

$$= \sum_{l=0}^{\infty} -(l+1)p_{l+1}(x)r^l$$

$$\sum_{l=0}^{\infty} -(l+1)p_l(x)r^{l+1} = \sum_{k=1}^{\infty} -kp_{k-1}(x)r^k = \sum_{k=0}^{\infty} -kp_{k-1}(x)r^k$$

$$= \sum_{l=0}^{\infty} -lp_{l-1}(x)r^l$$

于是式(7.3.23)写为

$$\sum_{l=0}^{\infty} [-(l+1)p_{l+1}(x)+(2l+1)xp_l(x)-lp_{l-1}(x)]r^l = 0 \quad (7.3.24)$$

式(7.3.24)可视为 r 的幂级数,因此有

$$-(l+1)p_{l+1}(x)+(2l+1)xp_l(x)-lp_{l-1}(x)=0$$

这就证明了递推公式(7.3.19).

由式(7.3.17)第一式对 x 求导得

$$\frac{r}{(1-2xr+r^2)^{\frac{3}{2}}} = \sum_{l=0}^{\infty} r^l p'_l(x)$$

即

$$\frac{r}{(1-2xr+r^2)^{\frac{1}{2}}} = (1-2xr+r^2)\sum_{l=0}^{\infty} r^l p'_l(x)$$

再将式(7.3.17)第一式代入上式左边得

$$\sum_{l=0}^{\infty} r^{l+1} p_l(x) = (1-2xr+r^2)\sum_{l=0}^{\infty} r^l p'_l(x)$$

$$= \sum_{l=0}^{\infty} [r^l p'_l(x) - 2xr^{l+1} p'_l(x) + r^{l+2} p'_l(x)] \quad (7.3.25)$$

式(7.3.25)左边和右边第一项(作求和指标变换 $l=k+1$)、第三项(作求和指标变换 $l=k-1$)可分别写成

$$\sum_{l=0}^{\infty} r^{l+1} p_l(x) = p_0(x)r + \sum_{l=1}^{\infty} p_l(x)r^{l+1}$$

$$\sum_{l=0}^{\infty} p'_l(x)r^l = p'_1(x)r + \sum_{l=1}^{\infty} p'_{l+1}(x)r^{l+1}$$

$$\sum_{l=0}^{\infty} p'_l(x)r^{l+2} = \sum_{k=1}^{\infty} p'_{k-1}(x)r^{k+1} = \sum_{l=1}^{\infty} p'_{l-1}(x)r^{l+1}$$

将以上三式代入式(7.3.25)得(注意: $p'_1(x)=p_0(x)=1$)

$$\sum_{l=1}^{\infty} [p_l(x) - p'_{l+1}(x) + 2xp'_l(x) - p'_{l-1}(x)]r^{l+1} = 0, \quad l \geqslant 1$$

上式可看成 r 的幂级数,幂级数为零则意味着其所有系数为零,即

$$p_l(x) - p'_{l+1}(x) + 2xp'_l(x) - p'_{l-1}(x) = 0, \quad l \geqslant 1$$

这就证明了递推公式(7.3.20).

由递推公式(7.3.19)对 x 求导得

$$(l+1)p'_{l+1}(x)+lp'_{l-1}(x)=(2l+1)[p_l(x)+xp'_l(x)] \quad (7.3.26)$$

由递推公式(7.3.20)得

$$p'_{l-1}(x)=p_l(x)-p'_{l+1}(x)+2xp'_l(x) \quad (7.3.27)$$

将式(7.3.27)代入式(7.3.26)并整理即得递推公式(7.3.21)

$$p'_{l+1}(x)=xp'_l(x)+(l+1)p_l(x)$$

将递推公式(7.3.21)改写成

$$(l+1)p_l(x)=p'_{l+1}(x)-xp'_l(x) \quad (7.3.28)$$

用2同乘以式(7.3.28)两边再与递推公式(7.3.20)相减得

$$(2l+1)p_l(x)=p'_{l+1}(x)-p'_{l-1}(x)$$

此即递推公式(7.3.22).

7.4 勒让德多项式的应用

在本小节中,首先讨论关于勒让德多项式递推公式的应用,然后侧重结合物理问题说明勒让德多项式的具体应用.

例1 计算积分 $\int_a^b xp_l(x)\mathrm{d}x$,其中 $l \geqslant 2, -1 < a < b < 1$.

解 由递推公式(7.3.19)和(7.3.22)得

$$xp_l(x)=\frac{1}{2l+1}[(l+1)p_{l+1}(x)+lp_{l-1}(x)]$$

$$=\frac{l+1}{(2l+3)(2l+1)}[p'_{l+2}(x)-p'_l(x)]+\frac{l}{(2l+1)(2l-1)}[p'_l(x)-p'_{l-2}(x)]$$

代入题给积分式得

$$\int_a^b xp_l(x)\mathrm{d}x=\frac{l+1}{(2l+3)(2l+1)}[p_{l+2}(b)-p_{l+2}(a)-p_l(b)+p_l(a)]$$

$$+\frac{l}{(2l+1)(2l-1)}[p_l(b)-p_l(a)-p_{l-2}(b)+p_{l-2}(a)]$$

例2 一半径为 R 的均匀带电圆环(如图7.3),总带电量为 Q. 求此圆环在空间各点的电势分布.

解 取圆环中心为坐标原点,并选过环心且垂直环面的直线为极轴,因问题具有轴对称性,因此,除环上各点之外,电势 $u(r,\theta)$ 满足具有轴对称的拉普拉斯方程,其解为

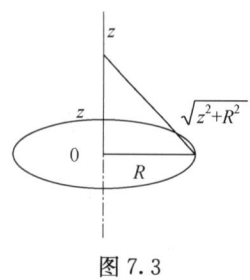

图 7.3

$$u(r,\theta) = \sum_{l=0}^{\infty}(A_l r^l + B_l r^{-(l+1)})p_l(\cos\theta) \tag{7.4.1}$$

当 $r\to\infty$ 时,$u(r,\theta)\to 0$,得 $A_l=0$;而当 $r\to 0$ 时,存在自然边界条件 $u(0,\theta)=$ 有限值,得 $B_l=0$,因此得到满足条件的解为

$$u(r,\theta) = \begin{cases} \sum_{l=0}^{\infty} B_l r^{-(l+1)} p_l(\cos\theta), & r>R \\ \sum_{l=0}^{\infty} A_l r^l p_l(\cos\theta), & r<R \end{cases} \tag{7.4.2}$$

现在只需确定解(7.4.2)中的常数 A_l 和 B_l 即可.由电磁学易得极轴上的电势为

$$u(r,0) = \frac{Q}{4\pi\varepsilon_0}\frac{1}{\sqrt{r^2+R^2}} \tag{7.4.3}$$

在 $r>R$ 和 $r<R$ 的区域上将式(7.4.3)分别展开为 $\frac{R}{r}$ 和 $\frac{r}{R}$ 的泰勒级数有

$$u(r,0) = \begin{cases} \dfrac{Q}{4\pi\varepsilon_0}\dfrac{1}{r}\sum_{l=0}^{\infty}(-1)^l\dfrac{(2l)!}{2^{2l}(l!)^2}\left(\dfrac{R}{r}\right)^{2l}, & r>R \\ \dfrac{Q}{4\pi\varepsilon_0}\dfrac{1}{R}\sum_{l=0}^{\infty}(-1)^l\dfrac{(2l)!}{2^{2l}(l!)^2}\left(\dfrac{r}{R}\right)^{2l}, & r<R \end{cases} \tag{7.4.4}$$

在极轴上,$\theta=0$,$p_l(\cos\theta)=p_l(1)=1$,故式(7.4.2)变成

$$u(r,0) = \begin{cases} \sum_{l=0}^{\infty} B_l r^{-(l+1)}, & r>R \\ \sum_{l=0}^{\infty} A_l r^l, & r<R \end{cases} \tag{7.4.5}$$

由式(7.4.4)和式(7.4.5)的第一式和第二式分别相等得

$$\begin{cases} B_{2l}=0, & l=0,1,2,\cdots \\ B_{2l+1}=\dfrac{Q}{4\pi\varepsilon_0}\dfrac{(-1)^l(2l)!}{2^{2l}(l!)^2}R^{2l} \end{cases} \tag{7.4.6}$$

$$\begin{cases} A_{2l+1}=0, & l=0,1,2,\cdots \\ A_{2l}=\dfrac{Q}{4\pi\varepsilon_0}\dfrac{(-1)^l(2l)!}{2^{2l}(l!)^2}\dfrac{1}{R^{2l+1}} \end{cases} \tag{7.4.7}$$

最后得

$$u(r,\theta) = \begin{cases} \sum_{l=0}^{\infty}\dfrac{Q}{4\pi\varepsilon_0}\dfrac{(-1)^l(2l)!}{2^{2l}(l!)^2}\dfrac{R^{2l}}{r^{2l+1}}p_{2l}(\cos\theta), & r>R \\ \sum_{l=0}^{\infty}\dfrac{Q}{4\pi\varepsilon_0}\dfrac{(-1)^l(2l)!}{2^{2l}(l!)^2}\dfrac{r^{2l}}{R^{2l+1}}p_{2l}(\cos\theta), & r<R \end{cases} \tag{7.4.8}$$

例 3 将半径为 a 的接地导体球置于点电荷 $4\pi\varepsilon_0 q$ 的电场中,球心与点电荷相距为 $d(d>a)$(见图 7.4).

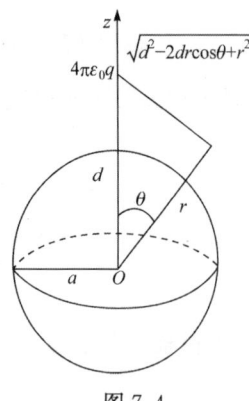

图 7.4

求静电场中的电势.

解 取过球心和点电荷的连线为极轴,球心为球坐标的原点. 设球外电势为 u_e. 我们知道,在无导体球时,电势为

$$u(r,\theta) = \frac{q}{\sqrt{d^2+r^2-2dr\cos\theta}}$$

因此当导体球存在时,可设球外任意一点的电势为

$$u_e(r,\theta) = \frac{q}{\sqrt{d^2+r^2-2dr\cos\theta}} + V_e$$

于是归结为求下面定解问题:

$$\begin{cases} \nabla^2 V_e = 0 & (7.4.9) \\ V_e|_{r=a} = -\frac{q}{\sqrt{d^2+r^2-2rd\cos\theta}}, \quad V_e|_{r\to\infty}=0 & (7.4.10) \end{cases}$$

由于问题具有轴对称性,(7.4.9)的解为

$$V_e(r,\theta) = \sum_{l=0}^{\infty}(A_l r^l + B_l r^{-(l+1)}) p_l(\cos\theta)$$

要满足式(7.4.10)的后一条件,应有 $A_l = 0$. 于是有

$$V_e(r,\theta) = \sum_{l=0}^{\infty} B_l r^{-(l+1)} p_l(\cos\theta)$$

由式(7.4.10)的第一个条件得

$$\sum_{l=0}^{\infty} B_l a^{-(l+1)} p_l(\cos\theta) = -\frac{q}{\sqrt{d^2+a^2-2ad\cos\theta}} \quad (7.4.11)$$

参照勒让德多项式的母函数,可将 $q/\sqrt{d^2+r^2-2dr\cos\theta}$ 展开为勒让德多项式的级数,即

$$\frac{q}{\sqrt{d^2-2dr\cos\theta+r^2}} = q \sum_{l=0}^{\infty} \frac{1}{d^{l+1}} r^l p_l(\cos\theta)$$

代回式(7.4.11)得

$$\sum_{l=0}^{\infty} B_l a^{-(l+1)} p_l(\cos\theta) = -q \sum_{l=0}^{\infty} \frac{1}{d^{l+1}} a^l p_l(\cos\theta)$$

比较两边各 p_l 的系数得

$$B_l = -q \frac{1}{d^{l+1}} a^{2l+1}$$

于是

$$V_e(r,\theta) = -q \sum_{l=0}^{\infty} \frac{a^{2l+1}}{d^{l+1}} \frac{1}{r^{l+1}} p_l(\cos\theta)$$

最后得本问题的解为

$$u_e(r,\theta) = \frac{q}{\sqrt{d^2+r^2-2rd\cos\theta}} - q\sum_{l=0}^{\infty}\frac{a^{2l+1}}{d^{l+1}}r^{l+1}p_l(\cos\theta) \quad (7.4.12)$$

式(7.4.12)的物理意义是明显的,右边第一项是无导体球时点电荷的电势,第二项则是感应电荷激发的电势. 对照勒让德多项式的母函数,可将 $V_e(r,\theta)$ 改写为

$$V_e(r,\theta) = -q\left(\frac{a}{d}\right)\sum_{l=0}^{\infty}\left(\frac{a^2}{d}\right)^l \cdot \frac{1}{r^{l+1}}p_l(\cos\theta) = \frac{-q(a/d)}{\sqrt{\left(\frac{a^2}{d}\right)^2+r^2-2\frac{a^2}{d}r\cos\theta}}$$

由此可看出,这是电量为 $-4\pi\varepsilon_0 q(a/d)$ 的点电荷(即感应电荷的等效电荷)的电势,它与导体球心的距离为 a^2/d,因 $a^2/d<a$,故该等效点电荷处于导体球内. 可见这与电磁学中用电像法求得的结果一致.

7.5 连带勒让德方程的解

在球坐标下,对拉普拉斯方程中的径向变量与角量进行变量分离即得所谓的球函数方程

$$\frac{1}{\sin\theta}\frac{\partial}{\partial\theta}\left[\sin\theta\frac{\partial Y(\theta,\varphi)}{\partial\theta}\right] + \frac{1}{\sin^2\theta}\frac{\partial^2 Y(\theta,\varphi)}{\partial\varphi^2} + n(n+1)Y(\theta,\varphi) = 0 \quad (7.5.1)$$

在一般情况下,问题不具有轴对称性. 故式(7.5.1)不能退化为勒让德方程.

7.5.1 连带勒让德函数

对式(7.5.1)进一步分离变量,其解为

$$Y(\theta,\varphi) = (A\cos k\varphi + B\sin k\varphi)\Theta(\theta), \quad (k\ \text{为正整数}) \quad (7.5.2)$$

其中 $\Theta(\theta)$ 满足的方程为

$$(1-x^2)\frac{d^2\Theta}{dx^2} - 2x\frac{d\Theta}{dx} + \left[l(l+1) - \frac{k^2}{1-x^2}\right]\Theta = 0 \quad (7.5.3)$$

(已作了变量变换 $x=\cos\theta$),式(7.5.3)称为连带勒让德方程,它与自然边界条件

$$x = \pm 1 \ \text{或} \ (1-x^2)\big|_{x=\pm 1} = 0 \quad (7.5.4)$$

构成另一本征值问题. 为避免级数解中过于冗长的系数计算,我们先作变换

$$\Theta = (1-x^2)^{\frac{k}{2}} y(x) \quad (7.5.5)$$

于是

$$\frac{d\Theta}{dx} = (1-x^2)^{\frac{k}{2}}\frac{dy}{dx} - k(1-x^2)^{\frac{k}{2}-1}xy$$

$$\frac{d^2\Theta}{dx^2} = (1-x^2)^{\frac{k}{2}}\frac{d^2y}{dx^2} - 2k(1-x^2)^{\frac{k}{2}-1}x\frac{dy}{dx} - k(1-x^2)^{\frac{k}{2}-1}y + k(k-2)(1-x^2)^{\frac{k}{2}-2}x^2 y$$

将 Θ 及其一、二阶微商代入式(7.5.3)得新函数 y 所满足的方程为

$$(1-x^2)\frac{\mathrm{d}^2 y}{\mathrm{d}x^2}-2(k+1)x\frac{\mathrm{d}y}{\mathrm{d}x}+[l(l+1)-k(k+1)]y=0 \quad (7.5.6)$$

式(7.5.6)的级数解相对较麻烦. 但仔细考察不难发现,方程(7.5.6)正好是勒让德方程

$$(1-x^2)p''-2xp'+n(n+1)p=0$$

经逐项求导 k 次的结果,即

$$(1-x^2)\frac{\mathrm{d}^2 p^{[k]}}{\mathrm{d}x^2}-2(k+1)x\frac{\mathrm{d}p^{[k]}}{\mathrm{d}x}+[l(l+1)-k(k+1)]p^{[k]}=0$$

根据莱布尼茨求导规则,由勒让德方程对 x 求导 k 次即可证明上式. 由此得到方程(7.5.6)的解为

$$y(x)=p^{[k]}(x) \quad (7.5.7)$$

由于勒让德方程与自然边界条件 $x=\pm 1$(或 $\theta=0,\pi$)构成本征值问题,本征函数为勒让德多项式 $p_l(x)$,因此方程(7.5.6)满足自然边界条件的解就是勒让德多项式的 k 阶导数,即

$$y(x)=p_l^{[k]}(x)$$

将此结果代回式(7.5.5)得

$$\Theta=(1-x^2)^{\frac{k}{2}}p_l^{[k]}(x) \quad (7.5.8)$$

这称为连带勒让德函数,通常记为 $P_l^k(x)$,即

$$p_l^k(x)=(1-x^2)^{\frac{k}{2}}p_l^{[k]}(x) \quad (7.5.9)$$

需要注意的是 p_l^k 与 $p_l^{[k]}$ 的区别,p_l^k 只是定义的函数符号,而 $p_l^{[k]}$ 则表示对勒让德多项式 $p_l(x)$ 求 k 阶导数.

至此,我们已求出了连带勒让德方程的解,即连带勒让德方程(7.5.3)和自然边界条件 $x=\pm 1$(或 $\theta=0,\pi$)构成本征值问题,其本征值和本征函数分别为

$$\lambda_k=l(l+1), \quad l=1,2,\cdots$$

$$p_l^k(x)=(1-x^2)^{\frac{k}{2}}p_l^{[k]}(x) \quad (7.5.10)$$

此外我们注意到,$p_l(x)$ 是 l 次多项式,其最多只能求导 l 次,故连带勒让德函数 $p_l^k(x)$ 中的 k 只能取 $k=1,2,\cdots,l$ 这些值. 将勒让德多项式 $p_l(x)$ 的 k 阶导数求出后并代入式(7.5.10)即可得连带勒让德函数的具体表达式为

$$p_l^k(x)=(1-x^2)^{\frac{k}{2}}\sum_{m=0}^{M}(-1)^m\frac{2l-2m}{2^l m!(l-m)!(l-2m-k-1)!}x^{l-2m-k}$$

$$(7.5.11)$$

其中

第7章 勒让德多项式

$$M=\begin{cases}\dfrac{l}{2}, & l\text{ 为偶数}\\ \dfrac{l-1}{2}, & l\text{ 为奇数}\end{cases}\quad(k\leqslant l,\quad l=1,2,\cdots)$$

由式(7.5.11)可具体写出各连带勒让德函数的具体表达式,现给出前三个的表达式如下:

$$p_1^1(x)=(1-x^2)^{\frac{1}{2}}\sin\theta$$

$$p_2^1(x)=3(1-x^2)^{\frac{1}{2}}x=\frac{3}{2}\sin2\theta$$

$$p_2^2(x)=3(1-\cos^2\theta)=3\sin^2\theta=\frac{3}{2}(1-\cos2\theta)$$

$$p_3^1(x)=\frac{3}{2}(1-x^2)^{\frac{1}{2}}(5x^2-1)\frac{3}{8}(\sin\theta+5\sin3\theta)$$

$$p_3^2(x)=15(1-x^2)x=\frac{15}{4}(\cos\theta-\sin3\theta)$$

$$p_3^3(x)=15(1-x^2)^{\frac{3}{2}}=\frac{15}{4}(3\sin\theta-\sin3\theta)$$

为以后应用上的方便,常将连带勒让德函数表示为微分形式(将勒让德多项式的微分形式代入式(7.5.9)即可)

$$p_l^k(x)=\frac{(1-x^2)^{\frac{k}{2}}}{2^l l!}\frac{\mathrm{d}^{k+l}}{\mathrm{d}x^{k+l}}(x^2-1)^l \tag{7.5.12}$$

这也称为罗德里格斯公式.

在方程(7.5.3)中,若将 k 改为 $-k$,可见方程没有任何改变,于是其解又可表为(将式(7.5.12)中的 k 改为 $-k$)

$$p_l^{-k}(x)=\frac{(1-x^2)^{-\frac{k}{2}}}{2^l l!}\frac{\mathrm{d}^{l-k}}{\mathrm{d}x^{l-k}}(x^2-1)^l \tag{7.5.13}$$

因此,$p_n^k(x)$ 与 $p_n^{-k}(x)$ 最多只相差一常数因子,即

$$\frac{p_l^k(x)}{p_l^{-k}(x)}=\text{常数}=\frac{(1-x^2)^k\dfrac{\mathrm{d}^{l+k}}{\mathrm{d}x^{l+k}}(x^2-1)^l}{\dfrac{\mathrm{d}^{l-k}}{\mathrm{d}x^{l-k}}(x^2-1)^l}$$

上式右边为有理分式,分子与分母的同幂项之比即为所求的常数,可由分子分母的最高幂次项之比而得

$$\frac{(1-x^2)^k\dfrac{\mathrm{d}^{l+k}}{\mathrm{d}x^{l+k}}(x^{2l})}{\dfrac{\mathrm{d}^{l-k}}{\mathrm{d}x^{l-k}}(x^{2l})}=(-1)^k x^{2k}\frac{(2l)!}{(l-k)!}x^{l-k}\bigg/\left(\frac{(2l)!}{(l+k)!}x^{l+k}\right)$$

$$= (-1)^k \frac{(l+k)!}{(l-k)!} = 常数$$

这样,我们便得到了 $p_n^k(x)$ 与 $p_n^{-k}(x)$ 的关系式

$$p_l^k(x) = (-1)^k \frac{(l+k)!}{(l-k)!} p_l^{-k}(x)$$

或

$$p_l^{-k}(x) = (-1)^k \frac{(l-k)!}{(l+k)!} p_l^k(x) \tag{7.5.14}$$

连带勒让德方程(7.5.3)同样是施图姆-刘维尔本征值问题的特例,故其所有本征函数——所有阶连带勒让德函数组成正交完备系。k 相同但不同阶(l 不同)的连带勒让德函数在区间$[-1,1]$上的正交性表为

$$\int_{-1}^{+1} p_n^k(x) p_m^k(x) \mathrm{d}x = 0, \qquad n \neq m \tag{7.5.15}$$

仿计算勒让德多项式的模的类似方法,可求得连带勒让德函数的模方为

$$(N_l^k)^2 = \int_{-1}^{1} [p_l^k(x)]^2 \mathrm{d}x = \frac{2}{2l+1} \frac{(l+k)!}{(l-k)!}$$

于是得 $p_l^k(x)$ 的模为

$$N_l^k = \sqrt{\frac{2}{2l+1} \frac{(l+k)!}{(l-k)!}} \tag{7.5.16}$$

连带勒让德函数的完备性可表为:在区间$[-1,1]$上具有一阶连续导数及分段连续二阶导数且满足相同的自然边界条件的任意函数 $f(x)$,可按连带勒让德函数展开为广义傅里叶级数

$$\begin{cases} f(x) = \sum_{l=0}^{\infty} f_l p_l^k(x) \\ f_l = \frac{2l+1}{2} \frac{(l-k)!}{(l+k)!} \int_{-1}^{1} f(x) p_l^k(x) \mathrm{d}x \end{cases} \tag{7.5.17}$$

或

$$\begin{cases} f(\theta) = \sum_{l=0}^{\infty} f_l p_l^k(\cos\theta) \\ f_l = \frac{2l+1}{2} \frac{(l-k)!}{(l+k)!} \int_0^{\pi} f(\theta) p_l^k(\cos\theta) \sin\theta \mathrm{d}\theta \end{cases} \tag{7.5.18}$$

最后,为了应用上的方便,我们不加证明地给出连带勒让德函数的递推公式[①]

$$(l+1-k) p_{l+1}^k(x) - (2l+1) x p_l^k(x) + (l+k) p_{l-1}^k(x) = 0 \tag{7.5.19}$$

[①] 利用勒让德多项式递推公式 $(l+1) p_{l+1}(x) - (2l+1) x p_l(x) + l p_{l-1}(x) = 0$ 和母函数经不复杂的运算即可得到.

7.5.2 球函数

将式(7.5.9)代回式(7.5.2),我们便得到式(7.5.1)满足周期条件和自然边界条件的解.为书写方便,以复数形式表出为

$$Y_l^k(\theta,\varphi) = p_l^k(\cos\theta)e^{ik\varphi} \tag{7.5.20}$$

这常称为球函数,其中 l,k 的取值范围是

$$l = 0,1,2,\cdots, k = 0,\pm 1,\pm 2,\cdots,\pm l \tag{7.5.21}$$

在物理学中,常将式(7.5.20)用归一化球函数表出,即

$$Y_{lk}(\theta,\varphi) = (-1)^k \sqrt{\frac{2l+1}{4\pi}\frac{(l-k)!}{(l+k)!}} Y_l^k(\theta,\varphi)$$

$$= (-1)^k \sqrt{\frac{2l+1}{4\pi}\frac{(l-k)!}{(l+k)!}} p_l^k(\cos\theta)e^{ik\varphi} \tag{7.5.22}$$

容易证明,式(7.5.22)表示的球函数是正交归一的,即

$$\int_0^{2\pi}\int_0^\pi Y_{km}^*(\theta,\varphi)Y_{nl}(\theta,\varphi)\sin\theta d\theta d\varphi = \delta_{kl}\delta_{mn} \tag{7.5.23}$$

证明如下:

$$\text{左边} = \sqrt{\frac{2k+1}{4\pi}\frac{(k-m)!}{(k+m)!}} \sqrt{\frac{2l+1}{4\pi}\frac{(k-n)!}{(k+n)!}} \int_0^\pi p_k^m(\cos\theta)p_l^n(\cos\theta)\sin\theta d\theta \int_0^{2\pi} e^{i(n-m)\varphi}d\varphi$$

$$= \sqrt{\frac{2k+1}{4\pi}\frac{(k-m)!}{(k+m)!}} \sqrt{\frac{2l+1}{4\pi}\frac{(k-n)!}{(k+n)!}} \frac{2}{2l+1}\frac{(l+n)!}{(l-n)!}\delta_{kl}(2\pi\delta_{mn}) = \delta_{kl}\delta_{mn}$$

事实上,$Y_{lk}(\theta,\varphi)$ 在区间 $[0,\pi]$、$[0,2\pi]$ 上构成完备系.即对于定义在该区间上的任意平方可积函数 $f(\theta,\varphi)$,可按 $Y_{lk}(\theta,\varphi)$ 展开为

$$f(\theta,\varphi) = \sum_{l=0}^{\infty}\sum_{k=-l}^{l} C_{lk} Y_{lk}(\theta,\varphi) \tag{7.5.24}$$

其中

$$C_{lk} = \int_0^{2\pi}\int_0^\pi f(\theta,\varphi)Y_{lk}^*(\theta,\varphi)\sin\theta d\theta d\varphi \tag{7.5.25}$$

前几个低次归一化球函数的具体表达式为

$$Y_{0,0} = \frac{1}{\sqrt{4\pi}}, Y_{1,1} = -\sqrt{\frac{3}{8\pi}}\sin\theta e^{i\varphi}, Y_{1,0} = \sqrt{\frac{3}{4\pi}}\cos\theta, Y_{1,-1} = \sqrt{\frac{3}{8\pi}}\sin\theta e^{-i\varphi}$$

$$Y_{2,2} = \sqrt{\frac{15}{32\pi}}\sin^2\theta e^{i2\varphi}, Y_{2,1} = -\sqrt{\frac{15}{8\pi}}\sin\theta\cos\theta e^{i\varphi}, Y_{2,0} = \sqrt{\frac{5}{16\pi}}(3\cos^2\theta - 1)$$

$$Y_{2,-1} = \sqrt{\frac{15}{8\pi}}\sin\theta\cos\theta e^{-i\varphi}, Y_{2,-2} = \sqrt{\frac{15}{32\pi}}\sin^2\theta e^{-i2\varphi}$$

为使读者对球函数的应用有一认识,现举一例以作示范.

例 半径为 a 的均匀球体,表面温度为 $u_0\sin^2\theta\cos2\varphi$,试求球内稳定的温度分布(其中 u_0 为常数).

解 依题意,这是要求下面的定解问题:

$$\nabla^2 u(r,\theta,\varphi)=0, \quad 0<r<a, \quad 0<\theta<\pi, \quad 0<\varphi<2\pi \quad (7.5.26)$$

$$u(a,\theta,\varphi)=u_0\sin^2\theta\cos2\varphi, \quad 0\leqslant\theta\leqslant\pi, \quad 0\leqslant\varphi\leqslant2\pi \quad (7.5.27)$$

令 $u(r,\theta,\varphi)=R(r)Y(\theta,\varphi)$,代入式(7.5.26)将径量与角量分离得

$$\frac{1}{\sin\theta}\frac{\partial}{\partial\theta}\left(\sin\theta\frac{\partial Y(\theta,\varphi)}{\partial\theta}\right)+\frac{1}{\sin^2\theta}\frac{\partial^2}{\partial\varphi^2}Y(\theta,\varphi)+l(l+1)Y(\theta,\varphi) \quad (7.5.28)$$

$$r^2R''(r)+2rR'(r)-l(l+1)R(r)=0 \quad (7.5.29)$$

方程(7.5.28)为球函数方程,其解为

$$Y_{l,m}(\theta,\varphi), l=0,1,2,\cdots,m=0,\pm1,\pm2,\cdots,\pm l$$

方程(7.5.29)为欧拉型方程,其解为

$$R_l(r)=C_l r^l+D_l r^{-(l+1)}$$

得方程(7.5.26)的解为

$$u(r,\theta,\varphi)=\sum_{l=0}^{\infty}\sum_{m=-l}^{l}E_{lm}R_l(r)Y_{lm}(\theta,\varphi)=\sum_{l=0}^{\infty}\sum_{m=-l}^{l}E_{lm}(C_l r^l+D_l r^{-(l+1)})Y_{lm}(\theta,\varphi)$$

$$=\sum_{l=0}^{\infty}\sum_{m=-l}^{l}\left(A_{lm}r^l+B_{lm}\frac{1}{r^{l+1}}\right)Y_{lm}(\theta,\varphi) \quad (7.5.30)$$

此即球坐标下拉普拉斯方程解的普遍形式. 其中 A_{lm} 和 B_{lm} 为积分常数,由边界条件确定. 除题给边界条件(7.5.27)之外,根据有限性要求,还应满足下面的自然边界条件:

$$u(0,\theta,\varphi)=\text{有限值} \quad (7.5.31)$$

将式(7.5.30)代入式(7.5.31)得

$$B_{lm}=0, \quad l=0,1,2,\cdots \quad (7.5.32)$$

边界条件(7.5.27)可写为

$$u(a,\theta,\varphi)=u_0\sin^2\theta\cos2\varphi$$

$$=u_0\sqrt{\frac{8\pi}{15}}Y_{2,2}(\theta,\varphi)+u_0\sqrt{\frac{8\pi}{15}}Y_{2,-2}(\theta,\varphi) \quad (7.5.33)$$

由式(7.5.30)、(7.5.32)和(7.5.33)得

$$\sum_{l=0}^{\infty}\sum_{m=-l}^{l}A_{lm}a^l Y_{lm}(\theta,\varphi)=u_0\sqrt{\frac{8\pi}{15}}Y_{2,2}(\theta,\varphi)+u_0\sqrt{\frac{8\pi}{15}}Y_{2,-2}(\theta,\varphi)$$

$$(7.5.34)$$

比较两边同阶球函数的系数得

$$A_{2,2}=\frac{u_0}{a^2}\sqrt{\frac{8\pi}{15}}, A_{2,-2}=\frac{u_0}{a^2}\sqrt{\frac{8\pi}{15}}, A_{lm}=0, l\neq 2, m\neq \pm 2$$

最后得本问题满足边界条件的解为

$$u(r,\theta,\varphi)=u_0\sqrt{\frac{8\pi}{15}}\frac{r^2}{a^2}Y_{2,2}(\theta,\varphi)+u_0\sqrt{\frac{8\pi}{15}}\frac{r^2}{a^2}Y_{2,-2}(\theta,\varphi)$$

$$=u_0\sqrt{\frac{8\pi}{15}}\frac{r^2}{a^2}\sin^2\theta(e^{i2\varphi}+e^{-i2\varphi})$$

习 题 7

1. 在区间 $[-1,1]$ 上将下列函数展为广义傅里叶级数.
   (1) $f(x)=x^4+2x^3$;   (2) $f(x)=x^n$;(n 为正整数)
   (3) $f(x)\begin{cases}x^2, & (0\leqslant x\leqslant 1)\\ 0, & (-1\leqslant x\leqslant 0)\end{cases}$

2. 一空心圆球区域,内半径为 r_1,外半径为 r_2,内球面上有恒定电势 u_0,外球面上电势保持为 $u_1\cos^2\theta$,u_0、u_1 均为常数,试求内外球面之间空心圆球区域中的电势分布.

3. 半径为 r_0 的半球的球面保持一定温度 u_0,半球底面(1) 保持 $0\,\text{℃}$;(2) 绝热.试求这个半球里的稳定温度分布.

4. 均匀介质球,半径为 r_0,介电常量为 ε,把介质球放在点电荷 $4\pi\varepsilon_0 q$ 的电场中,球心跟点电荷相距 $d(d<r_0)$,求解这个静电场中的电势.

5. 半径为 r_0,表面熏黑的均匀球,在温度为 $0\,\text{℃}$ 的空气中,受着阳光的照射,阳光的热流强度为 q_0.求解小球里的稳定温度分布.

6. 细导线首尾相接而构成圆环,环的半径为 r_0,环上带电 $4\pi\varepsilon_0 q$. 求圆环周围电场中的静电势.
   (在初等电学课程中已经知道,圆环轴上距环心 r 处的电势为 $q/\sqrt{r_0^2+r^2}$.这可用来作为电势在 $\theta=0$ 和 $\theta=\pi$ 方向的值.)

7. 利用勒让德多项式的递推公式计算定积分 $I=\int_0^1 p_l(x)\mathrm{d}x$.

8. 用球函数把下列函数展开.
   (1) $(1+3\cos\theta)\sin\theta\cos\varphi$;   (2) $(1+|\cos\theta|)(1+\cos 2\theta)$

9. 在半径为 r_0 的球形区域,在(1)球的内部和(2)球的外部,分别求下面定解问题:
$$\begin{cases}\Delta u=0\\ u|_{r=r_0}=4\sin^2\theta\left(\cos\varphi\sin\varphi+\frac{1}{2}\right).\end{cases}$$

10. 在半径为 r_0 的球的内部区域 $(r<r_0)$,求下面定解问题:
$$\begin{cases}\Delta u=0\\ \left(u+H\dfrac{\partial u}{\partial r}\right)\bigg|_{r=r_0}=u_0\sin\theta(\cos\theta+\cos\theta\sin\varphi),\end{cases} H,u_0 \text{ 为常数}$$

11. 在内半径为 r_1, 外半径为 r_2 的空心球区域, 求定解问题:
$$\begin{cases} \Delta u = 0 \\ u|_{r=r_1} = u_1 \cos\theta \quad (u_1 、 u_2 \text{ 为常数}) \\ u|_{r=r_2} = u_2 \sin\theta \cos\theta \sin\varphi \end{cases}$$

12. 半径为 r_0 的球面径向速度分布为 $v = v_0 \dfrac{1}{4}(3\cos 2\theta + 1)\cos\omega t$, 试求这个球在空气中辐射出去的声场中的速度势. 设 $r_0 \ll \lambda$ (声波波长). 本题径向速度对空间中的方向的依赖性由因子 $\dfrac{1}{4}(3\cos\theta + 1)$ [即 $p_2(\cos\theta)$] 描述, 故是轴对称的四极声源.

第8章 求解线性偏微分方程近似方法简介

前面几章所介绍的求解二阶线性偏微分方程的方法可给出方程的严格解.但在实际问题中,有的由于边界较复杂,或由于泛定方程较复杂而难以求得严格解,这时就需要考虑采用下面所介绍的近似解法.当然,近似解法所得的结果必须能够满足实际要求.其实,从严格的意义上说,我们前面在推导数学物理方程时本身就作了一些简化和假设,定解条件也多少带有某种近似性.因此,从根本上讲,前几章所得的解也还是近似的.

常用的近似方法有变分法、模拟法、差分法和微扰法等,在量子力学中较常用的是微扰法和 W. K. B(Wentzel,Kramers,Brillouin)近似法.为避免重复并从知识体系的结构考虑,后两种方法留待量子力学中讨论,本章仅简要介绍变分法和差分法.

8.1 变 分 法

8.1.1 泛函

一般面言,一个变量 F,若其值不是取决于变量 y 的值,而是取决于函数 $y=y(x)$,则 F 称为函数 $y(x)$ 的泛函,记为 $F[y(x)]$.

例如,一质点沿光滑轨道由静止从 A 自由下滑到 B (如图 8.1),所需时间为

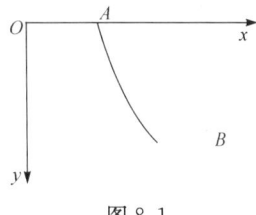

图 8.1

$$T = \int \mathrm{d}t = \int \frac{\mathrm{d}s}{v} = \int \frac{\mathrm{d}s}{\sqrt{2gy}} = \int_A^B \frac{\sqrt{1+y'^2}}{\sqrt{2gy}} \mathrm{d}x$$

显然,当 $y=y(x)$ 为不同的轨道时,所需时间 T 是不同的,因此 T 是轨道 $y=y(x)$ 的泛函 $T[y(x)]$.

8.1.2 变分问题

现在我们要提出这样的问题:在上面图 8.1 中,质点由 A 下滑到 B 所需的最短时间对应的轨道是什么?这显然是一个极值问题,即要求

$$\delta T[y(x)] = \delta \int_A^B \frac{\sqrt{1+y'^2}}{\sqrt{2gy}} \mathrm{d}x = 0$$

对应的 $y(x)$.我们称泛函的极值问题为变分问题.变分问题是理论物理学中广泛

采用的一种讨论方法.

8.1.3 变分法的类型及例子

通常可采用两种方法来研究变分问题,直接法和间接法. 直接法是直接研究所提出的变分问题;而间接法是将变分问题转化为微分方程的求解. 说明如下:

1. 瑞利-里兹法

这是一种直接法. 该法的关键是恰当地找到一个完备函数系$\{\varphi_n(x)\}$,尝试用其中前 n 个 $\varphi(x)$ 来表示 $y(x)$,即

$$y(x)=f(\varphi_1,\varphi_2,\cdots,\varphi_n;c_1,c_2,\cdots,c_n) \tag{8.1.1}$$

其中 $c_1,c_2,\cdots,c_n$ 为待定参数. 于是泛函 $T[y(x)]$ 便成为 $c_1,c_2,\cdots,c_n$ 的多元函数,由求多元函数极值即可确定 $c_1,c_2,\cdots,c_n$ 的值. 设由此求得的极值近似解为 $y_n(x)$,则真正的极值解应为

$$y(x)=\lim_{n\to\infty} y_n(x) \tag{8.1.2}$$

实际应用中,我们并不去直接计算式(8.1.2)的极限过程,而是从问题的各因素加以考虑并结合经验来适当地选定完备函数系$\{\varphi_n(x)\}$和尝试函数 $f(\varphi_1,\varphi_2,\cdots,\varphi_n;c_1,c_2,\cdots,c_n)$ 就能获得近似程度很高的解. 例如,用变分法计算氦原子基态能量近似值时,我们选

$$\varphi(\boldsymbol{r}_1,\boldsymbol{r}_2)=\frac{z^3}{\pi a_0^3}e^{-\frac{z}{a_0}(r_1+r_2)}$$

为尝试函数即可获得近似程度较高的氦原子基态能量的上限

$$E_0\approx \frac{e^2}{a_0}\left[z^2-\frac{27}{8}z\right]=-2.85\frac{e^2}{a_0}$$

用实验方法得出的氦原子基态能量为 $-2.904\dfrac{e^2}{a_0}$,而用微扰法计算准确到第一级近似的结果为 $-2.75\dfrac{e^2}{a_0}$. 在此例中所选取的尝试函数实际上就是属于氦原子中两个电子的类氢原子基态波函数 $\varphi_{100}=\dfrac{1}{\sqrt{\pi}}\left(\dfrac{z}{a_0}\right)^{3/2}e^{-\frac{z}{a_0}r}$ 的乘积,而原子序数 z 正好作为本问题的变分参数. 因此在量子力学中应用变分法求某些问题的近似值是有效的.

但就一般情况而言,如何适当地选择完备函数系和尝试函数并无规可循,这就是直接变分法的困难所在. 因此,本节不打算继续讨论直接变分法,而侧重于间接变分法的讨论.

2. 间接变分法——欧拉方程

若泛函 $J[y(x)]$ 只依赖于单个 x、单个函数 $y(x)$ 和导数 $y'(x)$,即

$$J[y(x)] = \int_a^b F(x,y,y') \, dx \tag{8.1.3}$$

且函数 F 对于 x,y,y' 都是二次连续可微,y'' 也连续. 当设想函数 $y(x)$ 稍有变动 δy,则泛函(8.1.3)的值也将随之变动

$$J[y+\delta y] - J[y] = \int_a^b [F(x, y+\delta y, y'+\delta y') - F(x, y, y')] \, dx$$
$$= \int_a^b \left[\frac{\partial F}{\partial y} \delta y + \frac{\partial F}{\partial y'} \delta y' \right] dx$$

我们称上式右边为泛函(8.1.3)的变分,记为 $\delta J[y]$,即

$$\delta J[y] = \int_a^b \left(\frac{\partial F}{\partial y} \delta y + \frac{\partial F}{\partial y'} \delta y' \right) dx \tag{8.1.4}$$

设变分问题的解存在且为

$$y = y(x) \tag{8.1.5}$$

再设想 y 由解(8.1.5)变动到 $y+\delta y$,而将 $\delta y(x)$ 改记为 $\varepsilon \eta(x)$,$\varepsilon = 0$ 时对应于解 $y(x)$,于是泛函 $J[y+\varepsilon \eta]$ 成为参数 ε 的函数. 由极值条件得

$$\left. \frac{\partial J[y+\varepsilon\eta]}{\partial \varepsilon} \right|_{\varepsilon=0} = 0$$

即

$$\int_a^b \left(\frac{\partial F}{\partial y} \eta + \frac{\partial F}{\partial y'} \eta' \right) dx = 0 \tag{8.1.6}$$

这便是解(8.1.5)所需满足的必要条件. 而式(8.1.6)左边与式(8.1.4)右边仅相差一个乘数,故解(8.1.5)需要满足的必要条件就是 $\delta J[y] = 0$,即

$$\int_a^b \left(\frac{\partial F}{\partial y} \delta y + \frac{\partial F}{\partial y'} \delta y' \right) dx = 0 \tag{8.1.7}$$

对式(8.1.7)中的第二个积分进行分部积分有

$$\int_a^b \frac{\partial F}{\partial y'} \delta y' \, dx = \int_a^b \frac{\partial F}{\partial y'} \frac{d}{dx}(\delta y) \, dx = \left[\frac{\partial F}{\partial y'} \delta y \right]_a^b - \int_a^b \frac{d}{dx}\left(\frac{\partial F}{\partial y'} \right) \delta y \, dx \tag{8.1.8}$$

对于简单变分问题,变分 δy 在端点保持为零(如图 8.2),即

$$\delta y|_{x=a} = 0, \qquad \delta y|_{x=b} = 0$$

于是必要条件(8.1.7)成为

$$\int_a^b \left[\frac{\partial F}{\partial y} - \frac{d}{dx}\left(\frac{\partial F}{\partial y'} \right) \right] \delta y \, dx = 0$$

由于 δy 为任意,故有

$$\frac{\partial F}{\partial y} - \frac{d}{dx}\left(\frac{\partial F}{\partial y'} \right) = 0 \tag{8.1.9}$$

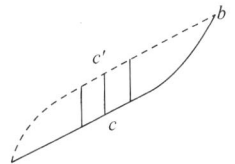

图 8.2

式(8.1.9)称为欧拉方程. 这是简单变分问题所必须满足的必要条件.

作为例子,我们现在回到本节开始提出的变分问题

$$\delta \int_a^b \frac{\sqrt{1+y'^2}}{\sqrt{2gy}} \mathrm{d}x = 0$$

对此,$F(x,y,y') = \sqrt{1+y'^2}/\sqrt{2gy}$,于是欧拉方程为

$$\frac{\sqrt{1+y'^2}}{2\sqrt{2g}y^{3/2}} + \frac{\mathrm{d}}{\mathrm{d}x}\left[\frac{y'}{\sqrt{2gy}\sqrt{1+y'^2}}\right] = 0$$

由于 F 不显含 x,用 $y'\dfrac{\mathrm{d}}{\mathrm{d}y}$ 代替 $\dfrac{\mathrm{d}}{\mathrm{d}x}$ 得

$$\frac{\sqrt{1+y'^2}}{y^{3/2}} + 2y'\frac{\mathrm{d}}{\mathrm{d}y}\left[\frac{y'}{\sqrt{y}\sqrt{1+y'^2}}\right] = 0$$

即

$$\frac{\sqrt{1+y'^2}}{y^{3/2}}\mathrm{d}y + 2y'\mathrm{d}\left[\frac{y'}{\sqrt{y}\sqrt{1+y'^2}}\right] = 0$$

求出上式左边第二项的微分并整理,便实现了变量 y 与 y' 的分离

$$\frac{\mathrm{d}y}{2y} + \frac{y'\mathrm{d}y'}{1+y'^2} = 0$$

积分得

$$\frac{1}{2}\ln y + \frac{1}{2}\ln(1+y'^2) = c$$

即

$$y(1+y'^2) = \mathrm{e}^{2c} = 2c_1 \quad \text{(如此选取常数是为了下面书写的方便)}$$

于是

$$y' = \sqrt{\frac{2c_1-y}{y}}$$

即

$$\frac{\sqrt{y}\mathrm{d}y}{\sqrt{2c_1-y}} = \mathrm{d}x$$

积分并整理得

$$x = -\sqrt{2c_1 y - y^2} + c_1 \arccos\frac{c_1-y}{c_1} + c_2$$

此即所谓捷线问题的解,其中积分常数 c_1、c_2 由端点条件确定.

由以上讨论可知,用变分法求定解问题的关键是通过将变分问题转化为欧拉方程(常微分方程或偏微分方程),进而求解欧拉方程.亦可说定解问题的泛定方程就是某个变分问题的欧拉方程,下面举例说明.

例 用变分法求定解问题：

$$\Delta_2 u + \lambda u = 0$$
$$u|_{\rho=a} = 0$$

其中 $\rho \leqslant a$，a 为圆域半径.

解 容易验证泛定方程是下面泛函

$$J = \iint (u_x^2 + u_y^2 - \lambda u^2) \mathrm{d}x \mathrm{d}y \qquad ①$$

的极值问题的欧拉方程. 选取满足边界条件的尝试函数

$$u = c_1(a^2 - \rho^2) + c_2(a^2 - \rho^2)^2 \qquad ②$$

确定常数 c_1、c_2 的条件是泛函 J 取极值. 在平面极坐标下，将②代入①得

$$J = \int_0^a \int_0^{2\pi} \left[\left(\frac{\partial u}{\partial \rho}\right)^2 + \left(\frac{1}{\rho}\frac{\partial u}{\partial \varphi}\right)^2 - \lambda u^2\right] \rho \mathrm{d}\rho \mathrm{d}\varphi = 2\pi \int_0^a \left[\left(\frac{\partial u}{\partial \rho}\right)^2 - \lambda u^2\right] \rho \mathrm{d}\rho$$

$$= \pi \int_0^a \{c_1^2 [4\rho^2 - \lambda(a^2-\rho^2)^2] + c_1 c_2 [16\rho^2(a^2-\rho^2) - 2\lambda(a^2-\rho^2)^3]$$
$$+ c_2^2 [16\rho^2(a^2-\rho^2)^2 - 2\lambda(a^2-\rho^2)^4]\} \mathrm{d}\rho^2$$

$$= \pi \left[c_1^2 \left(2a^4 - \frac{1}{3}a^6 \lambda\right) + c_1 c_2 \left(\frac{8}{3}a^6 - \frac{1}{2}a^8 \lambda\right) + c_2^2 \left(\frac{4}{3}a^8 - \frac{1}{5}a^{10} \lambda\right)\right]$$

当 J 取极值时有 $\partial J/\partial c_1 = 0$ 和 $\partial J/\partial c_2 = 0$，即

$$\begin{cases} \left(4 - \dfrac{2}{3}a^2 \lambda\right) c_1 + \left(\dfrac{8}{3}a^2 - \dfrac{1}{2}a^4 \lambda\right) c_2 = 0 \\ \left(\dfrac{8}{3} - \dfrac{1}{2}a^2 \lambda\right) c_1 + \left(\dfrac{8}{3}a^2 - \dfrac{2}{5}a^4 \lambda\right) c_2 = 0 \end{cases}$$

这是关于 c_1、c_2 的齐次代数方程组，其存在非零解的条件是系数行列式为零，由此可求得本征值 λ. 这样解得的 λ 有两个，其中较小的一个是 $5.7841/a^2$. 相应的 $c_1/c_2 = 0.638/a^2$. 于是得近似本征值和本征函数分别为

$$\lambda = 5.7841, \quad u = [a^2(a^2-\rho^2) + 0.638(a^2-\rho^2)^2]/1.638$$

值得注意的是，在本例中选取的尝试函数为 c_1、c_2 的线性函数，但这并非必须的，尝试函数完全可以选取为待定常数的非线性函数.

下面不加推导地给出较复杂情况下的欧拉方程.

(1) 泛函取决于两个函数 $y(x)$ 和 $z(x)$ 的情形. 变分问题

$$\delta \int_a^b F(x, y, z, y', z') \mathrm{d}x = 0$$

的欧拉方程为

$$\frac{\partial F}{\partial y} - \frac{\mathrm{d}}{\mathrm{d}x}\frac{\partial F}{\partial y'} = 0, \qquad \frac{\partial F}{\partial z} - \frac{\mathrm{d}}{\mathrm{d}x}\frac{\partial F}{\partial z'} = 0 \qquad (8.1.10)$$

(2) 泛函取决于函数 $y(x)$ 及其高阶导数的情形. 变分问题

$$\delta \int_a^b F(x,y,y',y'',y''')\mathrm{d}x = 0$$

的欧拉方程为

$$\frac{\partial F}{\partial y}-\frac{\mathrm{d}}{\mathrm{d}x}\frac{\partial F}{\partial y'}+\frac{\mathrm{d}^2}{\mathrm{d}x^2}\frac{\partial F}{\partial y''}-\frac{\mathrm{d}^3}{\mathrm{d}x^3}\frac{\partial F}{\partial y'''}=0 \tag{8.1.11}$$

(3) 泛函取决于多元函数 $u(x,y)$ 的情形. 变分问题

$$\delta \iint F(x,y,u,u_x,u_y)\mathrm{d}x\mathrm{d}y = 0$$

的欧拉方程为

$$\frac{\partial F}{\partial u}-\frac{\partial}{\partial x}\frac{\partial F}{\partial u_x}-\frac{\partial}{\partial y}\frac{\partial F}{\partial u_y}=0 \tag{8.1.12}$$

8.1.4 带有附加条件的变分问题

对于带有附加条件的变分问题,同样可用直接法和间接法求解.若用直接法求解,选取尝试函数时,要注意使它满足所提出的附加条件;若用间接法求解,可仿照函数的条件极值问题,采用拉格朗日乘子法.

下面举例说明如何用间接法求解此类变分问题.

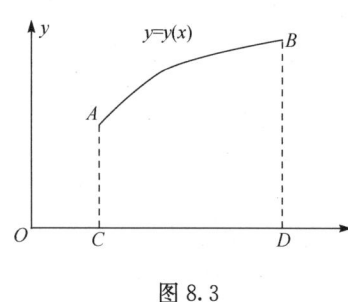

图 8.3

例 曲线 $y=y(x)$ 的两端点为定点 A 和 B(图 8.3),且曲线具有定长 l,则该曲线的形状应如何才能使其与 x 轴所围的面积为最大?

解 面积可用泛函表出为

$$S[y(x)] = \int y\mathrm{d}x$$

依题意,所要求的是满足条件

$$L[y(x)] = \int \sqrt{1+y'^2}\mathrm{d}x = l$$

时 S 的极值. 按拉格朗日乘子法,即求泛函 $S+\dfrac{1}{\lambda}L$ 的极值,于是变分问题

$$\delta \int_A^B (\sqrt{1+y'^2}+\lambda y)\mathrm{d}x = 0$$

的欧拉方程为

$$\frac{\partial}{\partial y}(\sqrt{1+y'^2}+\lambda y)-\frac{\mathrm{d}}{\mathrm{d}x}\frac{\partial}{\partial y'}(\sqrt{1+y'^2}+\lambda y)=0$$

即

$$\frac{\mathrm{d}}{\mathrm{d}x}\left(\frac{y'}{\sqrt{1+y'^2}}\right)=\lambda$$

积分一次得

$$\frac{y'}{\sqrt{1+y'^2}}=\lambda x+c_1$$

解得

$$y'=\frac{\mathrm{d}y}{\mathrm{d}x}=\frac{\lambda x+c_1}{\sqrt{1-(\lambda x+c_1)^2}}$$

即

$$\mathrm{d}y=\frac{\lambda x+c_1}{\sqrt{1-(\lambda x+c_1)^2}}\mathrm{d}x$$

再积分得

$$y+c_2=-\frac{1}{\lambda}\sqrt{1-(\lambda x+c_1)^2}$$

两边平方并整理得

$$\lambda^2(x^2+y^2)+2\lambda(c_1 x+c_2\lambda y)+(\lambda^2 c_2^2+c_1^2-1)=0$$

即定长曲线 L 的形状为过定点 A、B 的上凸圆弧时其与 x 轴所围面积为最大. 其中 c_1、c_2 和 λ 由端点条件和附加条件 $\int\sqrt{1+y'^2}\mathrm{d}x=l$ 确定.

8.2 差 分 法

本节对差分解法作一简要介绍,主要说明如何将一个微分方程化为差分方程,并指出求解差分方程的一般方法. 差分法的基本思路就是用差商代替微分.

8.2.1 将微分方程化为差分方程

由微商定义有

$$u'(x)=\frac{\mathrm{d}u}{\mathrm{d}x}=\lim_{\Delta x\to 0}\frac{u(x+\Delta x)-u(x)}{\Delta x}=\lim_{\Delta x\to 0}\frac{u(x)-u(x-\Delta x)}{\Delta x}$$

$$u''(x)=\frac{\mathrm{d}^2 u}{\mathrm{d}x^2}=\lim_{\Delta x\to 0}\frac{u'(x+\Delta x)-u'(x)}{\Delta x}$$

$$=\lim_{\Delta x\to 0}\frac{1}{\Delta x}\left[\frac{u(x+\Delta x)-u(x)}{\Delta x}-\frac{u(x)-u(x-\Delta x)}{\Delta x}\right]$$

$$=\lim_{\Delta x\to 0}\frac{u(x+\Delta x)-2u(x)+u(x-\Delta x)}{(\Delta x)^2}$$

当 $|\Delta x|\to 0$ 时,$u'(x)$ 可近似表示为其差商

$$\frac{u(x+\Delta x)-u(x)}{\Delta x}\text{ 或 }\frac{u(x)-u(x-\Delta x)}{\Delta x}$$

而 $u''(x)$ 可近似地表示为其二阶差商

$$\frac{u(x+\Delta x)-2u(x)+u(x-\Delta x)}{(\Delta x)^2}$$

于是,一个微分方程可近似地用一个差分方程来代替. 如二维拉普拉斯方程

$$\frac{\partial^2 u}{\partial x^2}+\frac{\partial^2 u}{\partial y^2}=0 \qquad (8.2.1)$$

可用差分方程表为

$$\frac{u(x+\Delta x,y)-2u(x,y)+u(x-\Delta x,y)}{(\Delta x)^2}+\frac{u(x,y+\Delta y)-2u(x,y)+u(x,y-\Delta y)}{(\Delta y)^2}=0$$

$$(8.2.2)$$

现在来估算这一近似所产生的误差. 由光滑函数 $u=u(x,y)$ 按泰勒展开到四阶项有

$$u(x+\Delta x,y)-2u(x,y)+u(x-\Delta x,y)$$

$$=\left[u(x,y)+\frac{\partial u(x,y)}{\partial x}\Delta x+\frac{1}{2!}\frac{\partial^2 u(x,y)}{\partial x^2}(\Delta x)^2+\frac{1}{3!}\frac{\partial^3 u(x,y)}{\partial x^3}(\Delta x)^3\right.$$

$$\left.+\frac{1}{4!}\frac{\partial^4 u(\xi,y)}{\partial x^4}(\Delta x)^4\right]+\left[u(x,y)-\frac{\partial u(x,y)}{\partial x}\Delta x+\frac{1}{2!}\frac{\partial^2 u(x,y)}{\partial x^2}(\Delta x)^2\right.$$

$$\left.-\frac{1}{3!}\frac{\partial^3 u(x,y)}{\partial x^3}(\Delta x)^3+\frac{1}{4!}\frac{\partial^4 u(\eta,y)}{\partial x^4}(\Delta x)^4\right]-2u(x,y)$$

$$=\frac{\partial^2 u(x,y)}{\partial x^2}(\Delta x)^2+\frac{1}{4!}\left[\frac{\partial^4 u(\xi,y)}{\partial x^4}+\frac{\partial^4 u(\eta,y)}{\partial x^4}\right](\Delta x)^4$$

其中 $\xi=x+\Delta x, \eta=x-\Delta x$,当 $\Delta x\to 0$ 时,上式为

$$\frac{u(x+\Delta x,y)-2u(x,y)+u(x-\Delta x,y)}{(\Delta x)^2}=\frac{\partial^2 u(x,y)}{\partial x^2}+o[(\Delta x)^2]$$

同理有

$$\frac{u(x,y+\Delta y)-2u(x,y)+u(x,y-\Delta y)}{(\Delta y)^2}=\frac{\partial^2 u(x,y)}{\partial y^2}+o[(\Delta y)^2]$$

$o[(\Delta x)^2]$ 和 $o[(\Delta y)^2]$ 是当 $\Delta x\to 0$ 和 $\Delta y\to 0$ 时更高阶的无穷小. 可见,用式 (8.2.2)取代二维拉普拉斯方程,其截断误差为 $(\Delta x)^2+(\Delta y)^2$ 的数量级. 若 $\Delta x=\Delta y=h$,则截断误差为 h^2 的数量级.

类似地,一维热传导方程

$$\frac{\partial u}{\partial t}=a^2\frac{\partial^2 u}{\partial x^2} \qquad (8.2.3)$$

可用差分方程

$$\frac{u(x,t+\Delta t)-u(x,t)}{\Delta t}=a^2\frac{u(x+\Delta x,t)-2u(x,t)+u(x-\Delta x,t)}{(\Delta x)^2} \quad (8.2.4)$$

近似代替,由此产生的截断误差为 $o(\Delta t)+o[(\Delta x)^2]$.

一维波动方程

$$\frac{\partial^2 u}{\partial t^2}=a^2\frac{\partial^2 u}{\partial x^2} \quad (8.2.5)$$

的差分方程为

$$\frac{u(x,t+\Delta t)-2u(x,t)+u(x,t-\Delta t)}{(\Delta t)^2}=a^2\frac{u(x+\Delta x,t)-2u(x,t)+u(x-\Delta x,t)}{(\Delta x)^2}$$

$$(8.2.6)$$

截断误差为 $o[(\Delta t)^2]+o[(\Delta x)^2]$.

8.2.2 差分方程的求解方法

下面分别介绍差分方程(8.2.2)、(8.2.4)和(8.2.6)的求解方法.

1. 拉普拉斯方程的差分解法

考虑二维拉普拉斯方程

$$\frac{\partial^2 u}{\partial x^2}+\frac{\partial^2 u}{\partial y^2}=0 \quad (x,y)\in\Omega \quad (8.2.7)$$

在满足边界条件

$$u|_\Gamma=f(x,y), \quad f(x,y)\text{为已知函数} \quad (8.2.8)$$

下的解.其中 Γ 是平面上有界域 Ω 的边界.

为利用差分法求解此定解问题,我们作平行于坐标轴的两族直线

$$\begin{cases} x_i=x_0+ih, \\ y_j=y_0+jh \end{cases}$$

这两族直线将区域 Ω 划分为许多小方块(如图 8.4(a)),我们把这些小方块称为网格. 小方块的边长称为步长. 以 Γ_h 表示由一些正方形网格的边所连成的封闭折线(图 8.4(a)中的粗线). 所选的 Γ_h 应尽可能与原边界接近. 将 Γ_h 所包围的网格的全体记为 Ω_h,即 Ω_h 是与 Ω 近似的区域,点 (x_i,y_j) 称为网格的结点.

差分解法就是以 Γ_h 取代 Γ,以 Ω_h 取代 Ω,然后在 Ω_h 内部(不含 Γ_h 上的)所有结点上求出定解问题式(8.2.7)、式(8.2.8)的近似值.

拉普拉斯方程的差分方程可近似表示为

$$u(x_i+h,y_j)-2u(x_i,y_j)+u(x_i-h,y_j)+u(x_i,y_j+h)-2u(x_i,y_j)+u(x_i,y_j-h)=0$$

或简记为

$$U_{i+1,j}+U_{i,j+1}+U_{i-1,j}+U_{i,j-1}-4U_{i,j}=0 \tag{8.2.9}$$

这里 $U_{i,j}$ 表示解 $u(x,y)$ 在结点 (x_i,y_j) 处的近似值,其余类推.

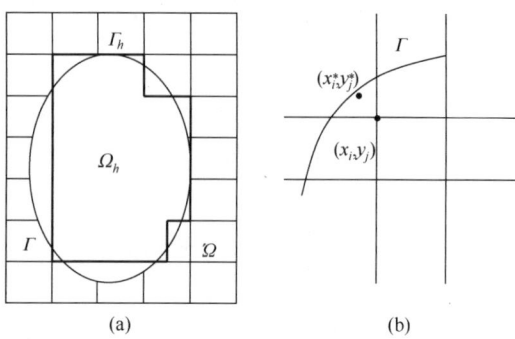

图 8.4

对于边界 $\varGamma_h$ 上的任一结点 (x_i,y_j),我们在 $\varGamma$ 上找一点 (x_i^*,y_j^*),使 (x_i^*,y_j^*) 与 (x_i,y_j) 之间的距离为最短(图 8.4(b)). 由于 (x_i^*,y_j^*) 在 $\varGamma$ 上,于是 $f(x_i^*,y_j^*)$ 为已知. 因此 $u(x,y)$ 在 $\varGamma_h$ 上每一结点的值可认为是原边界上解的近似值,即

$$u\big|_{(x_i,y_j)\in \varGamma_h}=f(x_i^*,y_j^*) \tag{8.2.10}$$

式(8.2.9)中的四个结点 (x_i+h,y_j)、(x_i-h,y_j)、(x_i,y_j+h)、(x_i,y_j-h) 若有点落在 $\varGamma_h$ 上,就用式(8.2.10)中的值代替. 这样,就把求拉普拉斯方程的狄氏问题转化为代数方程组(8.2.9)的求解. 可以证明方程组(8.2.9)的解存在且是唯一的[①].

网格边长 h 愈小,所得的近似解误差愈小. 但方程组(8.2.9)的未知数也随之增加.

可将方程组(8.2.9)改写为

$$U_{i,j}=\frac{U_{i+1,j}+U_{i,j+1}+U_{i-1,j}+U_{i,j-1}}{4} \tag{8.2.11}$$

上式表明 $u(x,y)$ 在任一内结点 (x_i,y_j) 上解的值等于其周围四个相邻结点上解的值的算术平均值(见图 8.4). 于是,将边界 $\varGamma$ 近似为 $\varGamma_h$,区域 $\varOmega$ 近似为 $\varOmega_h$,函数 u 在 $\varGamma_h$ 上结点的值近似认为等于 u 在 $\varGamma_h$ 最邻近的点 (x_i^*,y_j^*) 的值(由边界条件这是已知的). 而 u 在 $\varOmega_h$ 内各点的值则是待求的未知数. 对于每一个这样的结点,按式(8.2.11)可写出一个代数方程. 于是,我们得到代数方程组,方程的个数等于 $\varOmega_h$ 内结点数,即等于未知数的个数. 用计算机求解这种代数方程组是非常方便的.

下面介绍求解方程组(8.2.11)的两种方法——迭代法和摸拟法.

(1) 迭代法

---

① 复旦大学编《微分方程及其数值解法》第十章,上海人民出版社.

最简单的迭代方式是同步迭代法. 即首先任意给定在网格区域内结点(x_i, y_j)上的数值作为解的零次近似$\{U_{i,j}^{(0)}\}$, 把这组数值代入式(8.2.11)的右端而得

$$U_{i,j}^{(1)} = \frac{1}{4}[U_{i+1,j}^{(0)} + U_{i,j+1}^{(0)} + U_{i-1,j}^{(0)} + U_{i,j-1}^{(0)}]$$

将$U_{i,j}^{(1)}$作为解的一次近似, 右端四个值当中若涉及到边界结点上的值, 就用相应的已知值$f(x_i^*, y_j^*)$代入. 一般而言, 在已得到解的第k次近似$\{U_{i,j}^{(k)}\}$后, 由公式

$$U_{i,j}^{(k+1)} = \frac{1}{4}[U_{i+1,j}^{(k)} + U_{i,j+1}^{(k)} + U_{i-1,j}^{(k)} + U_{i,j-1}^{(k)}] \quad (8.2.12)$$

即得到解的第$k+1$次近似. 这样就得到一个近似解序列$\{U_{i,j}^{(k)}\}$ ($k=0,1,2,\cdots$). 可以证明, 不论零次近似$\{U_{i,j}^{(0)}\}$如何选取, 当$k \to \infty$时, 此序列必收敛于差分方程(8.2.11)的解. 故当k相当大时, $\{U_{i,j}^{(k)}\}$就给出了所要求的近似值. 通常, 对充分大的k, 当相邻两次迭代解$\{U_{i,j}^{(k-1)}\}$、$\{U_{i,j}^{(k)}\}$间的误差(最大绝对误差$\max|U_{i,j}^{(k-1)} - U_{i,j}^{(k-1)}|$或算术平均误差$\frac{1}{N}\sum_{i,j}|U_{i,j}^{(k)} - U_{i,j}^{(k-1)}|$, 其中$N$为结点总数)小于某个预先给定的适当小的控制数$\varepsilon > 0$时, 即可结束迭代过程.

一般地, 同步迭代法的收敛速度是比较慢的, 为加快迭代程序的收敛性, 常采用异步迭代法. 即在计算第$k+1$次近似值$\{U_{i,j}^{(k+1)}\}$时, 若图8.5所示的四个相邻结点中有些结点处的第$k+1$次近似值已经求得, 就用这些值代替式(8.2.12)右端原来的第k次近似值. 在使用异步迭代法时, 通常是按结点的自然顺序进行迭代, 即在每一横排上从左至右依次进行迭代, 等这一排所有的结点全部做完之后, 再紧接着对上一排的所有结点按同一顺序进行迭代. 显然, 在求结点(x_i, y_j)处的第$k+1$次近似值$U_{i,j}^{(k+1)}$时, 其周围四个结点中有两个结点(x_{i+1}, y_j)及(x_i, y_{j+1})处还只有第k次近似值, 故异步迭代法的相应迭代公式为

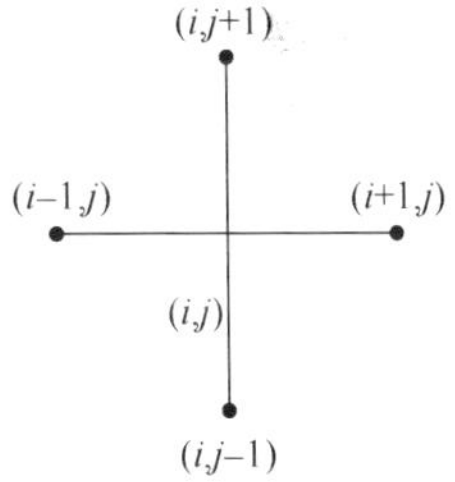

图 8.5

$$U_{i,j}^{(k+1)} = \frac{1}{4}[U_{i+1,j}^{(k)} + U_{i,j+1}^{(k)} + U_{i-1,j}^{(k+1)} + U_{i,j-1}^{(k+1)}]$$

(8.2.13)

与同步迭代法类似, 当此式右端涉及到边界结点上的值时, 均用边界条件式(8.2.10)中所给的已知值代入.

因异步迭代法中有一半是用了迭代的新值, 故可以预料异步迭代法的收敛速度比同步迭代法的收敛速度要快一倍左右. 因此在求解拉普拉斯方程的定解问题时, 异步迭代法是一个常被采用的方法.

下面通过一具体例子说明异步迭代法的计算过程.

例 求边界为 $x=0, x=4, y=0, y=3$,边界条件如图 8.6 所示的二维拉普拉斯方程的狄氏问题的近似解.

解 如图 8.6 所示,取步长 $h=1$.由于所给出的结点个数不多,故零次近似可取为边界值的平均值,即

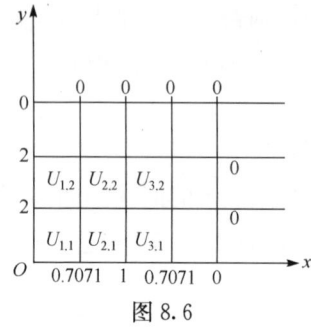

图 8.6

$$U_{i,j}^{(0)} = \frac{1}{14}[0\times 9+2\times 2+0.7071\times 2+1]=0.4582$$

由异步迭代公式(8.3.13)得

$$U_{1,1}^{(1)}=\frac{1}{4}(2+0.4582\times 2+0.7071)=0.9059$$

$$U_{2,1}^{(1)}=\frac{1}{4}(0.9059+0.4582\times 2+1)=0.7056$$

$$U_{3,1}^{(1)}=\frac{1}{4}(0.7056+0+0.4582+0.7071)=0.4677$$

$$U_{1,2}^{(1)}=\frac{1}{4}(2+0+0.9059+0.4582)=0.8410$$

$$U_{2,2}^{(1)}=\frac{1}{4}(0.8410+0.4582+0.7056+0)=0.5012$$

$$U_{3,2}^{(1)}=\frac{1}{4}(0.5012+0+0+0.4677)=0.2422$$

……

$$U_{1,1}^{(16)}=1.0836, U_{2,1}^{(16)}=0.7045$$

$$U_{3,1}^{(16)}=0.4168, U_{1,2}^{(16)}=0.8667$$

$$U_{2,2}^{(16)}=0.4616, U_{3,2}^{(16)}=0.2916$$

经 16 次迭代之后可发现 $U_{i,j}^{(16)}$ 与 $U_{i,j}^{(15)}$ 相比,小数点后三位数字均相等,至此可结束迭代过程,而取 $U_{i,j}^{(16)}$ 作为原定解问题的近似解.

(2) 模拟法

图 8.7 所示为电阻相等的电阻器组成的网格,由节点定律有

$$I_1+I_2+I_3+I_4=0$$

根据欧姆定律得

$$\frac{1}{R}\{[U(x_{i+1},y_j)-U(x_i,y_j)]+[U(x_i,y_{j+1})-U(x_i,y_j)]$$

$$+[U(x_{i-1},y_j)-U(x_i,y_j)]+[U(x_i,y_{j-1})-U(x_i,y_j)]\}=0$$

亦即
$$U(x_i,y_j)=\frac{1}{4}[U(x_{i+1},y_j)+[U(x_i,y_{j+1})+[U(x_{i-1},y_j)+[U(x_i,y_{j-1})]$$

这与方程组(8.2.11)完全相同.因此,只要在边界结点处给定电势,测出区域内各结点的电势,则二维拉普拉斯方程的狄氏问题即得到解决.

以上只是讨论了拉普拉斯方程的狄氏问题的差分解法,当边界为第二或第三类边界条件时,将涉及如何处理网格边界结点上解的值的问题.对此情形,只需列出边界结点上的差分方程并与方程组(8.2.11)一起联立求解即可.例如,对于第三类边界条件

$$\left(\frac{\partial u}{\partial n}+\sigma u\right)\bigg|_\Gamma=f(x,y) \tag{8.2.14}$$

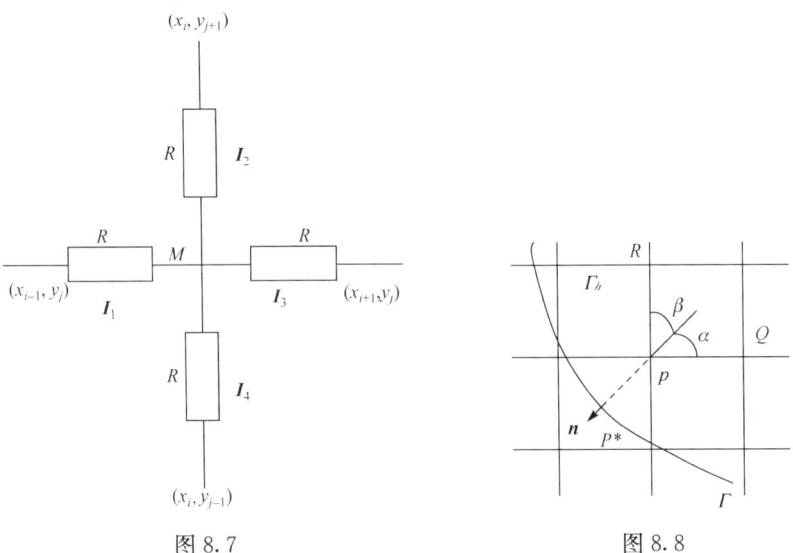

图 8.7　　　　　　　　　　图 8.8

参照图 8.8,对 Γ_h 上任一结点 P,经 P 向边界 Γ 作法线 n,此法线与 Γ 相交于 p^* 点,并以 p^* 处的外法向作为在 P 点的 n,而此法向矢量与两坐标轴的夹角分别为 α 和 β,则

$$\frac{\partial u}{\partial n}\bigg|_P=\frac{\partial u}{\partial x}\cos(\alpha+\pi)+\frac{\partial u}{\partial y}\cos(\pi-\beta)=-\frac{\partial u}{\partial x}\cos\alpha-\frac{\partial u}{\partial y}\sin\alpha$$

将偏导数 $\frac{\partial u}{\partial x}$、$\frac{\partial u}{\partial y}$ 分别用差商 $\frac{U(Q)-U(P)}{h}$ 和 $\frac{U(R)-U(P)}{h}$ 来代替,并以 $f(P^*)$ 代 $f(P)$,$\sigma(P^*)$ 代 $\sigma(P)$,则由式(8.2.14)有

$$\frac{U(P)-U(Q)}{h}\cos\alpha+\frac{U(P)-U(R)}{h}\sin\alpha+\sigma(p^*)U(P)=f(P^*)$$

即
$$U(P)=\frac{U(Q)\cos\alpha+U(R)\sin\alpha+hf(P^*)}{\cos\alpha+\sin\alpha+h\sigma(P^*)} \tag{8.2.15}$$

这便是与边界条件(8.2.14)相应的差分方程,其中 $U(P)$、$U(Q)$ 和 $U(R)$ 分别代表解在 P、Q、R 点处的近似值.

2. 热传导方程的差分解法

现就下面一维热传导问题

$$\begin{cases} \dfrac{\partial u}{\partial t}=a^2\dfrac{\partial^2 u}{\partial x^2}, & 0<x<1, 0<t<T \\ u|_{t=0}=f(x), & 0<x<1, \quad f(0)=f(1)=0 \\ u|_{x=0}=u|_{x=1}=0, & 0<t<T \end{cases} \tag{8.2.16}$$

说明此类问题的差分解法.

作两族平行线

$$x=x_i=i\Delta x \quad (i=0,1,2,\cdots,N-1,N)$$
$$t=t_j=j\Delta t \quad \left(j=0,1,2,\cdots,\left[\frac{T}{\Delta t}\right]\right)$$

其中 $N\Delta x=1$,$\left[\dfrac{T}{\Delta t}\right]$ 为 $\dfrac{T}{\Delta t}$ 的整数部分.

在网格的内结点 (x_i,t_j) 处,将偏导数 $\dfrac{\partial u}{\partial t}$ 和 $\dfrac{\partial^2 u}{\partial x^2}$ 分别用差商 $\dfrac{u(x_i,t_j+\Delta t)-u(x_i,t_j)}{\Delta t}$ 和 $\dfrac{u(x_i+\Delta x,t_j)-2u(x_i,t_j)+u(x_i-\Delta x,t_j)}{(\Delta x)^2}$ 代替,则方程(8.2.16)可用差分方程表为

$$\frac{U_{i,j+1}-U_{i,j}}{\Delta t}=a^2\frac{U_{i+1,j}-2U_{i,j}+U_{i-1,j}}{(\Delta x)^2} \tag{8.2.17}$$

再将式(8.2.16)中的初始条件和边界条件各自化为在边界结点上的初始条件和边界条件

$$\begin{cases} U_{i,0}=f(x_i) \\ U_{0,j}=0, \quad U_{N,j}=0 \end{cases} \tag{8.2.18}$$

于是求定解问题(8.2.16)便化为求方程组(8.2.17)满足条件(8.2.18)的解. 令 $\omega=a^2\dfrac{\Delta t}{(\Delta x)^2}$,则方程组(8.2.17)变为

$$U_{i,j}=\omega(U_{i-1,j-1}+U_{i+1,j-1})+(1-2\omega)U_{i,j-1} \tag{8.2.19}$$

方程组(8.2.19)表明,第 j 排上任一内结点的值仅依赖于第 $j-1$ 排上相邻三个结

点值(见图 8.9). 由此可知,其解可按 t 增加的方向逐排求出. 例如,利用初始条件和边界条件(8.2.18)可求出第 0 排上的值 $U_{i,0}$;利用式(8.2.19)可求出第 1 排上的值 $U_{i,1}$;然后由 $U_{i,1}(i=1,2,\cdots,N-1)$ 和边界条件 $U_{0,1}=0, U_{N,1}=0$,再利用式(8.2.19)算出 $U_{i,2}(i=1,2,\cdots,N-1)$. 如此继续进行下去,即可求出所有内结点处的值 $U_{i,j}$.

可以证明(见下页标注),只要定解问题(8.2.16)的解 $u(x,t)$ 在区域 $R(0\leqslant x\leqslant 1, 0\leqslant t\leqslant T)$ 中存在、连续且存在有界的偏导数 $\dfrac{\partial^2 u}{\partial t^2}$、$\dfrac{\partial^4 u}{\partial x^4}$,则当

$$\omega=a^2\frac{\Delta t}{(\Delta x)^2}\leqslant\frac{1}{2} \quad (8.2.20)$$

时,差分方程(8.2.19)是稳定的,且其解 U 收敛于原定解问题 u.

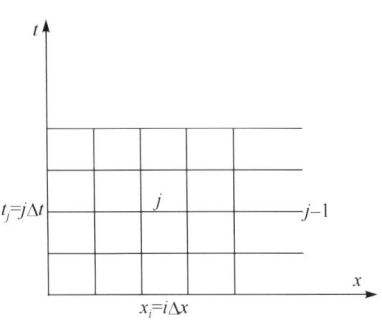

图 8.9

条件(8.2.20)给出了对时间步长的限制,即对热传导方程取差分格式时,时间的步子不能跨得太大,否则某一步算出的数值的某项舍入(四舍五入)误差会在其后各步的计算中产生越来越大的影响,导致算出的数值完全失去意义.

3. 波动方程的差分解法

不失一般性,我们以定解问题

$$\begin{cases}\dfrac{\partial^2 u}{\partial t^2}=a^2\dfrac{\partial^2 u}{\partial x^2}, & 0<x<1,\quad 0<t<T \\ u|_{t=0}=\varphi(x), & 0<x<1,\quad \varphi(0)=\varphi(1)=0 \\ u_t|_{t=0}=\psi(x) \\ u|_{x=0}=0,\quad u|_{x=1}=0,\quad 0<t<T\end{cases} \quad (8.2.21)$$

为例扼要介绍此类问题的差分法.

作两族平行线

$$x=x_i=i\Delta x,\quad (i=0,1,2,\cdots,N-1;N\Delta x=1)$$
$$t=t_j=j\Delta t,\quad \left(j=0,1,2,\cdots,\left[\dfrac{T}{\Delta t}\right]\right)$$

在内结点 (x_i, t_j) 上分别用 $\dfrac{u(x_i,t_j+\Delta t)-2u(x_i,t_j)+u(x_i,t_j-\Delta t)}{(\Delta t)^2}$ 和 $\dfrac{u(x_i+\Delta x,t_j)-2u(x_i,t_j)+u(x_i-\Delta x,t_j)}{(\Delta x)^2}$ 代替 $\dfrac{\partial^2 u}{\partial t^2}$ 和 $\dfrac{\partial^2 u}{\partial x^2}$,并记 $\omega=a\dfrac{\Delta t}{\Delta x}$,于是波动方程化成了差分方程

$$U_{i,j+1}=\omega^2(U_{i-1,j}+U_{i+1,j})+2(1-\omega^2)U_{i,j}-U_{i,j-1},$$
$$\left(i=1,2,\cdots,N-1; j=1,2,\cdots,\left[\frac{T}{\Delta t}\right]\right) \quad (8.2.22)$$

再将上面所给的初始条件和边界条件化为网格边界结点上的初始条件和边界条件,即

$$\begin{cases} U_{i,0}=\varphi(x_i), & (i=0,1,2,\cdots,N-1) \\ U_{i,1}-U_{i,0}=\psi(x_i)\Delta T \\ U\big|_{0,j}=U_{N,j}=0, & \left(j=0,1,2,\cdots,\left[\frac{T}{\Delta t}\right]\right) \end{cases} \quad (8.2.23)$$

这样一来,定解问题(8.2.21)便化成了在条件(8.2.23)下求解代数方程组(8.2.22),其计算方法与热传导方程情形一样,将式(8.2.23)中的初始条件 $U_{0,1}=U_{N,1}=0$ 代入式(8.2.22)即得 $U_{i,2}$;再用已知的 $U_{i,1}$ 和 $U_{i,2}$ 和边界条件 $U_{0,2}=U_{N,2}=0$ 代入式(8.2.22)即可求得 $U_{i,3}(i=0,1,2,\cdots,N-1)$;照此继续做下去即可得到定解问题(8.2.21)的近似解. 同样可以证明[①],当 $\omega=a\dfrac{\Delta t}{\Delta x}\leqslant 1$ 时,差分解收敛于原定解问题的解.

习 题 8

1. 已知在势场 $U(r)$ 中质点的拉格朗日函数为 $L=\dfrac{1}{2}mv^2-U(r)$,求 $\delta S=0$ 的必要条件.

2. 在相对论力学中,自由质点的拉格朗日函数为 $L=-mc^2\sqrt{1-\dfrac{v^2}{c^2}}$,求 $\delta S=0$ 的必要条件.

3. 粒子在一维无限深势阱($|x|<a$)中运动,试用多项式近似结合变分法求基态能量与波函数.

4. 设在氘核中,质子与中子的作用势为 $U(R)=-U_0 e^{-R/a}$,式中 $U_0=3.27$ MeV,力程 $a=2.16$ fm,试用变分法求氘核的基态能级与基态半径.

---

① 复旦大学编《微分方程及其数值解》第八章.

第 9 章 非线性微分方程

前面几章讨论的线性方程只不过是对真实自然现象进行了简化的结果. 自然界中的真实物理系统所遵从的规律实际上都是由非线性微分方程(且一般是偏微分方程)来描述的. 因此,有必要对非线性物理系统所满足的非线性微分方程的求解方法和技巧作一扼要的介绍. 但从根本上说,就目前的研究水平而言,也只有少数的非线性微分方程存在定式的解法,绝大多数非线性方程的求解并无一定方法可循,甚至有的方程实际上是无法得到解析解的,只能用近似方法或特殊技巧求得能满足某种精度要求的近似值.

作为非线性问题初步,在本章中不打算讨论过于艰涩复杂的问题. 第 1~3 节都是介绍简单而常见的非线性物理问题,仅在第 4 节中给出几个相对复杂的非线性微分方程的求解过程作为例引.

9.1 特殊高次一阶微分方程的解法

在前面各章的讨论中,我们已经看到,偏微分方程最终还是要归结为对常微分方程进行求解. 本节就几个特殊的高次一阶方程的解法作一般性的介绍.

(1) 若方程
$$f(x,y,y')=0 \tag{9.1.1}$$
可分解为 k 个一次因子
$$[y'-\varphi_1(x,y)][y'-\varphi_2(x,y)][y'-\varphi_3(x,y)]\cdots[y'-\varphi_k(x,y)]=0$$
则有
$$y'=\varphi_1(x,y), y'=\varphi_2(x,y),\cdots,y'=\varphi_k(x,y)$$
设 k 个方程的通解分别为
$$\phi_1(x,y,C_1)=0, \phi_2(x,y,C_2)=0,\cdots,\phi_k(x,y,C_k)=0$$
则
$$\phi_1(x,y,C_1)\phi_2(x,y,C_2)\cdots\phi_k(x,y,C_k)=0$$
便是方程(9.1.1)的解.

(2) 若方程 $f(x,y,y')=0$ 可表示为
$$y=g(x,y') \tag{9.1.2}$$
用 p 代 $y'=\dfrac{\mathrm{d}y}{\mathrm{d}x}$,则 $y=g(x,p)$,于是

$$p = \frac{dy}{dx} = \frac{\partial g}{\partial x} + \frac{\partial g}{\partial p}\frac{dp}{dx}$$

① 当 $\dfrac{\partial g}{\partial p} \neq 0$ 时,有

$$\frac{dp}{dx} = \frac{p - \dfrac{\partial g}{\partial x}}{\dfrac{\partial g}{\partial p}} = G(x, p) \tag{9.1.3}$$

设式(9.1.3)的解为

$$\phi(x, p, c) = 0 \tag{9.1.4}$$

则由式(9.1.2)和式(9.1.4)消去 p 即得所给微分方程的通解.

② 当 $\dfrac{\partial g}{\partial p} = 0$ 时,说明 g 不显含 p,此时有 $y = \psi(x)$. 若将此函数代入经验证也满足方程 $y = g\left(x, \dfrac{dy}{dx}\right)$,则它被称为方程(9.1.2)的奇解,奇解一般不包含在通解中.

(3) 若所给方程能写为 $x = f(y, p)$,此时可认为 y 是自变量,而 x 和 p 为未知函数,依照(2)的方法即可求解.

现对以上 3 种类型分别举例加以说明其具体处理过程.

例 1 设 $p = \dfrac{dy}{dx}$,求解方程 $p^2 y + p(x-y) - x = 0$.

解 $p^2 y + p(x-y) - x = (py + x)(p - 1) = y\left(p + \dfrac{x}{y}\right)(p - 1) = 0$,这属于第一种类型. 由上式有

$$p = -\frac{x}{y}, \qquad p = 1$$

即

$$y\,dy + x\,dx = 0, \qquad dy = dx$$

积分得

$$y^2 + x^2 = c_1, \qquad y - x = c_2$$

于是原方程的解为

$$y(y^2 + x^2 - c_1)(y - x - c_2) = 0$$

例 2 求解方程 $3\left(\dfrac{dy}{dx}\right)^3 - y\dfrac{dy}{dx} + 1 = 0$.

解 设 $p = \dfrac{dy}{dx}$,则原方程改写为

第 9 章 非线性微分方程

$$3p^3 - py + 1 = 0$$

即

$$y = 3p^2 + \frac{1}{p}$$

这属于 $y = g(x, p)$ 类型，即类型(2)，对 x 求导得

$$p = \frac{dy}{dx} = 6p\frac{dp}{dx} - \frac{1}{p^2}\frac{dp}{dx}$$

于是

$$dx = \left(6 - \frac{1}{p^3}\right)dp$$

积分得

$$x = 6p + \frac{1}{2p^2} + c$$

这样，原方程的通解就由下面参数方程

$$\begin{cases} y = 3p^2 + \dfrac{1}{p} \\ x = 6p + \dfrac{1}{2p^2} + c \end{cases}$$

给出.

例 3 求解克莱洛特(Clairaut)方程

$$y = px + f(p), \left(p = \frac{dy}{dx}\right)$$

解 这是类型(2). 对 x 求导得

$$p = \frac{dy}{dx} = p + x\frac{dp}{dx} + f'(p)\frac{dp}{dx}$$

即

$$\frac{dp}{dx}[x + f'(p)] = 0$$

于是

$$\frac{dp}{dx} = 0, \qquad x + f'(p) = 0$$

由 $\dfrac{dp}{dx} = 0$ 得 $p = c$，这表明通解为直线族

$$y = cx + f(c)$$

而由 $x = -f'(p)$ 和 $y = -pf'(c) + f(p)$ 消去 p 得到一条曲线方程. 由于

$$\left.\frac{dx}{dp}\right|_{p=c} = -f''(c), \qquad \left.\frac{dy}{dp}\right|_{p=c} = -cf''(c)$$

若 $f''(c) \neq 0$, 则有
$$\frac{dy}{dx}\bigg|_{p=c} = c$$
这说明在 $p=c$ 处曲线的斜率为 c. 即该曲线在 $p=c$ 处与直线 $y=cx+f(c)$ 相切, 同时说明该曲线满足微分方程
$$y = x\frac{dy}{dx} + f\left(\frac{dy}{dx}\right)$$

例 4 求解方程 $p^3 - 4xyp + 8y^2 = 0$, $\left(p = \dfrac{dy}{dx}\right)$.

解 原方程可表为类型(3), 即
$$x = f(y,p) = \frac{1}{4y}p^2 + \frac{2}{p}y$$

对 y 求导得
$$\frac{dx}{dy} = \frac{1}{p} = -\frac{p^2}{4y^2} + \frac{2}{p} + \left(\frac{p}{2y} - \frac{2y}{p^2}\right)\frac{dp}{dy}$$

即
$$\frac{dp}{p} = \frac{dy}{2y}$$

积分得
$$p = cy^{\frac{1}{2}}$$

于是
$$x = \frac{c^2}{4} + \frac{2}{c}y^{\frac{1}{2}}$$

或
$$y = \frac{c^2}{64}(4x - c^2)^2$$

即原方程的通解为抛物线族. 而由 $\dfrac{p}{2y} - \dfrac{2y}{p^2} = 0$, 即 $p^3 - 4y^2 = 0$ 得
$$p = (4y^2)^{\frac{1}{3}} = (2y)^{\frac{2}{3}}$$

代入原方程得
$$x = \frac{(2y)^{4/3}}{4y} + \frac{2y}{(2y)^{2/3}} = \frac{3}{2}(2y)^{1/3}$$

即
$$y = \frac{4}{27}x^3$$

这显然也是原方程的一个解(不包含在通解中).实际上,三次曲线 $y=\dfrac{4}{27}x^3$ 是抛物族 $y=\dfrac{c^2}{64}(4x-c^3)^2$ 的包络曲线.

9.2 非线性数学物理方程

前已指出,对大量的实际物理系统,系统内各物理量之间相互依赖和制约关系表现为数学上的非线性方程,且一般可表为非线性常微分方程、非线性偏微分方程、非线性差分方程和函数方程.

在这一节中只讨论一些常见的非线性常微分方程及其解法.

我们知道,在经典物理学中弹簧振子的自由振动方程和单摆的自由摆动方程分别为

$$m\frac{\mathrm{d}^2 x}{\mathrm{d}t^2}=-kx \quad 或 \quad \ddot{x}+a^2 x=0 \quad \left(a^2=\frac{k}{m}\right) \tag{9.2.1}$$

和

$$\frac{\mathrm{d}^2\theta}{\mathrm{d}t^2}+\frac{g}{l}\theta=0 \quad 或 \quad \ddot{\theta}+a^2\theta=0 \quad \left(a^2=\frac{g}{l}\right) \tag{9.2.2}$$

对方程(9.2.1),其成立的条件是:①无空气阻力;②x 在弹性限度以内;而对方程(9.2.2),其成立的条件是:①无空气阻力;②摆角 θ 很小(使 $\sin\theta\approx\theta$ 成立).事实上,在实际情况下这些条件并不都能得以满足.比如方程(9.2.1)中,若 $|x|$ 不是太小,此时材料的应变与应力之间已不成线性关系;而在方程(9.2.2)中,由推导知其原形为

$$\frac{\mathrm{d}^2\theta}{\mathrm{d}t^2}+\frac{g}{l}\sin\theta=0 \tag{9.2.3}$$

显然当 θ 不是很小时,$\sin\theta\neq\theta$.在这种情况下,我们就不能简单地用式(9.2.2)取代式(9.2.3).方程(9.2.2)是线性的,而方程(9.2.3)则是非线性的.若再把空气阻力也考虑进来(空气阻力与物体运动速度的关系较复杂,需在特定环境下由实验加以测定),则振子和单摆的运动方程将由更为复杂的非线性常微分方程来描述.

在物理学中容易遇到的非线性微分方程既有非线性常微分方程,而更多的是非线性偏微分方程,现分别介绍如下:

9.2.1 非线性常微分方程

1. 李卡提(Riccati)方程

$$y'+p(x)y+q(x)y^2+r(x)=0 \tag{9.2.4}$$

其中 $p(x)$、$q(x)$、$r(x)$ 为 x 的已知函数(下同).

2. 伯努利(Bernoulli)方程

$$y' + p(x)y + q(x)y^m = 0 \qquad (9.2.5)$$

其中 $m > 1$ 且不为零.

3. 克莱斯达尔(Chrystal)方程

$$y'^2 + axy' + by + cx = 0 \qquad (9.2.6)$$

其中 a、b、c 为常数.

4. 第一类阿贝尔(Abel)方程

$$y' + p(x)y + q(x)y^2 + r(x)y^3 + s(x) = 0 \qquad (9.2.7)$$

第二类阿贝尔(Abel)方程

$$[y + s(x)]y' + p(x)y + q(x)y^2 + r(x) = 0 \qquad (9.2.8)$$

5. 一阶椭圆方程

$$y'^2 = a_0 + a_1 y + a_2 y^2 + a_3 y^3 + a_4 y^4 \qquad (9.2.9)$$

6. 兰姆伯特(Lambert)方程

$$y'' + \frac{k^2}{n} y = (1-n)\frac{1}{y} y'^2 \qquad (n \neq 0) \qquad (9.2.10)$$

其中 k、n 为常数, $y'' = \dfrac{d^2 y}{dx^2}$.

7. 培恩里夫(Painleve)方程

$$y'' = P(x,y) y'^2 + Q(x,y) y' + R(x,y) \qquad (9.2.11)$$

研究表明:方程(9.2.11)包含有 50 种类型的非线性方程,其中有 44 类可化为线性方程或可用椭圆函数求解;另 6 类却不能化为线性方程,它们分别是:

$P_I : y'' = 6y^2 + x$ \hfill (9.2.12)

$P_{II} : y'' = 2y^3 + xy + \alpha$ \hfill (9.2.13)

$P_{III} : y'' = \dfrac{1}{y} y'^2 - \dfrac{1}{x} y' + \dfrac{1}{x}(\alpha y^2 + \beta) + \gamma y^3 + \dfrac{\delta}{y}$ \hfill (9.2.14)

$P_{IV} : y'' = \dfrac{1}{2y} y'^2 + \dfrac{3}{2} y^3 + 4xy^2 + 2(x^2 - \alpha)y + \dfrac{\beta}{y}$ \hfill (9.2.15)

$P_V : y'' = \left(\dfrac{1}{2y} + \dfrac{1}{y-1}\right) y'^2 - \dfrac{1}{x} y' + \dfrac{(y-1)^2}{x^2}\left(\alpha y + \dfrac{\beta}{y}\right) + \dfrac{\gamma}{x} y + \dfrac{\delta y(y-1)}{y-1}$

\hfill (9.2.16)

$$P_{VI}: y''=\frac{1}{2}\left(\frac{1}{y}+\frac{1}{y-1}+\frac{1}{y-x}\right)y'^2-\left(\frac{1}{x}+\frac{1}{y-1}+\frac{1}{y-x}\right)y'$$
$$+\frac{y(y-1)(y-x)}{x^2(x-1)^2}\left[\alpha+\frac{\beta x}{y^2}+\frac{\gamma(x-1)}{(y-1)^2}+\frac{(x-1)\delta}{(y-x)^2}\right] \quad (9.2.17)$$

其中 α、β、γ、δ 均为常数.

8. 二阶椭圆方程

$$y''=A_0+A_1y+A_2y^2+A_3y^3 \quad (9.2.18)$$

其中 A_0、A_1、A_2 和 A_3 均为常数.

9. 托马斯-费米(Thomas-Fermi)方程

$$y''=\sqrt{\frac{y^3}{x}} \quad (9.2.19)$$

10. 朗道(Landau)方程

$$\frac{\mathrm{d}|A|^2}{\mathrm{d}t}-2\delta|A|^2+l|A|^2=0 \quad (9.2.20)$$

其中 $\delta>0$ 称为线性增长率,$l>0$ 称为朗道系数. 这是最早用于描述湍流发生的方程,而 $\frac{\mathrm{d}A}{\mathrm{d}t}$ 为扰动振幅的时间变化率.

11. 温·德·鲍尔(Van der Pol)方程

$$y''+2\mu\left(\frac{y^2}{a_c^2}-1\right)+\omega_0^2 y=0 \quad (\mu>0) \quad (9.2.21)$$

这是质点受到回复力 $-\omega_0^2 y$(ω_0 为常数)和非线性阻尼力作用时所满足的方程. 其中 $|y|<a_c$ 时表征负阻尼,$|y|>a_c$ 时表征正阻尼. 方程(9.2.21)也是在真空电子管振荡电路中常遇到的问题.

12. 达芬(Duffing)方程

$$y''+2\mu y'+\omega^2 y+\varepsilon\beta^2 y^3=A\cos\omega t \quad (9.2.22)$$

其中 β,A 和 ω 均为常数,一般有 $|\varepsilon|\ll 1$. 当 $\varepsilon>0$ 时,称为硬非线性;当 $\varepsilon<0$ 时,称为软非线性. 无阻尼无强迫的达芬方程为

$$y''+\omega^2 y+\varepsilon\beta^2 y^3=0 \quad (9.2.23)$$

这是描述弹性体的非线性振荡方程.

13. 欧拉(Euler)方程

$$\frac{\mathrm{d}\boldsymbol{M}}{\mathrm{d}t}+\boldsymbol{\omega}\times\boldsymbol{M}=0 \tag{9.2.24}$$

这是描述空中自由旋转体的运动方程,其中 $\boldsymbol{\omega}$ 和 $\boldsymbol{M}$ 分别是角速度和角动量. 可写成下面分量形式:

$$\begin{aligned}\dot{M}_1&=\omega_3M_2-\omega_2M_3\\ \dot{M}_2&=\omega_1M_3-\omega_3M_1\\ \dot{M}_3&=\omega_2M_1-\omega_1M_2\end{aligned} \tag{9.2.25}$$

设 I_1、I_2、I_3 分别是旋转体绕 x 轴、y 轴和 z 轴的转动惯量,则有

$$M_1=I_1\omega_1,M_2=I_2\omega_2,M_3=I_3\omega_3$$

并令 $\gamma_1=\dfrac{1}{I_3}-\dfrac{1}{I_2},\gamma_2=\dfrac{1}{I_1}-\dfrac{1}{I_3},\gamma_3=\dfrac{1}{I_2}-\dfrac{1}{I_1}$,则欧拉方程可表示为

$$\begin{cases}\dot{M}_1=\gamma_1M_2M_3\\ \dot{M}_2=\gamma_2M_1M_3\\ \dot{M}_3=\gamma_3M_2M_1\end{cases} \tag{9.2.26}$$

14. 杨-米尔斯(Yang-Mills)方程

$$\begin{cases}\beta^2 y''-e^2\rho^2 z^2 y=0\\ \beta^2 z''-e^2\alpha^2 zy^2=0\end{cases} \tag{9.2.27}$$

其中 α,β,e 和 ρ 均为常数,这是描述基本粒子相互作用的最简单的方程.

9.2.2 非线性偏微分方程

最常见的非线性偏微分方程有:

1. 刘维尔(Liouville)方程

$$\frac{\partial^2 u}{\partial x\partial y}=\mathrm{e}^u \tag{9.2.28}$$

这在微分几何与量子场论中会经常遇到.

2. 门格-安培(Monge-Ampere)方程

$$\frac{\partial^2 u}{\partial x^2}\frac{\partial^2 u}{\partial y^2}-\left(\frac{\partial^2 u}{\partial x\partial y}\right)^2+A\frac{\partial^2 u}{\partial x^2}+B\frac{\partial^2 u}{\partial x\partial y}+C\frac{\partial^2 u}{\partial y^2}=D \tag{9.2.29}$$

其中 A,B,C 和 D 均为常数或为 $x,y,\dfrac{\partial u}{\partial x},\dfrac{\partial u}{\partial y}$ 的连续函数. 在流体力学中的许多问

题都会遇到门格-安培方程.

3. 广义热传导方程

$$\frac{\partial u}{\partial t} = k \frac{\partial}{\partial x}\left(u^{\alpha} \frac{\partial u}{\partial x}\right) \tag{9.2.30}$$

式中 α 为常数，k 为热传导系数.

4. 一维非线性平流方程

$$\frac{\partial u}{\partial t} + u \frac{\partial u}{\partial x} = 0 \tag{9.2.31}$$

5. 伯格斯(Burgers)方程

$$\frac{\partial u}{\partial t} + u \frac{\partial u}{\partial x} - \gamma \frac{\partial^2 u}{\partial x^2} = 0 \tag{9.2.32}$$

式中 $\gamma > 0$ 称为耗散系数，其实伯格斯方程就是考虑了耗散因素（热传导、扩散或黏滞现象）之后的一维平流方程.

6. KdV(Korteweg-de-vrise)方程

$$\frac{\partial u}{\partial t} + u \frac{\partial u}{\partial x} + \beta \frac{\partial^3 u}{\partial x^3} = 0 \tag{9.2.33}$$

式中 β 称为频散系数，故 KdV 方程是描述频散现象的一类方程.

7. KdV-Burgers 方程

$$\frac{\partial u}{\partial t} + u \frac{\partial u}{\partial x} - \gamma \frac{\partial^2 u}{\partial x^2} + \beta \frac{\partial^3 u}{\partial x^3} = 0 \tag{9.2.34}$$

8. mkdv 方程

$$\frac{\partial u}{\partial t} + \alpha u^2 \frac{\partial u}{\partial x} + \beta \frac{\partial^3 u}{\partial x^3} = 0 \tag{9.2.35}$$

式中 α、β 均为常数.

9. 克莱因-戈登(Klein-Gordon)方程

$$\frac{\partial^2 u}{\partial t^2} - C_0^2 \frac{\partial^2 u}{\partial x^2} + V'(u) = 0 \tag{9.2.36}$$

式中 C_0 为常数，$V(u)$ 是系统的势能，$V'(u)$ 是 u 的非线性函数，若令 $V(u) =$

$A_0^2(1-\cos u)$(A_0 为常数),则方程(9.2.36)化为正弦戈登方程

$$\frac{\partial^2 u}{\partial t^2} - C_0^2 \frac{\partial^2 u}{\partial x^2} + f_0^2 \sin u = 0 \qquad (9.2.37)$$

这是描述非线性光学较为合适的方程.

10. 非线性薛定谔(Schrödinger)方程

$$i\frac{\partial u}{\partial t} + \alpha \frac{\partial^2 u}{\partial x^2} + \beta |u|^2 u = 0 \qquad (9.2.38)$$

式中 i 为虚数单位($i \equiv \sqrt{-1}$),α 和 β 分别称为频散系数和朗道系数,这是描述非线性波的调制方程.

11. 朗道-里夫史兹(Landou-Lifshitz)方程

$$\frac{\partial \boldsymbol{s}}{\partial t} = \alpha \boldsymbol{s} \frac{\partial^2 \boldsymbol{s}}{\partial x^2} + \beta \boldsymbol{s} \times \boldsymbol{H}_0 = 0 \qquad (9.2.39)$$

式中 α,β 均为正常数,$\boldsymbol{H}_0$ 为沿 z 轴方向的恒定磁场强度. 这是在忽略耗散因素的情况下海森堡自旋密度 $\boldsymbol{s}$ 所满足的方程.

12. 浅水方程组

$$\begin{cases} \dfrac{\partial u}{\partial t} + u \dfrac{\partial u}{\partial x} + g \dfrac{\partial h}{\partial x} = 0 \\ \dfrac{\partial h}{\partial t} + u \dfrac{\partial h}{\partial x} + h \dfrac{\partial u}{\partial x} = 0 \end{cases} \qquad (9.2.40)$$

式中 g 为重力加速度,u 和 h 分别为 x 方向的速度和自由面的高度. 这是描述均匀不可压缩流体运动的方程组.

9.2.3 函数方程

物理学中常见的函数方程有:

1. 柯西(Cauchy)方程

函数 $f(x)$ 的柯西方程的 4 种基本形式为

$$\begin{cases} u(x+y) = u(x) + u(y) \\ u(x+y) = u(x)u(y) \\ u(xy) = u(x) + u(y) \\ u(xy) = u(x)u(y) \end{cases} \qquad (9.2.41)$$

2. 欧拉(Euler)方程

$$u(\lambda x, \lambda y) = \lambda u(x,y), \quad \lambda \neq 0, x \neq 0 \tag{9.2.42}$$

可见，欧拉方程是齐次函数方程，上式也称为 m 次的齐函数 $u(x,y)$ 的欧拉方程.

3. 三种形式的标度方程

$$\begin{cases} u(\lambda x) = \lambda^\alpha u(x) \\ u(\lambda^\alpha x, \lambda^\beta y) = \lambda u(x,y) \\ u(\lambda^\alpha x, \lambda^\beta y) = \lambda^\gamma u(x,y) \end{cases} \tag{9.2.43}$$

式中 α、β、γ 均为常数，称为标度指数，$\lambda \neq 0$.

4. 费米-狄拉克(Fermi-Dirac)函数方程

$$u(x) + (1+x)u\left(\frac{y}{1+x}\right) = u(y) + (1+x)u\left(\frac{x}{1+y}\right) \tag{9.2.44}$$

9.3 某些非线性微分方程的求解方法

作为例子，本节讨论几个具有相对定式解法的非线性微分方程.

例1 求解方程

$$xy'' - yy' = 0. \tag{9.3.1}$$

解 方程(9.3.1)称为等尺度方程(因为作尺度变换 $\xi = \lambda x$ 后方程形式保持不变，其中 $\lambda \neq 0$).

作变换

$$x = e^t \tag{9.3.2}$$

注意到 $t = \ln x$, $dt = \frac{1}{x}dx$, 则 $\frac{dy}{dx} = \frac{1}{x}\frac{dy}{dt}$, $\frac{d^2 y}{dx^2} = -\frac{1}{x^2}\frac{dy}{dt} + \frac{1}{x^2}\frac{d^2 y}{dt^2}$, 于是方程(9.3.1)化为

$$\frac{d^2 y}{dt^2} - \frac{dy}{dt} - y\frac{dy}{dt} = 0 \tag{9.3.3}$$

设 $p = \frac{dy}{dt}$, 则

$$\frac{d^2 y}{dt^2} = \frac{dp}{dt} = \frac{dp}{dy}\frac{dy}{dt} = p\frac{dp}{dy}$$

于是(9.3.3)化为

$$p\frac{dp}{dy} - p - py = 0$$

即
$$\frac{\mathrm{d}p}{\mathrm{d}y}=y+1$$

分离变量并积分得
$$p=\frac{\mathrm{d}y}{\mathrm{d}t}=\frac{1}{2}y^2+y+c_1$$

再次分离变量并积分便得原方程的解为
$$y=2c_2\tan(c_2\ln x+c_3)-1$$

其中 c_2、c_3 均为积分常数,而 $c_2=\frac{1}{2}\sqrt{2c_1-1}$.

例 2 求解托马斯-狄拉克方程,即
$$y''=x^{-\frac{1}{2}}y^{\frac{3}{2}} \tag{9.3.4}$$

解 这属于尺度不变方程,因为在尺度变换
$$\xi=\lambda x, \qquad z=\lambda^{-\alpha}y \qquad (\lambda,\alpha\neq 0)$$

下方程(9.3.4)的形式保持不变(在本问题中 $\alpha=3$).作变换
$$y=x^{-3}z \tag{9.3.5}$$

则方程(9.3.4)化为等尺度方程
$$x^2z''-6xz'+12z=z^{\frac{3}{2}} \tag{9.3.6}$$

再作变换
$$x=\mathrm{e}^t$$

则方程(9.3.6)化为
$$\frac{\mathrm{d}^2z}{\mathrm{d}t^2}-7\frac{\mathrm{d}z}{\mathrm{d}t}+12z=z^{\frac{3}{2}} \tag{9.3.7}$$

方程(9.3.7)很难求得其解析解,但不难看出其存在一个常数解
$$z=144$$

故托马斯-费米方程存在一个解
$$y=144x^{-3}$$

例 3 求解伯努利方程
$$y'+p(x)y+q(x)y^m=0 \tag{9.3.8}$$

解 方程的各项同乘以 y^{-m} 之后再作变换
$$z=y^{1-m} \tag{9.3.9}$$

则方程(9.3.8)化为新函数 $z(x)$ 的一阶非齐次线性方程
$$z'(x)+(1-m)p(x)z(x)=(1-m)q(x) \tag{9.3.10}$$

容易求得其解为

$$z(x) = e^{-\int (1-m)p(x)dx}\left[c - \int (1-m)q(x)e^{\int (1-m)p(x)dx}dx\right] \qquad (9.3.11)$$

其中 c 为积分常数. 将式(9.3.11)代回式(9.3.9)即得伯努力方程的解.

例 4 求方程

$$y' + e^x - e^{x-y} = 0 \qquad (9.3.12)$$

的解.

解 方程(9.3.12)实际上就是广义伯努力方程

$$y' + p(x)G(y) + q(x)H(y) = 0 \qquad (9.3.13)$$

之一. 为求解式(9.3.12)，我们先讨论一般方程形式方程(9.3.13)的求解方法.

设一阶线性方程

$$u' + p(x)u + q(x) = 0 \qquad (9.3.14)$$

的解 $u(x)$ 与方程(9.3.13)的解 $y(x)$ 存在下面函数关系

$$u = F(x) \qquad (9.3.15)$$

因此，只要能求得方程(9.3.14)的解，由式(9.3.15)即可得到式(9.3.13)的解，于是称方程(9.3.14)为广义伯努力方程(9.3.13)的基础方程.

由式(9.3.15)有

$$u' = y'\frac{dF}{dy} \qquad (9.3.16)$$

将式(9.3.15)、式(9.3.16)代入式(9.3.14)得

$$y' + p(x)\frac{F}{dF/dy} + q(x)\frac{1}{dF/dy} = 0 \qquad (9.3.17)$$

比较式(9.3.13)和式(9.3.17)得

$$G(y) = \frac{F}{dF/dy}, \qquad H(y) = \frac{1}{dF/dy} \qquad (9.3.18)$$

于是

$$u = F(y) = \frac{G(y)}{H(y)} \qquad (9.3.19)$$

这称为 u 与 y 的函数转换关系，由式(9.3.19)两边对 y 求微商并注意到式(9.3.18)有

$$\frac{du}{dy} = \frac{dF(y)}{dy} = \frac{d}{dy}\left(\frac{G}{H}\right) = \frac{1}{H}$$

即

$$H\frac{d}{dy}\left(\frac{G}{H}\right) = 1 \qquad (9.3.20)$$

这称为函数转换关系(9.3.19)的存在条件，又称为连接条件.

现在回到方程(9.3.12)的情况,容易看出 $G(y)=1, H(y)=\mathrm{e}^{-y}$,而 $H\dfrac{\mathrm{d}}{\mathrm{d}y}\left(\dfrac{G}{H}\right)=\mathrm{e}^{-y}\dfrac{\mathrm{d}\mathrm{e}^y}{\mathrm{d}y}=1$,这显然满足函数转换关系的存在条件,于是方程(9.3.12)的基础方程为

$$u'+\mathrm{e}^x u-\mathrm{e}^x=0 \tag{9.3.21}$$

分离变量并积分得

$$u=1+c\exp(-\mathrm{e}^x) \quad (c \text{ 为积分常数})$$

由函数转换关系(9.3.19)得

$$u=\frac{G}{H}=\frac{1}{\mathrm{e}^{-y}}=\mathrm{e}^y$$

最后得方程(9.3.12)的解为

$$y(x)=\ln[1+c\exp(-\mathrm{e}^x)]$$

例 5 求解方程

$$y'+\frac{1}{2}y^2=2k^2 \quad (k \text{ 为常数}) \tag{9.3.22}$$

解 这是前一节给出的李卡提方程

$$y'+p(x)y+q(x)y^2+r(x)=0 \tag{9.3.23}$$

当 $p(x)=0, q(x)=1/2, r(x)=-2k$ 时的情形. 对于李卡提方程,一般作如下形式的变换

$$y=\frac{1}{q(x)}\frac{z'}{z} \tag{9.3.24}$$

即可使之化为关于 z 的二阶线性齐次方程. 这是因为

$$y'=\frac{1}{zq(x)}\left[\left(z''-\frac{z'^2}{z}\right)-\frac{q'(x)}{q(x)}z'\right]$$

代入式(9.3.23)即得

$$z''+\left(p-\frac{q'}{q}\right)z'+qrz=0 \tag{9.3.25}$$

设方程(9.3.25)的两个线性独立的解为 z_1 和 z_2,则其通解为

$$z=c_1 z_1+c_2 z_2 \quad (c_1 \text{、} c_2 \text{ 为积分常数})$$

将 z 代入式(9.3.24)即得李卡提方程的解为

$$y=\frac{1}{q}\frac{c_1 z_1'+c_2 z_2'}{c_1 z_1+c_2 z_2}=\frac{1}{q}\frac{z_1'+c z_2'}{z_1+c z_2} \quad \left(c=\frac{c_2}{c_1}\right) \tag{9.3.26}$$

现在回到方程(9.3.22),因 $q(x)=\dfrac{1}{2}$,故作如下变换

$$y = \frac{2}{z}z' = 2(\ln z)' \tag{9.3.27}$$

代入式(9.3.22)得

$$z'' - k^2 z = 0 \tag{9.3.28}$$

这是熟知的二阶常系数线性齐次方程,其通解为

$$z = c_1 e^{kx} + c_2 e^{-kx} \tag{9.3.29}$$

令积分常数 c_1 和 c_2 分别为

$$c_1 = \frac{1}{2} A e^{-\phi}, \qquad c_2 = \frac{1}{2} A e^{\phi}$$

则式(9.3.29)改写为

$$z = \frac{1}{2} A [e^{kx-\phi} + e^{-(kx-\phi)}] = A \operatorname{ch}(kx - \phi) \tag{9.3.30}$$

将式(9.3.30)代入式(9.3.27)得原方程的解为

$$y = 2k \operatorname{th}((kx - \phi) \tag{9.3.31}$$

其实,对于李卡提方程(9.3.23),若已容易地找到它的一个非零特解 y_1,此时可令其通解为

$$y = y_1 + u$$

代入式(9.3.23)得 u 满足的方程

$$u' + (p + 2qy_1)u + qu^2 = 0$$

这是 $m = 2$ 的李卡提方程,可按例 4 中的方法求解. 此外,当 $r(x) = 1$ 时,李卡提方程(9.3.23)就转化为 $m = 2$ 的李卡提方程.

例 6 求方程

$$y'^2 + 2xy' - 3x^2 = 0 \tag{9.3.32}$$

的解.

解 这是克莱斯达尔方程在 $a = 2, b = 0, c = -3$ 的情形. 由于 $b = 0$,易将式(9.3.32)进行变量分离而得

$$dy = (-1 \pm 2)x dx \tag{9.3.33}$$

积分得

$$y = \frac{1}{2}x^2 + c, \; y = -\frac{3}{2}x^2 + c \quad (c \text{ 为积分常数}) \tag{9.3.34}$$

但当克莱斯达尔方程 $y'^2 + axy' + by + cx^2 = 0$ 中的 $b \neq 0$ 时,一般作变换

$$y = x^2 z \tag{9.3.35}$$

可使之化为

$$\left(xz' + 2z + \frac{a}{2}\right)^2 = \frac{a^2}{4} - c - bz \tag{9.3.36}$$

再作变换

$$u^2 = \frac{a^2}{4} - c - bz \tag{9.3.37}$$

可将式(9.3.36)化为

$$xuu' + u^2 \pm \frac{b}{2}u - \frac{1}{4}(a^2 + ab - 4c) = 0 \tag{9.3.38}$$

若 $a^2 + ab - 4c = 0$，则式(9.3.38)变为并不难求解的一阶线性方程

$$u' + \frac{1}{x}u \pm \frac{b}{2x} = 0 \tag{9.3.39}$$

例 7 求方程

$$y' + 2y^2 - xy^3 = 0 \tag{9.3.40}$$

的解.

解 这是第一类特殊阿贝尔方程，作变换

$$y = \frac{1}{x}z \tag{9.3.41}$$

代入式(9.3.40)得

$$xz' - z(z-1)^2 = 0 \tag{9.3.42}$$

这是可分离变量的等尺度方程，再作变换

$$x = e^t \tag{9.3.43}$$

则式(9.3.42)化为

$$\frac{dz}{dt} - z(z-1)^2 = 0 \tag{9.3.44}$$

积分得

$$\frac{1}{1-z} + \ln\frac{z}{x(z-1)} = c \tag{9.3.45}$$

将 $z = xy$ 代入式(9.3.45)即得式(9.3.40)的解为

$$\frac{1}{1-xy} + \ln\frac{y}{xy-1} = c \tag{9.3.46}$$

9.4 椭圆方程及其雅可比椭圆函数解

由于椭圆方程在现代自然科学中有着广泛的应用，但其求解过程往往又是复杂冗长的．因此，在本小节中，仅以公式的形式给出不同类型的椭圆方程的椭圆函数解．

9.4.1 第一类椭圆方程

此类椭圆方程的基本形式为

$$y'^2 = a + by^2 + cy^4 \quad (a,b,c \neq 0) \tag{9.4.1}$$

两边对 x 求导并消去 y' 得

$$y'' = by + 2cy^3 \tag{9.4.2}$$

由椭圆函数的性质①可求得式(9.4.1)或式(9.4.2)在不同情形下的雅可比(Jacobi)椭圆函数解.

(1) 当 $a=1, b=-(1+k^2), c=k^2$ 时,式(9.4.1)和式(9.4.2)分别为

$$y'^2 = (1-y^2)(1-k^2 y^2)$$

和

$$y'' = -(1+k^2)y + 2k^2 y^3$$

其解为雅可比椭圆正弦函数

$$y = \mathrm{sn}(x, k) \tag{9.4.3}$$

(2) 当 $a=1-k^2, b=2k^2-1, c=-k^2$ 时,则式(9.4.1)和式(9.4.2)分别为

$$y'^2 = (1-y^2)[(1-k^2) + k^2 y^2]$$

和

$$y'' = (2k^2 - 1)y - 2k^2 y^3$$

参照附录 C 得其解为雅可比椭圆余弦函数

$$y = \mathrm{cn}(x, k). \tag{9.4.4}$$

(3) 当 $a = -(1-k^2), b = 2-k^2, c = -1$ 时,式(9.4.1)和式(9.4.2)分别为①

$$y'^2 = (1-y^2)[y^2 - (1-k^2)]$$

和

$$y'' = (2-k^2)y - 2y^3$$

其解为第三类雅可比椭圆函数

$$y = \mathrm{dn}(x, k)$$

(4) 当 $a=k^2, b=-(1+k^2), c=1$ 时,有

$$y'^2 = (y^2 - 1)(y^2 - k^2)$$

和

$$y'' = -(1-k^2)y + 2y^3 \tag{9.4.5}$$

其解为

$$y = \frac{1}{\mathrm{sn}(x, k)} = \mathrm{ns}(x, k) \tag{9.4.6}$$

(5) 当 $a = -k^2, b = 2k^2 - 1, c = 1 - k^2$ 时,有

$$y'^2 = (y^2 - 1)[k^2 + (1-k^2)y^2]$$

和

---

① 参阅附录 C,椭圆积分与椭圆函数.

$$y'' = (2k^2 - 1)y + 2(1 - k^2)y^3$$

其解为

$$y = \frac{1}{\operatorname{cn}(x,k)} = \operatorname{nc}(x,k) \tag{9.4.7}$$

(6) 当 $a = -1, b = 2 - k^2, c = -(1 - k^2)$ 时,有

$$y'^2 = (y^2 - 1)[1 - (1 - k^2)y^2]$$

和

$$y'' = (2 - k^2)y + 2(1 - k^2)y^3$$

其解为

$$y = \frac{1}{\operatorname{dn}(x,k)} = \operatorname{nd}(x,k) \tag{9.4.8}$$

(7) 当 $a = 1, b = 2 - k^2, c = 1 - k^2$ 时,有

$$y'^2 = (1 + y^2)[1 + (1 - k^2)y^2]$$

和

$$y'' = (2 - k^2)y + 2(1 - k^2)y^3$$

其解为椭圆正割函数

$$y = \operatorname{sc}(x,k) = \frac{\operatorname{sn}(x,k)}{\operatorname{cn}(x,k)} \tag{9.4.9}$$

(8) 当 $a = 1, b = 2k^2 - 1, c = -k^2(1 - k^2)$ 时,有

$$y'^2 = (1 + k^2 y^2)[1 - (1 - k^2)y^2]$$

和

$$y'' = (2k^2 - 1)y - 2k^2(1 - k^2)y^3$$

其解为

$$y = \operatorname{sd}(x,k) = \frac{\operatorname{sn}(x,k)}{\operatorname{dn}(x,k)} \tag{9.4.10}$$

(9) 当 $a = 1 - k^2, b = 2 - k^2, c = 1$ 时,有

$$y'^2 = (1 + y^2)[(1 - k^2) + y^2]$$

和

$$y'' = (2 - k^2)y - 2y^3$$

其解为

$$y = \operatorname{cs}(x,k) = \frac{\operatorname{cn}(x,k)}{\operatorname{sn}(x,k)} \tag{9.4.11}$$

(10) 当 $a = 1, b = -(1 + k^2), c = k^2$ 时,有

$$y'^2 = (1 - y^2)(1 - k^2 y^2)$$

和

$$y''=-(1+k^2)y+2k^2y^3$$

其解为

$$y=\text{cd}(x,k)=\frac{\text{cn}(x,k)}{\text{dn}(x,k)} \quad (9.4.12)$$

(11) 当 $a=-k^2(1-k^2), b=2k^2-1, c=1$ 时,有

$$y'^2=(y^2+k^2)[y^2-(1+k^2)]$$

和

$$y''=(2k^2-1)y+2y^3$$

其解为

$$y=\text{ds}(x,k)=\frac{\text{dn}(x,k)}{\text{sn}(x,k)} \quad (9.4.13)$$

(12) 当 $a=k^2, b=-(1+k^2), c=1$ 时,有

$$y'^2=(y^2-1)(y^2-k^2)$$

和

$$y''=-(1+k^2)y+2y^3$$

其解为

$$y=\text{dc}(x,k)=\frac{\text{dn}(x,k)}{\text{cn}(x,k)} \quad (9.4.14)$$

(13) 当 $a=A^2, b=-(1+k^2), c=k^2/A^2$ 时,有

$$y'^2=(A^2-y^2)(A^2-k^2y^2)/A^2$$

和

$$y''=-(1+k^2)y+2\frac{k^2}{A^2}y^3$$

其解为

$$y=A\text{sn}(x,k) \quad (9.4.15)$$

(14) 当 $a=A^2(1-k^2), b=2k^2-1, c=-k^2/A^2$ 时,有

$$y'^2=(A^2-y^2)[(1-k^2)A^2+k^2y^2)]/A^2$$

和

$$y''=(2k^2-1)y-2\frac{k^2}{A^2}y^3$$

其解为

$$y=A\text{cn}(x,k) \quad (9.4.16)$$

(15) 当 $a=-A^2(1-k^2), b=2-k^2, c=1/A^2$ 时,有

$$y'^2=(A^2-y^2)[y^2-(1-k^2)A^2]/A^2$$

和

$$y'' = (2-k^2)y - \frac{2}{A^2}y^3$$

其解为
$$y = A\operatorname{dn}(x, k) \qquad (9.4.17)$$

(16) 当 $a = k^2 A^2, b = -(1+k^2), c = 1/A^2$ 时,有
$$y'^2 = (y^2 - A^2)(y^2 - k^2 A^2)/A^2$$

和
$$y'' = -(1+k^2)y + \frac{2y^2}{A^2}$$

其解为
$$y = A\operatorname{ns}(x, k) \qquad (9.4.18)$$

(17) 若 $a = -k^2 A^2, b = 2k^2 - 1, c = \dfrac{1-k^2}{A^2}$,则有
$$y'^2 = (y^2 - A^2)[k^2 y^2 + (1-k^2)A^2]/A^2$$

和
$$y'' = (2k^2 - 1)y + \frac{2(1-k^2)}{A^2}y^3$$

其解为
$$y = A\operatorname{nc}(x, k) \qquad (9.4.19)$$

(18) 若 $a = -A^2, b = 2 - k^2, c = -\dfrac{1-k^2}{A^2}$,分别有
$$y'^2 = (y^2 - A^2)[A^2 + (1-k^2)y^2]/A^2$$

和
$$y'' = k^2 y + \frac{2(1-k^2)}{A^2}y^3$$

其解为
$$y = A\operatorname{nd}(x, k) \qquad (9.4.20)$$

(19) 若 $a = A^2, b = 2 - k^2, c = \dfrac{1-k^2}{A^2}$,则有
$$y'^2 = (y^2 + A^2)[A^2 + (1-k^2)y^2]/A^2$$

和
$$y'' = (2-k^2)y + \frac{2k^2(1-k^2)}{A^2}y^3$$

其解为
$$y = A\operatorname{sc}(x, k) \qquad (9.4.21)$$

(20) 若 $a = A^2, b = 2k^2 - 1, c = -k^2(1-k^2)/A^2$,则有

$$y'^2 = (A^2 + k^2 y^2)[A^2 - (1-k^2)y^2]/A^2$$

和

$$y'' = (2k^2 - 1)y - \frac{2k^2(1-k^2)}{A^2}y^3$$

其解为

$$y = A\,\text{sd}(x, k) \tag{9.4.22}$$

(21) 若 $a = A^2(1-k^2), b = 2-k^2, c = 1/A^2$,则有

$$y'^2 = (A^2 + y^2)[(1-k^2)A^2 + y^2]/A^2$$

和

$$y'' = (2-k^2)y + \frac{2}{A^2}y^3$$

其解为

$$y = A\,\text{cs}(x, k) \tag{9.4.23}$$

(22) 若 $a = A^2, b = -(1-k^2), c = k^2/A^2$,则有

$$y'^2 = (A^2 - y^2)(A^2 - k^2 y^2)/A^2$$

和

$$y'' = -(1-k^2)y + 2$$

其解为

$$y = A\,\text{cd}(x, k) \tag{9.4.24}$$

(23) 若 $a = -k^2(1-k^2)A^2, b = 2k^2 - 1, c = 1/A^2$,则有

$$y'^2 = (y^2 + k^2 A^2)[y^2 - (1-k^2)A^2]/A^2$$

和

$$y'' = (2k^2 - 1)y + \frac{2}{A^2}y^3$$

其解为

$$y = A\,\text{ds}(x, k) \tag{9.4.25}$$

(24) 若 $a = k^2 A^2, b = -(1+k^2), c = 1/A^2$,则有

$$y'^2 = (y^2 - A^2)(y^2 - k^2 A^2)/A^2$$

和

$$y'' = -(1-k^2)y + \frac{2}{A^2}y^3$$

其解为

$$y = A\,\text{dc}(x, k) \tag{9.4.26}$$

有了以上不同情形下的第一类椭圆方程及其解之后,一些实际物理方程及其解即可"对号入座",下面举例加以说明.

例1 量子理论中最简单的第一类无质量的狄拉克方程为

$$y'' + \lambda y^3 = 0, \quad (\lambda > 0) \tag{9.4.27}$$

将式(9.4.27)与上述第14种情形的第二式比较有

$$k = \frac{1}{\sqrt{2}}, \quad A = \pm\frac{1}{\sqrt{\lambda}}$$

于是方程(9.4.27)的解为

$$y = \pm\frac{1}{\sqrt{\lambda}}\mathrm{cn}\left[x - x_0, \frac{1}{\sqrt{2}}\right] \quad (x_0 \text{ 为积分常数}). \tag{9.4.28}$$

例2 反映基本粒子相互作用的杨-米尔斯方程可写成如下耦合形式：

$$\begin{cases} \beta^2 y'' - e^2 \rho^2 z^2 y = 0 \\ \beta^2 z'' - e^2 \alpha^2 y^2 z = 0 \end{cases} \tag{9.4.29}$$

其中 α、β、e 和 ρ 均为常数，y 与 z 为实的因变量. 在 $\beta^2 = 1, \alpha^2 = \rho^2 = -1$ 的情形下，式(9.4.29)化为

$$\begin{cases} y'' + e^2 z^2 y = 0 \\ z'' + e^2 y^2 z = 0 \end{cases} \tag{9.4.30}$$

若 $y = z$，并取 $e^2 = \lambda$，则式(9.4.30)中两个方程都与无质量的第一类狄拉克方程具有完全相同的形式，于是其解为

$$y = z = \pm\frac{1}{e}\mathrm{cn}\left[x - x_0, \frac{1}{\sqrt{2}}\right] \tag{9.4.31}$$

这种形式杨-米尔斯方程的解称为瞬子(instanton)，可由其解释基本粒子在不同状态间的转换.

9.4.2 第二类椭圆方程

此类椭圆方程的基本形式为

$$y'^2 = ay + by^2 + cy^3, \quad (a, b, c \neq 0) \tag{9.4.32}$$

由式(9.4.32)对 x 求导得

$$y'' = \frac{a}{2} + by + \frac{3}{2}cy^2 \tag{9.4.33}$$

同第一类椭圆方程一样，由椭圆函数性质可求出式(9.4.32)或式(9.4.33)在不同情形下的雅可比椭圆函数解.

(1) 若 $a = 4, b = -4(1 + k^2), c = 4k^2$，则有

$$y'^2 = 4y(1 - y)(1 - k^2 y)$$

和

$$y'' = 2[1 - 2(1 + k^2)y + 3k^2 y^2]$$

其解为

$$y = \text{sn}^2(x, k) \tag{9.4.34}$$

(2) 若 $a = 4(1-k^2), b = -4(2k^2-1), c = -4k^2$，则有

$$y'^2 = 4y(1-y)[(1-k^2) + k^2 y]$$

和

$$y'' = 2[(1-k^2) + 2(k^2-1)y - 3k^2 y^2]$$

其解为

$$y = \text{cn}^2(x, k) \tag{9.4.35}$$

(3) 若 $a = -4(1-k^2), b = 4(2-k^2), c = -4$，则有

$$y'^2 = 4y(1-y)[y - (1-k^2)]$$

和

$$y'' = 2[-(1-k^2) + 2(2-k^2)y - 3y^2]$$

其解为

$$y = \text{dn}^2(x, k) \tag{9.4.36}$$

(4) 若 $a = 4A, b = -4(1+k^2), c = 4k^2/A$，则有

$$y'^2 = \frac{4}{A} y(A-y)(A - k^2 y)$$

和

$$y'' = 2\left[A - 2(1+k^2)y - \frac{3k^2}{A} y^2\right]$$

其解为

$$y = A\text{sn}^2(x, k) \tag{9.4.37}$$

(5) 若 $a = 4A(1-k^2), b = 4(2k^2-1), c = -4k^2/A$，则有

$$y'^2 = \frac{4}{A} y(A-y)[A(1-k^2) + ky]$$

和

$$y'' = 2\left[A(1-k^2) + 2(2k^2-1)y - \frac{3k^2}{A} y^2\right]$$

其解为

$$y = A\text{cn}^2(x, k) \tag{9.4.38}$$

(6) 若 $a = -4A(1-k^2), b = 4(2-k^2), c = -4/A$，则有

$$y'^2 = \frac{4}{A} y(A-y)[y - A(1-k^2)]$$

和

$$y'' = 2\left[-A(1-k^2) + 2(2-k^2)y - \frac{3}{A} y^2\right]$$

其解为

$$y = A\mathrm{dn}^2(x,k) \tag{9.4.39}$$

(7) 若 $a = 4A\mu^2, b = -4\mu^2(1+k^2), c = 4\mu^2 k^2/A$,则有

$$y'^2 = \frac{4\mu^2}{A} y(A-y)(A-k^2 y)$$

和

$$y'' = 2\mu^2 \left[A - 2(1+k^2)y - \frac{3k^2}{A} y^2 \right]$$

其解为

$$y = A\mathrm{sn}^2(\mu x, k) \tag{9.4.40}$$

(8) 若 $a = 4A(1-k^2)\mu^2, b = 4\mu^2(2k^2-1), c = -4\mu^2 k^2/A$,则有

$$y'^2 = \frac{4\mu^2}{A} y(A-y)[A(1-k^2) + k^2 y]$$

和

$$y'' = 2\mu^2 \left[A(1-k^2)y + 2(2k^2-1)y - \frac{3k^2}{A} y^2 \right]$$

其解为

$$y = A\mathrm{cn}^2(\mu x, k) \tag{9.4.41}$$

(9) 若 $a = -4A(1-k^2)\mu^2, b = 4\mu^2(2-k^2), c = -4\mu^2/A$,则有

$$y'^2 = \frac{4\mu^2}{A} y(A-y)[y - A(1-k^2)]$$

和

$$y'' = 2\mu^2 \left[-A(1-k^2) + 2(2-k^2)y - \frac{3}{A} y^2 \right]$$

其解为

$$y = A\mathrm{dn}^2(\mu x, k) \tag{9.4.42}$$

下面举两例加以说明.

例1 求解方程 $y'^2 = -\gamma y(y-\alpha)(y-\alpha+\beta), (\gamma > 0, \beta > \alpha > 0)$.

解 可将原方程改写为

$$y'^2 = \frac{\gamma\beta}{\alpha} y(\alpha-y)\left[\alpha\left(1-\frac{\alpha}{\beta}\right) + \frac{\alpha}{\beta} y\right]$$

与第 8 种情形的方程形式比较有

$$A = \alpha, \mu^2 = \frac{\beta\gamma}{4}, k^2 = \frac{\alpha}{\beta}$$

于是方程的解为

$$y = \alpha\mathrm{cn}^2\left(\frac{\sqrt{\beta\gamma}}{2} x, k\right)$$

例 2 求解方程 $y'^2 = -\gamma y(y-\beta)(y-\beta+\alpha), (\gamma>0, \beta>\alpha>0)$.

解 将题给方程改写为

$$y'^2 = \frac{\beta\gamma}{\alpha} y(\beta-y)\left[y - \beta\left(1-\frac{\alpha}{\beta}\right)\right]$$

与第 9 种情形比较知 $A=\beta, \mu^2=\dfrac{\beta\gamma}{4}, k^2=\dfrac{\alpha}{\beta}$,于是原方程的解为

$$y = \beta \mathrm{dn}^2\left(\frac{\sqrt{\beta\gamma}}{2} x, k\right)$$

9.4.3 第三类椭圆方程

第三类椭圆方程的基本形式可表为

$$y'^2 = a + by + cy^2 + dy^3, \quad (a,b,c \neq 0) \tag{9.4.43}$$

对 x 求导并消去 y' 得

$$y'' = \frac{b}{2} + cy + \frac{3d}{2} y^2 \tag{9.4.44}$$

下面给出式(9.4.43)或式(9.4.44)在不同情形下的常见解.

(1) 当 $a = -Ay_1 y_2 y_3, b = A(y_1 y_2 + y_2 y_3 + y_3 y_1), c = -A(y_1+y_2+y_3)$, $d = A, (A>0)$时,则有

$$y'^2 = A(y-y_1)(y-y_2)(y-y_3), \quad (A>0, y_1 \geqslant y_2 \geqslant y_3) \tag{9.4.45}$$

和

$$y'' = \frac{A}{2}(y_1 y_2 + y_2 y_3 + y_3 y_1) - A(y_1+y_2+y_3)y + \frac{3A}{2} y^2 \tag{9.4.46}$$

其中 y_1, y_2 和 y_3 可视为 y 的某些确定值.令 $\alpha = y_2 - y_3, \beta = y_1 - y_3, k^2 = \dfrac{\alpha}{\beta} = \dfrac{y_2-y_3}{y_1-y_3}$, 并将 $y-y_3$ 视为 y,则式(9.4.45)化为第二类椭圆方程

$$y'^2 = A(y-\alpha)(y-\beta)y$$

参照第二类椭圆方程的解,可求得方程(9.4.45)的解为

$$\begin{aligned} y &= y_3 + (y_2-y_3)\mathrm{sn}^2\left[\sqrt{\frac{A}{4}(y_1-y_3)}\, x, k\right] \\ &= y_2 - (y_2-y_3)\mathrm{cn}^2\left[\sqrt{\frac{A}{4}(y_1-y_3)}\, x, k\right] \quad (y_3 \leqslant y \leqslant y_2) \end{aligned} \tag{9.4.47}$$

其中 $k = \sqrt{\dfrac{y_2-y_3}{y_1-y_3}}$ 称为模数.特别地,当 $k=1$,即 $y_1 = y_2$ 时,式(9.4.45)或式(9.4.46)的解为

$$y = y_1 - (y_1-y_3)\mathrm{sech}^2 \sqrt{\frac{A}{4}(y_1-y_3)}\, x \tag{9.4.48}$$

(2) 若 $a=Ay_1y_2y_3, b=-A(y_1y_2+y_2y_3+y_3y_1), c=A(y_1+y_2+y_3), d=-A$ $(A>0)$,则有

$$y'^2=-A(y-y_1)(y-y_2)(y-y_3), (A>0, y_1 \geqslant y_2 \geqslant y_3) \quad (9.4.49)$$

和

$$y''=-\frac{A}{2}(y_1y_2+y_2y_3+y_3y_1)+A(y_1+y_2+y_3)y-\frac{3A}{2}y^2 \quad (9.4.50)$$

令 $\alpha=y_1-y_2, \beta=y_1-y_3, k^2=\frac{\alpha}{\beta}=\frac{y_1-y_2}{y_1-y_3}$,并将 $y-y_2$ 视为 y,则式(9.4.49)化成了第二类椭圆方程

$$y'^2=-Ay(y-\alpha)(y-\alpha+\beta), (A>0, \beta>\alpha>0)$$

因此式(9.4.49)的解为

$$y=y_2+(y_1-y_2)\text{cn}^2\left[\sqrt{\frac{A}{4}(y_1-y_3)}x, k\right] \quad (9.4.51)$$

特别地,当 $k=1$,即 $y_2=y_3$ 时,其解为

$$y=y_2+(y_1-y_2)\text{sech}^2\sqrt{\frac{A}{4}(y_1-y_2)}x \quad (9.4.52)$$

9.4.4 第四类椭圆方程

此类非线性方程的基本形式为

(1) $y'^2=ay^2+by^3$ 或 $y''=ay+\frac{3}{2}by^2$ (9.4.53)

这是可以直接积分的方程,其解为

$$y=\begin{cases}-\dfrac{a}{b}\text{sech}^2\left[\sqrt{\dfrac{a}{2}}(x-x_0)\right] & (a>0, b, y<0) \\ \dfrac{a}{b}\text{cech}^2\left[\sqrt{\dfrac{a}{2}}(x-x_0)\right] & (a>0, b, y<0) \\ -\dfrac{a}{b}\sec^2\left[\sqrt{\dfrac{-a}{2}}(x-x_0)\right] & (a<0, x_0 \text{为积分常数})\end{cases} \quad (9.4.54)$$

(2) $y'^2=ay^2+by^4$ 或 $y''=ay+2by^3$,$(a,b$ 均为不为零的常数$)$ (9.4.55)

直接积分得

$$y=\begin{cases}\pm\sqrt{\dfrac{a}{b}}\text{csch}^2[\sqrt{a}(x-x_0)], & (a>0, b>0) \\ \pm\sqrt{-\dfrac{a}{b}}\text{sech}^2[\sqrt{a}(x-x_0)], & (a>0, b<0) \\ \pm\sqrt{-\dfrac{a}{b}}\sec^2[\sqrt{-a}(x-x_0)], & (a<0, b>0, x_0 \text{为积分常数})\end{cases} \quad (9.4.56)$$

(3) $y'^2 = ay^2 + by^3 + cy^4$ 或 $y'' = ay + \dfrac{3}{2}by^2 + 2cy^3$ \hfill (9.4.57)

当 $a<0, b<0, c>0$ 时，直接积分得其解为

$$y = \begin{cases} -\dfrac{2a}{\sqrt{b^2-4ac}\cosh[\sqrt{-a}(x-x_0)]+b} & (y \geqslant 0) \\ \dfrac{2a}{\sqrt{b^2-4ac}\cosh[\sqrt{-a}(x-x_0)]-a} & (y \leqslant 0) \end{cases}$$ \hfill (9.4.58)

(4) $y'^2 = a + by + cy^2$ 或 $y'' = \dfrac{b}{2} + cy$ \hfill (9.4.59)

① 若 $b^2 - 4ac > 0$，可将式(9.4.59)改写为

$$y'^2 = c(y-\alpha)(y-\beta)$$ \hfill (9.4.60)

其中

$$\alpha = \dfrac{1}{2c}(-b + \sqrt{b^2-4ac})$$

$$\beta = \dfrac{1}{2c}(-b - \sqrt{b^2-4ac})$$

这样一来，可对式(9.4.60)直接积分而得其解为

$$y = \begin{cases} \alpha + (\alpha-\beta)\operatorname{sh}^2\left[\dfrac{\sqrt{c}}{2}(x-x_0)\right], & (c>0, y \geqslant \alpha) \\ \beta - (\alpha-\beta)\operatorname{sh}^2\left[\dfrac{\sqrt{c}}{2}(x-x_0)\right], & (c>0, y \leqslant \beta) \\ -\dfrac{\sqrt{b^2-4ac}}{2c}\sin[\sqrt{-c}(x-x_0)] - \dfrac{b}{2c}, & (c<0, \beta \leqslant y \leqslant \alpha) \end{cases}$$ \hfill (9.4.61)

② 若 $b^2 - 4ac < 0$，则式(9.4.59)可改写为

$$y'^2 = c(y-\alpha)(y-\alpha^*) = c|y-\alpha|^2$$ \hfill (9.4.62)

其中

$$\alpha = \dfrac{1}{2c}(-b + i\sqrt{4ac-b^2})$$

$$\alpha^* = \dfrac{1}{2c}(-b - i\sqrt{4ac-b^2})$$

当 $c > 0$ 时，式(9.4.62)存在如下的实函数解

$$y = \dfrac{\sqrt{4ac-b^2}}{2c}\operatorname{sh}[\sqrt{c}(x-x_0)] - \dfrac{1}{2c}$$ \hfill (9.4.63)

9.5 二阶非线性微分方程及其解法

在本小节中将介绍几个常见的二阶非线性常微分方程的求解方法.

1. 雷姆伯特方程

$$y'' + \frac{k^2}{n} y = (1-n)\frac{y'^2}{y}, \quad (n \neq 0) \tag{9.5.1}$$

作变换

$$y = z^{\frac{1}{n}} \tag{9.5.2}$$

则雷姆伯特方程化为如下二阶常系数线性齐次常微分方程

$$z'' + k^2 z = 0$$

易求得其解为

$$z = c_1 \cos kx + c_2 \sin kx$$

其中 c_1、c_2 为积分常数,代入(9.5.2)即得雷姆伯特方程的解为

$$y = (c_1 \cos kx + c_2 \sin kx)^{\frac{1}{n}}$$

2. 方程

$$yy'' + ay'^2 + byy' + cy^2 = 0, \quad (a \neq -1) \tag{9.5.3}$$

称为推广的雷姆伯特方程,若作如下变换

$$y = z^{\frac{1}{a+1}} \tag{9.5.4}$$

则可将式(9.5.3)化为二阶常系数线性方程

$$z'' + bz' + c(a+1)z = 0$$

这是在高等数学中读者熟悉的方程,求出 z 后代回式(9.5.4)即得式(9.5.3)的解.

3. 广义雷姆伯特方程

$$y'' + p(x)y' + q(x)G(y) + r(x)H(y) = I(y)y'^2 \tag{9.5.5}$$

一般地,为求解式(9.5.5),通常先找出其对应的基础方程

$$u'' + p(x)u' + q(x)u + r(x) = 0 \tag{9.5.6}$$

其中 $p(x), q(x), r(x)$ 均为 x 的函数,而 $G(y), H(y)$ 和 $I(y)$ 是 y 的函数. 若式(9.5.6)确是式(9.5.5)的基础方程,则 u 与 y 存在如下函数关系

$$u = F(y) \tag{9.5.7}$$

由此得

$$u' = y'\frac{\mathrm{d}F}{\mathrm{d}y}, \qquad u'' = y''\frac{\mathrm{d}F}{\mathrm{d}y} + y'^2 \frac{\mathrm{d}^2 F}{\mathrm{d}y^2} \tag{9.5.8}$$

将式(9.5.7)和式(9.5.8)代入基础方程(9.5.6)得

$$y'' + p(x)y' + q(x)\frac{F}{\mathrm{d}F/\mathrm{d}y} + r(x)\frac{1}{\mathrm{d}F/\mathrm{d}y} = -\frac{\mathrm{d}^2 F/\mathrm{d}y^2}{\mathrm{d}F/\mathrm{d}y} y'^2 \tag{9.5.9}$$

将式(9.5.5)与式(9.5.9)比较有

$$G(y) = \frac{F}{\mathrm{d}F/\mathrm{d}y}, \quad H(y) = \frac{1}{\mathrm{d}F/\mathrm{d}y}, \quad I(y) = -\frac{\mathrm{d}^2 F/\mathrm{d}y^2}{\mathrm{d}F/\mathrm{d}y} \tag{9.5.10}$$

由此可得

$$u = F(y) = \frac{G(y)}{H(y)}, \qquad I(y) = \frac{1}{H}\frac{\mathrm{d}H}{\mathrm{d}y} = \frac{1}{G}\left(\frac{\mathrm{d}G}{\mathrm{d}y} - 1\right) \tag{9.5.11}$$

由式(9.5.11)的第一式对 y 求导并注意到 $\dfrac{\mathrm{d}u}{\mathrm{d}y} = \dfrac{\mathrm{d}F}{\mathrm{d}y} = \dfrac{1}{H}$，则有

$$H\frac{\mathrm{d}}{\mathrm{d}y}\left(\frac{G}{H}\right) = 1 \tag{9.5.12}$$

由式(9.5.11)和式(9.5.12)，式(9.5.9)便改写成

$$y'' + p(x)y' + q(x)G(y) + r(x)H(y) = \left(\frac{1}{H}\frac{\mathrm{d}H}{\mathrm{d}y}\right)y'^2 \tag{9.5.13}$$

或

$$y'' + p(x)y' + q(x)G(y) + r(x)H(y) = \frac{1}{G}\left(\frac{\mathrm{d}G}{\mathrm{d}y} - 1\right)y'^2 \tag{9.5.14}$$

由此可见，只要能找到广义雷姆伯特方程的基础方程并求得其解，则可由式(9.5.7)最后求得方程(9.5.5)的解.

例 求解方程

$$y'' + a(x)y = \frac{2}{y}y'^2 \tag{9.5.15}$$

解 将方程(9.5.15)与式(9.5.13)和式(9.5.14)比较可知

$$\frac{1}{H}\frac{\mathrm{d}H}{\mathrm{d}y} = \frac{1}{G}\left(\frac{\mathrm{d}G}{\mathrm{d}y} - 1\right) = \frac{2}{y}$$

由此求得

$$H(y) = Ay^2, \qquad G(y) = Ay^2 - y, \quad (A \text{ 为积分常数})$$

进一步比较得

$$p(x) = 0, \quad q(x) = 0, \quad Ar(x) = a(x)$$

于是方程(9.5.15)的基础方程为

$$u'' + \frac{1}{A}a(x) = 0 \tag{9.5.16}$$

由式(9.5.11)得

$$u = \frac{Ay^2 - y}{Ay^2} = 1 - \frac{1}{Ay} \tag{9.5.17}$$

由此可知,只要给定了 $a(x)$ 的具体形式($a(x)$ 为 x 的任意函数),即可由基础方程(9.6.16)求出 u,进而由式(9.5.17)求得方程(9.5.15)的解.

现设 $a(x) = a_0 + a_1 x + a_2 x^2$,且在式(9.5.16)中取 $A = 1$,对式(9.5.16)积分两次得

$$u = -\left(\frac{a_0}{2}x^2 + \frac{a_1}{6}x^3 + \frac{a_2}{12}x^4\right) + Bx + C$$

由式(9.5.17)得

$$y = \frac{1}{1-u} = \left(\frac{a_0}{2}x^2 + \frac{a_1}{6}x^3 + \frac{a_2}{12}x^4 + B_1 x + C_1\right)^{-1} \tag{9.5.18}$$

其中 $B_1 = -B, C_1 = 1 - C$ 均为任意常数.

若 $a(x)$ 取为 x 的其他函数,可得方程(9.5.15)的不同形式的解.

4. 培恩里夫方程的求解方法

培恩里夫方程的一般形式为

$$y'' = P(x,y)y'^2 + Q(x,y)y' + R(x,y) \tag{9.5.19}$$

方程(9.5.19)在某些情况下可化为线性方程、李卡提方程或椭圆方程而得以求其解析解,下面举例说明.

例 1 求解方程

$$yy'' - y'^2 + ayy' + by^2 = 0 \quad (a、b \text{ 均为常数}). \tag{9.5.20}$$

解 将式(9.5.20)与式(9.5.19)比较可知,这是培恩里夫方程当

$$P(x,y) = \frac{1}{y}, Q(x,y) = -a, R(x,y) = -by$$

时的情形. 现作变换

$$y = e^z \tag{9.5.21}$$

则方程(9.5.20)化为关于 z 的二阶常系数线性方程

$$z'' + az' + b = 0 \tag{9.5.22}$$

再令 $u = z'$,有

$$u' + au + b = 0 \tag{9.5.23}$$

由此求得方程(9.5.20)的解为

$$y = A e^{-\frac{1}{a}(ce^{-ax} - bx)}, \quad (A、c \text{ 为积分常数})$$

例2 求方程

$$y'' + 3ayy' + a^2 y^3 + by^2 = 0 \qquad (9.5.24)$$

的解,其中 a、b 为常数.

解 作变换

$$y = \frac{1}{a}\frac{u'}{u} \qquad (9.5.25)$$

则可将方程(9.5.24)化为关于 u 的三阶线性方程

$$u'' + bu' = 0 \qquad (9.5.26)$$

易于求得式(9.5.26)的解为

$$u' = A\cos(\sqrt{b}x + \phi), \qquad u = \frac{A}{\sqrt{b}}\sin(\sqrt{b}x + \phi) + c_1$$

代入方程(9.5.25)即得方程(9.5.24)的解为

$$y = \frac{1}{a}\frac{\sqrt{b}\cos(\sqrt{b}x + \phi)}{\sin(\sqrt{b}x + \phi) + c\sqrt{b}}$$

其中 ϕ、c 为积分常数.

例3 将方程

$$y'' - \alpha e^{\beta y} = 0 \qquad (9.5.27)$$

化为线性方程并求解.

解 作变换

$$y\beta = \ln u^{-2} = -2\ln u \qquad (9.5.28)$$

由式(9.5.28)求出 y'' 并代入式(9.5.27)即得

$$u''u - u'^2 = -\frac{\alpha\beta}{2} \qquad (9.5.29)$$

由式(9.5.29)对 x 求导得

$$u'''u - u'u'' = 0$$

或

$$(u''/u')' = 0 \qquad (9.5.30)$$

对式(9.5.30)积分得关于 u 的线性方程为

$$u'' = cu' \qquad (9.5.31)$$

当积分常数 c 取不同的值时式(9.5.31)的解为

$$y = \begin{cases} Ax + B, & (c=0) \\ A\cos(\sqrt{-c}x) + B, & (c<0) \\ A\cosh(\sqrt{c}x) + B, & (c>0) \end{cases} \qquad (9.5.32)$$

为满足方程(9.5.29),式(9.5.32)中的积分常数应满足下面关系

$$\begin{cases} A = \pm\sqrt{\dfrac{\alpha\beta}{2}}, & (c=0) \\ -c = \dfrac{\alpha\beta}{2A^2}, & (c<0) \\ c = -\dfrac{\alpha\beta}{2A^2}, & (c>0) \end{cases} \quad (9.5.33)$$

将 u 代入式(9.5.28)即得方程(9.5.27)的解为

$$y = \begin{cases} -\dfrac{2}{\beta}\ln\left[\pm\sqrt{\dfrac{\alpha\beta}{2}}x + B\right], & (c=0) \\ -\dfrac{2}{\beta}\ln\left[A\cos\left(\sqrt{\dfrac{\alpha\beta}{2}}x + B\right)\right], & (c<0) \\ -\dfrac{2}{\beta}\ln\left[A\cos\left(\sqrt{-\dfrac{\alpha\beta}{2}}x\right) + B\right], & (c>0) \end{cases}$$

例 4 将方程

$$yy'' = y'^2 + c_0 + c_1 y + c_3 y^3 + c_4 y^4 \quad (9.5.34)$$

化为椭圆方程并求解.

解 作变换

$$y = e^z \quad (9.5.35)$$

可将方程(9.5.34)化为

$$z'' = c_0 e^{-2z} + c_1 e^{-z} + c_3 e^z + c_4 e^{2z} \quad (9.5.36)$$

用 z' 乘以式(9.5.36)两边并积分得

$$z'^2 = -c_0 e^{-2z} - 2c_1 e^{-z} + 2c_3 e^z + c_4 e^{2z} + c_2 \quad (9.5.37)$$

由于 $y' = z'e^z$,即 $z' = y'e^{-z}, z'^2 = y'^2 e^{-2z}$,代入式(9.5.37)得

$$\begin{aligned} y'^2 &= -c_0 - 2c_1 e^z + 2c_3 e^{3z} + c_4 e^{4z} + c_2 e^{2z} \\ &= a_0 + a_1 y + a_2 y^2 + a_3 y^3 + a_4 y^4 \end{aligned} \quad (9.5.38)$$

其中 $a_0 = -c_0, a_1 = -2c_1, a_2 = c_2, a_3 = 2c_3, a_4 = c_4$. 这样一来,式(9.5.38)已化成了标准的椭圆方程,其解可参照前节介绍的几种椭圆方程的解法求出.

9.6 非线性微分方程的物理分析

在本节中,将通过几个熟悉而常见的实际物理系统说明:描述其运动规律所满足的微分方程、方程的解及其所反映的物理行为.

1. 落石问题

在空中下落的物体除受重力作用之外,空气阻力实际上是不可避免的. 设下落

的小石块质量为 m,任一时刻的速度为 v,重力加速度为 g,并设空气阻力与 v^2 成正比(实际情况远比这复杂). 由牛顿运动定律可得小石块的运动方程为

$$mg - kv^2 = m\frac{dv}{dt} \tag{9.6.1}$$

其中 k 为空气阻力系数. 这是 $q(x)=k, p(x)=0, r(x)=-mg$ 情形的李卡提方程,是较为容易求解的一阶非线性方程. 作变换

$$v = \frac{m}{k}\frac{u'}{u} \tag{9.6.2}$$

则方程(9.6.1)化为

$$u'' - \frac{gk}{m}u = 0 \tag{9.6.3}$$

若小石块在空中由静止开始下落,则有初始条件

$$u|_{t=0} = 0 \tag{9.6.4}$$

于是得小石块满足初始条件(9.6.4)的解为

$$v = \sqrt{\frac{mg}{k}}\tan\left(\sqrt{\frac{kg}{m}}t\right) \tag{9.6.5}$$

下面扼要分析一下小石块下落的物理过程. 在开始下落后的短时间内, v 很小,小石块主要受重力作用. 随着 v 的增大,空气阻力迅速增大,最终重力与空气阻力平衡,小石块获得一稳定的极限速度

$$v_{\max} = \sqrt{\frac{mg}{k}} \tag{9.6.6}$$

小石块运动的速度-时间曲线如图 9.1 所示.

由图 9.1 可知,小石块的速度变化规律实际上近似为指数函数,即

$$v = \sqrt{\frac{mg}{k}}(1 - e^{-t/\tau}) \tag{9.6.7}$$

其中 τ 为时间常数. 在试探函数法中,即将式(9.6.7)作为方程(9.6.1)的试探解. 通过误差分析和对小石块运动过程的考虑,当选 $\tau = 0.745$ 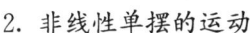 时,精确解(9.6.5)和近似解(9.6.7)是吻合得较好的.

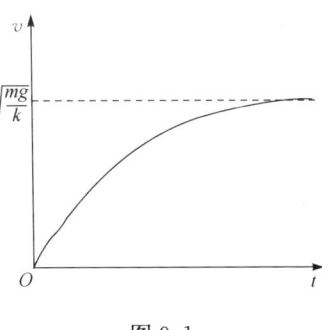

图 9.1

2. 非线性单摆的运动

若忽略空气阻力,则单摆的振动方程为

$$\ddot{\theta}+\omega_0^2\sin\theta=0, \qquad \left(\omega_0=\sqrt{\frac{g}{l}}\right) \tag{9.6.8}$$

或表为

$$\dot{\omega}=-\omega_0^2\sin\theta, \qquad \dot{\theta}=\omega \tag{9.6.9}$$

于是

$$\frac{d\omega}{d\theta}=-\frac{\omega_0^2\sin\theta}{\omega} \tag{9.6.10}$$

积分得

$$\frac{1}{2}\omega^2+\omega_0^2(1-\cos\theta)=H \tag{9.6.11}$$

其中 H 为积分常数,实际上式(9.6.11)即单摆运动的能量守恒方程,H 为其总能量,瞬时动能和势能分别为 $\frac{1}{2}\omega^2$ 和 $\omega_0^2(1-\cos\theta)$. 于是式(9.6.9)又可表为

$$\dot{\theta}=\frac{\partial H}{\partial \omega}, \qquad \dot{\omega}=-\frac{\partial H}{\partial \theta} \tag{9.6.12}$$

即在忽略空气阻力的情况下,非线性单摆仍为保守系统或哈密顿系统.

简单的分析可知,单摆存在着三个平衡位置,即 $(\theta,\omega)=(0,0)$、$(-\pi,0)$ 和 $(\pi,0)$,摆球的最低点 $\theta=0$ 为稳定平衡点,在此点给摆球一个小的位移,单摆即作周期振荡;而点 $(\pm\pi,0)$ 是摆球的最高位置,给摆球一个小的位移,它将不再在平衡位置附近振荡,而是转动起来,故平衡位置 $(\pm\pi,0)$ 不是稳定的. 此外,从能量的角度看,在最低点 $(\theta,\omega)=(0,0)$,单摆系统的势能 $E_p=0$,总能量 $H=0$;而在最高点 $(\pm\pi,0)$,势能 $E_p=2\omega_0^2$,总能量 $H=2\omega_0^2$. 因此,当系统获得的能量 $H<\omega_0^2$ 时,摆球在 $\frac{\pi}{2}>\theta>-\frac{\pi}{2}$ 的范围内振荡;当系统获得的能量 $\omega_0^2<H<2\omega_0^2$ 时,摆球就既不振荡也不旋转;当 $H>2\omega_0^2$ 时,摆球才会转动起来.

基于以上分析,可以分不同情形对方程(9.6.11)进行精确求解. 现令 $H=2\omega_0^2 k^2$,且注意到 $1-\cos\theta=2\sin^2\frac{\theta}{2}$,则可将方程(9.6.11)改写为

$$\dot{\theta}^2=4\omega_0^2\left(k^2-\sin^2\frac{\theta}{2}\right) \tag{9.6.13}$$

(1) $H<2\omega_0^2$, $\left(k^2\equiv\frac{H}{2\omega_0^2}<1\right)$ 的情形

在此情形下,当 $\theta=\theta_0$ 时有 $\dot{\theta}=\omega=0$,由式(9.6.13)有

$$k^2=\sin^2\frac{\theta_0}{2} \tag{9.6.14}$$

作变换

$$\sin\frac{\theta}{2}=k\sin\varphi \quad (-\theta_0\leqslant\theta\leqslant\theta_0, \quad -\frac{\pi}{2}\leqslant\varphi\leqslant\frac{\pi}{2}) \tag{9.6.15}$$

对式(9.6.15)两边微分得

$$\frac{1}{2}\cos\frac{\theta}{2}\mathrm{d}\theta=k\cos\varphi\mathrm{d}\varphi$$

即

$$\sqrt{1-k^2\sin^2\varphi}\,\mathrm{d}\theta=2k\cos\varphi\mathrm{d}\varphi$$

或

$$\dot{\theta}^2=\left(\frac{\mathrm{d}\theta}{\mathrm{d}t}\right)^2=\frac{4k^2\cos^2\varphi}{1-k^2\sin^2\varphi}\dot{\varphi}^2$$

代入式(9.6.13)得

$$\dot{\varphi}^2=\omega_0^2(1-k^2\sin^2\varphi) \tag{9.6.16}$$

或

$$\frac{\mathrm{d}\varphi}{\sqrt{1-k^2\sin^2\varphi}}=\omega_0\mathrm{d}t \tag{9.6.17}$$

积分得

$$\omega_0 t=\int_0^\varphi\frac{\mathrm{d}\varphi}{\sqrt{1-k^2\sin^2\varphi}} \tag{9.6.18}$$

上式右边的积分称为第一类勒让德椭圆积分，k 即为其模数.

再来看非线性单摆的周期. 令 $\sin\varphi=x$，则式(9.6.18)变为

$$\omega_0 t=\int_0^{\sin\varphi}\frac{\mathrm{d}x}{\sqrt{(1-x^2)(1-k^2 x^2)}} \tag{9.6.19}$$

上式指出：既可将 $\omega_0 t$ 当作积分上限 $\sin\varphi$ 的函数，也可将积分上限 $\sin\varphi$ 当作 $\omega_0 t$ 的函数，此即雅可比椭圆正弦函数

$$\mathrm{sn}(\omega_0 t,k)=\sin\varphi \tag{9.6.20}$$

将上式代入式(9.6.15)即得非线性单摆在 $k=\sin\dfrac{\theta_0}{2}<1$ 情形下的解析解为

$$\sin\frac{\theta}{2}=k\,\mathrm{sn}(\omega_0 t,k) \tag{9.6.21}$$

当 $\theta_0\to 0$ 时 $k\to 0$，$\mathrm{sn}(\omega_0 t,k)\to\sin\dfrac{\theta}{2}$，非线性单摆退化为线性单摆.

由式(9.6.14)和式(9.6.15)知，当 θ 从 0 变到 θ_0 时，φ 从 0 变到 $\dfrac{\pi}{2}$，单摆经历了 $\dfrac{1}{4}$ 周期，对这一区间，式(9.6.18)为

$$\frac{1}{4}T=\frac{1}{\omega_0}\int_0^{\frac{\pi}{2}}\frac{\mathrm{d}\varphi}{\sqrt{1-k^2\sin^2\varphi}}=\frac{1}{\omega_0}K(k)$$

其中 $K(k) = \int_0^{\frac{\pi}{2}} \frac{d\varphi}{\sqrt{1-k^2 \sin^2\varphi}}$ 称为第一类勒让德完全积分. T 即为非线性单摆的振动周期,即

$$T = \frac{4}{\omega_0} K(k) \tag{9.6.22}$$

与线性单摆的周期 $T_0 = \frac{2\pi}{\omega_0}$ 之比为

$$\frac{T}{T_0} = \frac{2K(k)}{\pi} \tag{9.6.23}$$

比值 T/T_0 随单摆的幅角 θ_0 而变,如图 9.2 所示.

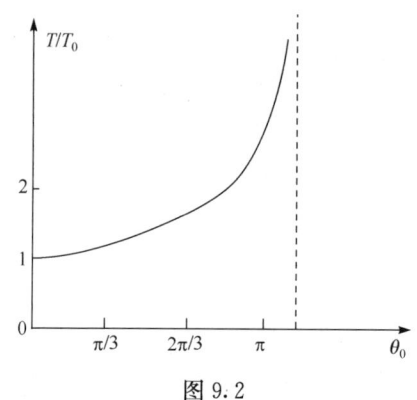

图 9.2

由图 9.2 可见,当 $\theta_0 = 0$ 时,$\frac{T}{T_0} = 1$,随着 θ_0 的增大,$\frac{T}{T_0}$ 也增大,当 $\theta_0 \to \pi$ 时,$\frac{T}{T_0} \to \infty$.

(2) $H > 2\omega_0^2$,$\left(k^2 = \frac{H}{2\omega_0^2} > 1\right)$ 的情形

这是单摆能通过最高点旋转的情况($|\theta_0| > \pi$). 将式(9.6.13)改写为

$$\dot{\theta}^2 = 4\omega_0^2 k^2 \left(1 - k^{-2} \sin^2 \frac{\theta}{2}\right) \tag{9.6.24}$$

作变换

$$\sin \frac{\theta}{2} = \sin\varphi \tag{9.6.25}$$

则式(9.6.24)化为

$$\dot{\varphi}^2 = \omega_0^2 k^2 (1 - k^{-2} \sin^2\varphi) \tag{9.6.26}$$

即

$$\omega_0 k dt = \frac{d\varphi}{\sqrt{1 - k^{-2} \sin^2\varphi}} \tag{9.6.27}$$

积分得

$$\omega_0 k t = \int_0^{\varphi_0} \frac{d\varphi}{\sqrt{1 - k^{-2} \sin^2\varphi}} \tag{9.6.28}$$

上式右边仍为第一类勒让德椭圆积分,模数为 $\frac{1}{k}$,在此情形下. 当 φ 从 0 变到 $\frac{\pi}{2}$ 时,

θ 将从 0 变到 π，单摆旋转了 $\frac{1}{2}$ 周期，因此有

$$\omega_0 k \frac{T}{2} = \int_0^{\frac{\pi}{2}} \frac{\mathrm{d}\varphi}{\sqrt{1-k^2\sin^2\varphi}} = K\left(\frac{1}{k}\right) \tag{9.6.29}$$

即单摆的周期为

$$T = \frac{2}{\omega_0 k} K\left(\frac{1}{k}\right) \tag{9.6.30}$$

可见此时单摆运动方程的解仍为雅可比椭圆正弦函数

$$\sin\frac{\theta}{2} = \mathrm{sn}\left(\omega_0 kt, \frac{1}{k}\right) \tag{9.6.31}$$

(3) $H = 2\omega_0^2$，$\left(k^2 = \frac{H}{2\omega_0^2} = 1\right)$ 的情形

此情形对应于摆球恰好能到达最高点，但在最高点的瞬时动能为零. 此时方程 (9.6.13) 变为

$$\dot{\theta}^2 = 4\omega_0^2 \cos^2\frac{\theta}{2} \tag{9.6.32}$$

对上式积分得

$$2\omega_0 t = \int_0^\theta \frac{\mathrm{d}\theta}{\cos\frac{\theta}{2}} = \ln\frac{1+\sin\frac{\theta}{2}}{1-\sin\frac{\theta}{2}}$$

于是得 $k=1$ 时的解析解为

$$\sin\frac{\theta}{2} = \tanh\omega_0 t \tag{9.6.33}$$

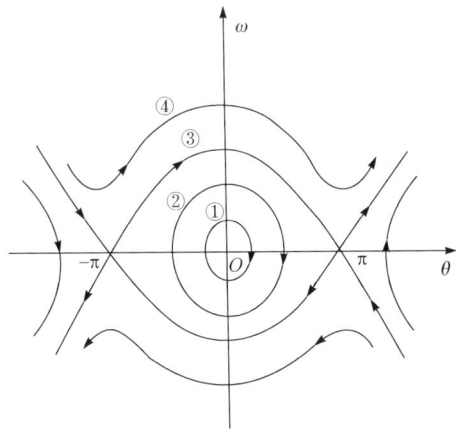

图 9.3

事实上,解(9.6.33)可从式(9.6.21)和式(9.6.31)中令 $k=1$ 而得到. 在 θ,ω 构成的相平面上,以上三种情况下单摆的相轨如图9.3所示. 曲线①为线性单摆的周期振荡;曲线②为非线性单摆的周期振荡;曲线③为 $\theta=\pm\pi$ 时单摆的运动,它是振动与旋转的分型线,称为异宿轨道,但 $(-\pi,0)$ 和 $(\pi,0)$ 实为同一点,故相轨③又称为同轨道;相轨④则代表单摆的旋转.

3. 存在阻尼情形下单摆的运动

为了方便,设单摆的阻尼为 $2\mu\dot{\theta}$,其中 μ 为阻尼系数,则单摆的运动方程为

$$\ddot{\theta}+2\mu\dot{\theta}+\omega_0^2\sin\theta=0 \tag{9.6.34}$$

在 θ 很小的时候,上式化为线性方程

$$\ddot{\theta}+2\mu\dot{\theta}+\omega_0^2\theta=0 \tag{9.6.35}$$

方程(9.6.35)的特征方程及其根分别为

$$r^2+2\mu r+\omega_0^2=0$$

$$r=-\mu\pm\sqrt{\mu^2-\omega_0^2} \tag{9.6.36}$$

下面分弱阻尼 $\mu^2<\omega_0^2$、强阻尼 $\mu^2>\omega_0^2$ 和临界阻尼 $\mu^2=\omega_0^2$ 三种情形进行讨论.

(1) 弱阻尼时, r 为共轭复根,此时的解用实函数表出为

$$\theta=\theta_0 e^{-\mu t}\sin(\sqrt{\omega_0^2-\mu^2}\,t+\phi)$$

令 $\omega_1=\sqrt{\omega_0^2-\mu^2}$,并设初始条件为 $\theta|_{t=0}=0$,则有

$$\theta=\theta_0 e^{-\mu t}\sin\omega_1 t \tag{9.6.37}$$

显然这是一种衰减振荡,在相平面 (θ,ω) 上,相轨方程满足

$$\dot{\theta}=\omega, \qquad \ddot{\omega}=-2\mu\omega-\omega_0^2\theta \tag{9.6.38}$$

系统的总能量及其时间变化率分别为

$$H=\frac{1}{2}\omega^2+\frac{1}{2}\omega_0^2\theta^2=-2\mu\int_0^t\dot{\theta}^2 dt$$

$$\dot{H}=\omega\dot{\omega}+\omega_0^2\theta\dot{\theta}=-2\mu\dot{\theta}^2 \tag{9.6.39}$$

可见存在阻尼的单摆系统的能量不守恒,当正阻尼 $\mu>0$ 时, $\dot{H}<0$,此时为耗散系统,在相平面 (θ,ω) 上代表振动是不闭合的相轨,且单摆最终回到平衡位置 $(\theta,\omega)=(0,0)$ 上. 当为负阻尼 $\mu<0$ 时 $\dot{H}>0$,即总能量增加,单摆最终要远离下垂的平衡位置.

(2) 强阻尼 $\mu^2>\omega_0^2$ 时, r 为两个不等实根,在 $\theta|_{t=0}=0$ 条件下,解为

$$\theta=\theta_0 e^{-\mu t}\sinh\omega_2 t, \qquad (\omega_2=\sqrt{\mu^2-\omega_0^2}) \tag{9.6.40}$$

若为正阻尼 $\mu>0$,仍为耗散系统,平衡位置 $(\theta,\omega)=(0,0)$ 称为稳定结点;若为负阻尼 $\mu<0$,系统最终作旋转运动,故平衡位置 $(\theta,\omega)=(0,0)$ 为不稳定结点.

(3) 临界阻尼 $\mu^2 = \omega_0^2$ 时,r 为两相等实根,在 $\theta|_{t=0} = 0$ 的条件下方程的解为

$$\theta = \theta_0 t e^{-\mu t} \tag{9.6.41}$$

由式(9.6.41)可见,若为正阻尼($\mu>0$),则系统仍作缓慢的减幅振动;若为负阻尼($\mu<0$),则系统在临界状态下将作增幅振荡,且很快由振荡过渡到旋转.

4. 无阻尼、无强迫的振动系统

对于存在与振动位移 x 的三次方成正比的系统,其运动满足达芬方程

$$\ddot{x} + \omega_0^2 x = -\varepsilon \beta_0^2 x^3 \tag{9.6.42}$$

可写成自治系统

$$\begin{cases} \dot{x} = y \\ \dot{y} = -\omega_0^2 x - \varepsilon \beta_0^2 x^3 \end{cases} \tag{9.6.43}$$

显然有

$$\frac{dy}{dx} = -\frac{\omega_0^2 x + \varepsilon \beta_0^2 x^3}{y} \tag{9.6.44}$$

积分得

$$\frac{1}{2} y^2 + \frac{1}{2} \omega_0^2 x^2 + \frac{1}{4} \varepsilon \beta_0^2 x^4 = H \tag{9.6.45}$$

其中 H 为积分常数,即系统的总能量. 由式(9.6.43)显然有

$$\dot{x} = \frac{\partial H}{\partial y}, \qquad \dot{y} = -\frac{\partial H}{\partial x} \tag{9.6.46}$$

即无阻尼、无强迫的振动系统是保守系统,它具有周期解.

对于硬非线性($\varepsilon>0$)的情形,对照前面介绍的第一类椭圆方程得式(9.6.42)的解为

$$x = a \operatorname{cn}(\omega t, k) \tag{9.6.47}$$

其中

$$\omega^2 = \omega_0^2 + \varepsilon \beta_0^2 a^2, \qquad k^2 = \frac{\varepsilon \beta_0^2 a^2}{2\omega^2} = \frac{1}{2}\left(1 - \frac{\omega_0^2}{\omega^2}\right) \tag{9.6.48}$$

其非线性振荡周期为

$$T = \frac{4K(k)}{\omega} = \frac{2\pi}{\omega}\left[1 + \left(\frac{1}{2}\right)^2 k^2 + \left(\frac{3}{8}\right)^2 k^4 + \cdots\right] \tag{9.6.49}$$

定义等效非线性振荡圆频率为

$$\omega^* = \frac{2\pi}{T} = \frac{\omega}{\frac{1}{4}k^2 + \frac{9}{64}k^4 + \cdots} = \omega\left[1 - \frac{1}{4}k^2 + 0(k^4)\right]$$

$$= \omega_0 \left[1 + \frac{\varepsilon \beta_0^2 a^2}{2\omega_0^2} + 0(\varepsilon^2 a^4)\right]\left[1 - \frac{\varepsilon \beta_0^2 a^2}{8\omega_0^2} + 0(\varepsilon^2 a^4)\right]$$

$$=\omega_0+\frac{3\varepsilon\beta_0^2 a^2}{8\omega_0}+0(\varepsilon^2 a^4) \tag{9.6.50}$$

对于软非线性($\varepsilon<0$)情形,对照前面第一类椭圆方程得式(9.6.42)的解为
$$x=a\mathrm{sn}(\omega t,k) \tag{9.6.51}$$
其中
$$\omega^2=\omega_0^2+\frac{1}{2}\varepsilon\beta_0^2 a^2, \qquad k^2=-\frac{\frac{1}{2}\varepsilon\beta_0^2 a^2}{\omega^2}=\frac{\omega_0^2}{\omega^2}-1 \tag{9.6.52}$$

此时非线性振荡的圆频率为
$$\omega^*=\frac{2\pi}{T}=\omega\left[1+\frac{1}{4}k^2+0(k^4)\right]$$
$$=\omega_0\left[1+\frac{\varepsilon\beta_0^2 a^2}{4\omega_0^2}+0(\varepsilon^2 a^4)\right]\left[1+\frac{\varepsilon\beta_0^2 a^2}{8\omega_0^2}+0(\varepsilon^2 a^4)\right]$$
$$=\omega_0+\frac{3\varepsilon\beta_0^2 a^2}{8\omega_0}+0(\varepsilon^2 a^4) \tag{9.6.53}$$

5. 存在阻尼和强迫力情形下的振动系统

在此情形下系统满足达芬方程
$$\ddot{x}+2\mu\dot{x}+\omega_0^2 x+\varepsilon\beta_0^2 x^3=A\cos\Omega t, \qquad (\mu>0) \tag{9.6.54}$$
其中 Ω 为周期性强迫力的圆频率. 若为小振幅情形,且 $\varepsilon\to 0$ 时,则式(9.6.54)化为线性方程
$$\ddot{x}+2\mu\dot{x}+\omega_0^2 x=A\cos\Omega t \tag{9.6.55}$$

在弱阻尼($\mu^2<\omega_0^2$)时,容易求得式(9.6.55)的解为
$$x=a_0 e^{-\mu t}\cos(\sqrt{\omega_0^2-\mu^2}\,t+\varphi)+\frac{A\cos(\Omega t+\phi)}{\sqrt{(\omega_0^2-\Omega^2)^2+4\mu^2\Omega^2}} \tag{9.6.56}$$
其中 a_0,φ 为积分常数,而 ϕ 则满足 $\tan\varphi=-\dfrac{2\mu\Omega}{\omega_0^2-\Omega^2}$.

若为正阻尼($\mu>0$),则当时间足够长时,式(9.6.56)近似为
$$x=\frac{A\cos(\Omega t+\phi)}{\sqrt{(\omega_0^2-\Omega^2)^2+4\mu^2\Omega^2}} \tag{9.6.57}$$
这说明在正的弱阻尼情形下,振动系统的振幅最终完全由强迫源决定.

在 $\varepsilon\neq 0$ 的情形下,引入等效频率
$$\omega^*=\omega_0+\frac{3\beta_0^2 a^2}{8\omega_0}\varepsilon \tag{9.6.58}$$
则式(9.6.54)可写为

第9章 非线性微分方程

$$\ddot{x}+2\mu\dot{x}+\omega_0^{*2}x=A\cos\Omega t \tag{9.6.59}$$

在正阻尼($\mu>0$)且当 t 很大时,方程(9.6.59)的解为

$$x=a\cos(\Omega t+\phi) \tag{9.6.60}$$

其中振幅

$$a=\frac{A}{\sqrt{(\omega^{*2}-\Omega^2)^2+4\mu^2\Omega^2}} \tag{9.6.61}$$

现对以上结果讨论如下:

在近共振情况下有

$$\Omega=\omega_0+\varepsilon\Delta$$

其中 Δ 为小量,当 $\Delta=0$ 时,即发生共振,振幅达到极大值. 当 $\Delta\neq 0$ 时,因 $4\mu^2\Omega^2\approx 4\mu^2\omega_0^2$,故

$$(\omega^{*2}-\Omega^2)^2=[(\omega^*-\Omega)(\omega^*+\Omega)]^2\approx\left(\frac{3\beta_0^2 a^2}{8\omega_0}\varepsilon-\varepsilon\Delta\right)^2$$

$$=4\omega_0^2\varepsilon^2\left(\frac{3\beta_0^2 a^2}{8\omega_0}-\Delta\right)^2 \tag{9.6.62}$$

于是有

$$a^2=\frac{A^2/4\omega_0^2\varepsilon^2}{(3\beta_0^2 a^2/8\omega_0-\Delta)^2+(\mu/\varepsilon)^2} \tag{9.6.63}$$

在软激励的情形下,$a^2=o(1)$,$A=o(\varepsilon)$. 令

$$\sigma=\frac{3\beta_0^2 a^2}{8\omega_0}, \qquad F=\frac{3A^2}{32\omega_0^2\varepsilon^2}$$

则式(9.6.63)变为

$$F=\sigma[(\sigma-\Delta)^2+(\mu/\varepsilon)^2] \tag{9.6.64}$$

这是 σ 的三次代数方程,即 a^2 的三次代数方程. 可见随着激励振幅(在此用 F 表示)的增加,响应振幅(用 σ 表示)也随之增加,且随着 Δ 的变化,σ 会出现多个值与同一 Δ 对应,如图 9.4 所示.

由图 9.4(c)可见,当 F 较大时,随着 Δ 的增加,振幅在 $\Delta=\Delta_2$ 处存在突跃;而随着 Δ 的增加,振幅 $\Delta=\Delta_1$ 处出现突跃. 这是由于非线性作用导致的结果.

下面将说明:当 Ω 与 ω_0 相差很大时,也能产生共振. 这是非线性的另一作用.

前面讨论的强迫耗散的达芬方程的零级近似解在 $\mu t\gg 1$ 时为

$$x^{(0)}=\frac{A\cos(\Omega t+\phi)}{\sqrt{\omega^2-\Omega^2+4\mu^2\Omega^2}} \tag{9.6.65}$$

其中 $\omega=\omega_0+o(\varepsilon)$. 现设

$$x=x^{(0)}+\varepsilon x^{(1)}+\cdots \tag{9.6.66}$$

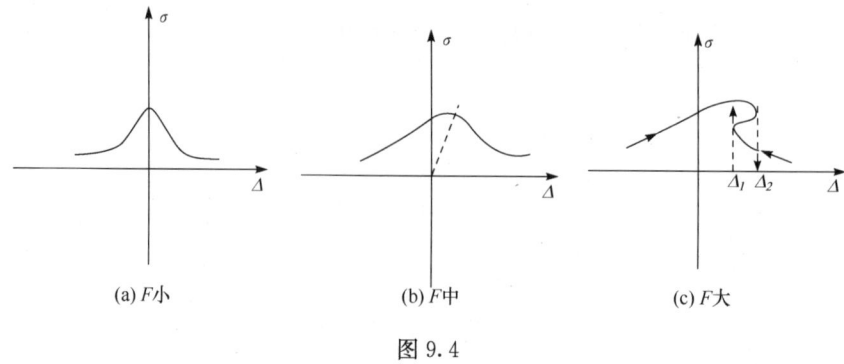

(a) F小　　(b) F中　　(c) F大

图 9.4

则达芬方程的一级近似解满足

$$\ddot{x}^{(1)}+2\mu\dot{x}^{(1)}+\omega_0^2 x^{(1)}=-\varepsilon\beta_0^2 x^{(0)3}=-\frac{\varepsilon\beta_0^2[A\cos(\Omega t+\phi)]^3}{[\omega^2-\Omega^2+4\mu^2\Omega^2]^{\frac{3}{2}}}$$

$$=-\frac{\varepsilon\beta_0^2 A^3}{(\omega^2-\Omega^2+4\mu^2\Omega^2)^{\frac{3}{2}}}\left[\frac{1}{4}\cos 3(\Omega t+\phi)+\frac{3}{4}\cos(\Omega t+\phi)\right]$$

(9.6.67)

由于式(9.6.67)右端出现 $\cos 3(\Omega t+\phi)$ 的强迫项,因此固有频率 $\omega_0=3\Omega$ 就要出现共振,此时 $x^{(1)}$ 仍是一周期运动. 但其周期是激励周期的 $\frac{1}{3}$. 这称为超谐共振或分周期运动.

此外,由于非线性作用,还会出现诸如 $\cos\frac{1}{3}(\Omega t+\phi)$ 的强迫项,此时若固有频率 $\omega_0=\frac{1}{3}\Omega$ 就会出现共振,这称为次谐共振或倍周期运动. 当倍周期运动倍数极大增加时,将会出现非周期运动,即导致所谓的混沌现象.

9.7　非线性微分方程的行波法

作为本章的结束,最后介绍行波法在非线性偏微分方程中的应用.

先考察广义热传导方程

$$\frac{\partial u}{\partial t}=k\frac{\partial}{\partial x}\left(u^\alpha\frac{\partial u}{\partial x}\right) \tag{9.7.1}$$

其中 k 为热传导系数. 若 $\alpha=0$,则式(9.7.1)变为线性热传导方程.

用行波法求解非线性偏微分方程的基本思想是:

令
$$u=u(\xi), \quad \xi=x-ct \tag{9.7.2}$$
其中 c 为常数,即波的传播速度. 将式(9.7.2)代入式(9.7.1)得
$$-c\frac{du}{d\xi}=k\frac{d}{d\xi}\left(u^a\frac{du}{d\xi}\right) \tag{9.7.3}$$
对式(9.7.3)积分一次并取积分常数为零,有
$$u^{a-1}\frac{du}{d\xi}+\frac{c}{k}=0 \tag{9.7.4}$$
再积分得
$$u=\left[-\frac{ac}{k}(\xi-\xi_0)\right]^{1/a}=\left[-\frac{ac}{k}(x-ct-\xi_0)\right]^{1/a} \tag{9.7.5}$$
其中 ξ_0 为积分常数.

若 $a=0$,则对式(9.7.4)积分得
$$u=Ae^{-\frac{c}{k}\xi}=Ae^{-\frac{c}{k}(x-ct)} \tag{9.7.6}$$
其中 A 为积分常数.

下面讨论伯格斯方程
$$\frac{\partial u}{\partial t}+\frac{\partial u}{\partial x}-\gamma\frac{\partial^2 u}{\partial x^2}=0 \tag{9.7.7}$$
的行波解法. 令 $u=u(\xi), \xi=x-ct$ 并代入上式有
$$-c\frac{du}{d\xi}+u\frac{du}{d\xi}-\gamma\frac{d^2 u}{d\xi^2}=0 \tag{9.7.8}$$
积分得
$$-cu+\frac{1}{2}u^2-\gamma\frac{du}{d\xi}=A \tag{9.7.9}$$
或
$$\frac{du}{d\xi}=\frac{1}{2\gamma}(u^2-2cu-2A) \tag{9.7.10}$$
设 $u^2-2cu-2A=0$ 且 $c^2+2A>0$,可得两个实根
$$u_1^*=c+\sqrt{c^2+2A}, \quad u_2^*=c-\sqrt{c^2+2A} \tag{9.7.11}$$
于是式(9.7.10)可写为
$$\frac{du}{d\xi}=\frac{1}{2\gamma}(u-u_1^*)(u-u_2^*) \tag{9.7.12}$$
对式(9.7.12)两边积分得
$$u=c-\frac{1}{2}(u_1^*-u_2^*)\tanh\frac{u_1^*-u_2^*}{4\gamma}(\xi-\xi_0) \tag{9.7.13}$$

其中 ξ_0 为积分常数. 在 $u=u_1^*$ 和 $u=u_2^*$ 处有 $\dfrac{\mathrm{d}u}{\mathrm{d}\xi}=0$. 式(9.7.13)即为伯格斯方程的行波解,也称为冲击波. 波振幅和波速分别为

$$a=\frac{1}{2}(u_1^*-u_2^*), \qquad c=\frac{1}{2}(u_1^*+u_2^*) \tag{9.7.14}$$

由式(9.7.13)显然有

$$u|_{\xi\to\xi_0}=c$$
$$u|_{\xi\to-\infty}=u_1^*$$
$$u|_{\xi\to+\infty}=u_2^*$$

如图 9.5 所示.

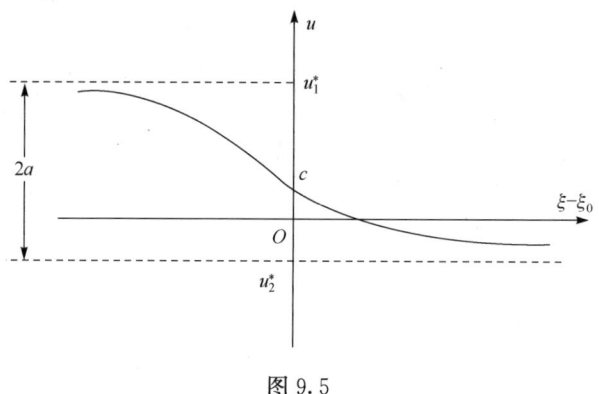

图 9.5

伯格斯方程在物理上描述的是一个非线性的耗散系统. 若令 $\dfrac{\mathrm{d}u}{\mathrm{d}\xi}=v$,由式(9.7.13)两边对 ξ 微商而得

$$v=\frac{\mathrm{d}u}{\mathrm{d}\xi}=-\frac{u_1^*-u_2^*}{8\gamma}\operatorname{sech}^2\frac{u_1^*-u_2^*}{4\gamma}(\xi-\xi_0) \tag{9.7.15}$$

这一结果称为孤立波.

关于非线性数学物理方程就简要介绍这些. 想了解更多这方面相关知识的读者,可参阅汪德新编著的《数学物理方法》(科学出版社)、程建春编著的《数学物理方程及其近似方法》(科学出版社)以及刘式达、刘式适编著的《物理学中的非性方程》(北京大学出版社)等.

习 题 9

1. 求解下列微分方程:$\left(p=\dfrac{\mathrm{d}y}{\mathrm{d}x}\right)$

(1) $\dfrac{\mathrm{d}y}{\mathrm{d}x}+\left(\dfrac{1-y^2}{1-x^2}\right)^{1/2}=0$; (2) $\dfrac{\mathrm{d}y}{\mathrm{d}x}(x^2y^3+xy)=1$;

(3) $(3x+5y-6)\dfrac{dy}{dx}=7y+x+2$; (4) $x^2p^2+3xyp+2y^2=0$;

(5) $p(p+y)=x(x+y)$; (6) $y=xp+(1+p^2)^{1/2}$;

(7) $(x^2-a^2)p^2-2xpy-x^2=0$; (8) $y(1+p^2)^{1/2}=n(x+yp)$ (提示:用极坐标)

2. 求解尺度不变方程
$$x^2y''+3xy'+2y=x^{-4}y^{-3}$$
(提示:作变换 $y=x^{-1}z$ 使原方程变为等尺度方程进行求解).

3. 求 $\dfrac{dy}{dx}+\dfrac{1}{x}y-x^2y^3=0$.

4. 求方程 $y'+\dfrac{1}{2}y^2=-\dfrac{1}{2x^2}$ 的解.

   提示:(1) 这是 $p(x)=0, q=\dfrac{1}{2}, r=\dfrac{1}{2x^2}$ 的李卡提方程. 可直接作变换 $y=2\dfrac{z'}{z}$ 进行求解;

   (2) 由观察可知 $y_1=\dfrac{1}{x}$ 是所给方程的一个特解. 于是可令 $y=y_1+u=\dfrac{1}{x}+u$ 代入原方程使之转化为伯努利方程进行求解.

5. 求解方程 $y'^2+xy'+2y+\dfrac{3}{4}x^2=0$

   (提示:这是 $a=1, b=2\neq 0, c=\dfrac{3}{4}$ 时的克莱斯达方程)

6. 求非线性无质量的狄拉克方程
$$y''+\lambda y^3=0 \quad (\lambda>0)$$
的解.

7. 若取 $y=z$, 求解方程组
$$\begin{cases} y''-e^2z^2y=0 \\ z''-e^2y^2z=0 \end{cases}$$
(提示:除椭圆函数解之外, 还有另一解 $y=z=\pm\dfrac{\sqrt{2}}{e}\cdot\dfrac{1}{\lambda}$).

8. 求方程 $y'^2=\gamma y(y-\alpha)(y-\beta)$ 的解. 其中 $\gamma>0, \beta>\alpha>0$.

9. 求方程 $x^2y''+4xy'-\lambda xyy'+2y-\lambda y^2=0$ 的解 $(\lambda>0)$.

   (提示:作变换 $t=\dfrac{1}{x}, y=tu(t)$ 可将原方程化为 $\dfrac{d^2u}{dt^2}+\lambda u\dfrac{du}{dt}=0$, 对 t 积分后即为李卡提方程)

习题参考答案

第 1 章

1. $2[\cos(\pi/3)+i\sin(\pi/3)], 2e^{i\pi/3}; ee^i, e(\cos 1+i\sin 1)$

2. (1) $(\sqrt{\sqrt{a^2+b^2}+a}+i\sqrt{\sqrt{a^2+b^2}-a})\sqrt{2}/2$;

   (2) $5\cos^4\theta\sin\theta-10\cos^2\theta\sin^3\theta+\sin^5\theta$;

   (3) $e^{-\pi/2-2n\pi}$

3. (1) $(-ie^z+ic)$; (2) $z^2(1-i/2)$

4. $(c_1\ln z+c_2)$

5. $(-c_1/z+(c_2+ic_3))$

6. (1) $\ln i+\dfrac{z-i}{i}-\dfrac{(z-i)^2}{2i^2}+\dfrac{(z-i)^3}{2i^3}-\cdots$;

   (2) $e\left(1-\dfrac{z}{2}+\dfrac{11}{24}z^2+\cdots\right)$;

   (3) $\sin^2 z = \dfrac{1}{2}\sum\limits_{k=1}^{\infty}(-1)^{k-1}\dfrac{2^{2k}}{(2k)!}z^{2k}$,

   $\cos^2 z = 1-\sin^2 z = 1+\dfrac{1}{2}\sum\limits_{k=1}^{\infty}(-1)^{k}\dfrac{2^{2k}}{(2k)!}z^{2k}$

7. (1) $z^5+\dfrac{1}{1!}z^4+\dfrac{1}{2!}z^3+\cdots+\dfrac{1}{k!}z^{-(k-5)}+\cdots$;

   (2) $1-\dfrac{1}{z}+\dfrac{1}{2z^2}-\dfrac{1}{6z^3}+\dfrac{1}{24z^4}+\cdots$;

   (3) $\dfrac{1}{z}+\sum\limits_{k=0}^{\infty}\dfrac{1}{k!}z^{k-1}$

8. (1) $(a-\sqrt{a^2-b^2})2\pi/b^2$;

   (2) $\pi/4a$;

   (3) $(e^{-b}/b-e^{-a}/a)\pi/(a^2-b^2)$

9. (1) $\bar{f}(k)=\dfrac{1}{\sqrt{6}}e^{-\frac{(k-1)^2}{12}}$;

   (2) $\dfrac{d\bar{u}(k,t)}{dt}=-a^2k^2\bar{u}(k,t)+\bar{f}(k,t), t>0, \bar{u}(k,0)=\bar{\varphi}(k,0)$

10. (1) $(p+1)^4 \bar{y}=6$;

(2) $\begin{cases}(p+2)\bar{y}+2\bar{z}=1+10/(p-2)\\-2\bar{y}+(p+1)\bar{z}=3+7/(p-2)\end{cases}$

11. (1) $j(t)=\dfrac{E_0}{R^2+1/C^2\omega^2}[R\sin\omega t+\dfrac{1}{C\omega}\cos\omega t]-\dfrac{E_0/C\omega}{R^2+1/C^2\omega^2}e^{-t/RC}$;

(2) $(1-e^{-t})\pi/2$

第 2 章

1. $u_{tt}-a^2 u_{xx}+\dfrac{R}{\rho}u_t=0$

2. $c\rho u_t-k^2\Delta u=j^2 r$

3. (取 x 轴向下,原点在固定端) $u_{tt}-g\dfrac{\partial}{\partial x}\left[(l-x)\dfrac{\partial u}{\partial x}\right]-\omega^2 u=0$

4. $\begin{cases}u|_t=F_0(l-h)x/T_0 l, 0\leqslant x\leqslant h\\u|_t=F_0 h(l-x)/T_0 l, h\leqslant x\leqslant l\end{cases}$;因 $x=h$ 并非折点,故不需要衔接条件.

5. $-ku_x|_{x=0}=q_0, ku_x|_{x=l}=q_0$

6. $\begin{cases}\left(\dfrac{\partial u}{\partial \rho}+Hu\right)\bigg|_{\rho=R}=q\sin\varphi, 0\leqslant\varphi\leqslant\pi\\\left(\dfrac{\partial u}{\partial \rho}+Hu\right)\bigg|_{\rho=R}=0, \pi\leqslant\varphi\leqslant 2\pi\end{cases}$ (取坐标极轴垂直于阳光)

7. $u^{(1)}|_{x=0}=u^{(2)}|_{x=0}, Y_1 S u_x^{(1)}|_{x=0}=Y_2 S u_x^{(2)}|_{x=0}$ (已将连接处的坐标记为 $x=0$)

8. 电势 u 连续,即 $u_1|_\Gamma=u_2|_\Gamma$,表示电介质表面电位移法向分量连续,即
$$(\varepsilon_1\partial u_1/\partial n)|_\Gamma=(\varepsilon_2\partial u_2/\partial n)|_\Gamma$$

9. $\rho(x)=m\delta(x-a)$

10. (1) e^b; (2) $\cos 1$; (3) π; (4) -1; (5) $-\dfrac{1}{2}\cos(-2)$

第 3 章

1. $u(x,t)=\sum\limits_{n=1}^{\infty}\dfrac{16h[1-(-1)^n]}{n^3\pi^3}\cos\dfrac{na\pi}{l}t\sin\dfrac{n\pi x}{l}$

2. $u(x,t)=\sum\limits_{n=0}^{\infty}\left[A_n\cos\dfrac{(2n+1)\pi at}{2l}+B_n\sin\dfrac{(2n+1)\pi at}{2l}\right]\sin\dfrac{(2n+1)\pi x}{2l}$

3. $u(x,t)=\dfrac{8lF_0}{YS\pi^2}\sum\limits_{n=0}^{\infty}\dfrac{(-1)^n}{(2n+1)^2}\cos\dfrac{(2n+1)a\pi t}{2l}\sin\dfrac{(2n+1)\pi x}{2l}$

4. $u(x,t) = \dfrac{8\varepsilon l}{\pi^2} \sum\limits_{n=0}^{\infty} \dfrac{1}{(2n+1)^2} \cos\dfrac{2(n+1)a\pi t}{l} \cos\dfrac{(2n+1)\pi x}{l}$

5. $u(x,t) = \dfrac{8lv_0}{\pi^2 a} \sum\limits_{n=0}^{\infty} \dfrac{(-1)^n}{(2n+1)^2} \sin\dfrac{(2n+1)a\pi t}{2l} \sin\dfrac{(2n+1)\pi x}{2l}$

6. $u(x,t) = \dfrac{8l^2}{\pi^3} \sum\limits_{n=1}^{\infty} \dfrac{1}{(2n+1)^3} e^{-\frac{(2n+1)^2\pi^2 a^2 t}{l^2}} \sin\dfrac{(2n+1)\pi x}{l}$

7. $u(x,t) = \dfrac{l}{2} - \dfrac{4l}{\pi^2} \sum\limits_{n=1}^{\infty} \dfrac{1}{(2n+1)^2} e^{-\frac{(2n+1)^2\pi^2 a^2 t}{l^2}} \cos\dfrac{(2n+1)\pi x}{l}$

8. $l = \dfrac{\pi a}{\sqrt{\beta}}$

9. $u(x,t) = \dfrac{Al}{\pi a} \dfrac{1}{\omega^2 - \left(\dfrac{\pi a}{l}\right)^2} \left[\omega\sin\dfrac{a\pi t}{l} - \dfrac{\pi a}{l}\sin\omega t\right] \cos\dfrac{\pi x}{l}$

10. $u(x,y,t) = \sum\limits_{n,m=1}^{\infty} \left[A_{n,m}\cos\left(\pi t\sqrt{\dfrac{n^2}{a^2}+\dfrac{m^2}{b^2}}\right) + B_{n,m}\sin\left(\cos\pi t\sqrt{\dfrac{n^2}{a^2}+\dfrac{m^2}{b^2}}\right)\right] \sin\dfrac{n\pi x}{a} \sin\dfrac{m\pi y}{b}$

其中 $A_{n,m} = \dfrac{4}{ab} \int_0^a dx \int_0^b \varphi(x,y)\sin\dfrac{n\pi x}{a}\sin\dfrac{m\pi y}{b} dy$

$B_{n,m} = \dfrac{4}{\pi\sqrt{a^2 m^2 + b^2 n^2}} \int_0^a dx \int_0^b \phi(x,y)\sin\dfrac{n\pi x}{a}\sin\dfrac{m\pi y}{b} dy$

11. $u(\rho,\varphi) = \dfrac{u_1}{2}\dfrac{\ln\rho_2 - \ln\rho}{\ln\rho_2 - \ln\rho_1} + \dfrac{u_2\rho_2}{\ln\rho_2 - \ln\rho_1}\left[\rho - \dfrac{\rho_1^2}{\rho}\right]\sin\varphi$

$\quad - \dfrac{u_1\rho_1^2}{2(\rho_2^4 - \rho_1^4)}\left[\rho^2 - \dfrac{\rho_2^4}{\rho}\right]\cos 2\varphi$

12. $u(x,t) = \sum\limits_{n=1}^{\infty} \dfrac{-8}{(2n+1)[(2n-1)^2 - 4]} \cos\dfrac{(2n-1)a\pi t}{l} \sin\dfrac{(2n-1)\pi x}{l}$

$\quad + \dfrac{f_0}{ES} \dfrac{1}{\omega^2 - \dfrac{4\pi^2 a^2}{l^2}} + \left(\cos\dfrac{2\pi a}{l}t - \cos\omega t\right)\sin\dfrac{2\pi}{l}x$

13. $u(x,t) = \sum\limits_{n=0}^{\infty} \left(A_n\cos\dfrac{na\pi t}{l}t + B_n\sin\dfrac{na\pi t}{l}\right)\sin\dfrac{n\pi x}{l}$

$\quad + \sum\limits_{n=1}^{\infty}\left[\int_0^t D_n(\tau)\sin\dfrac{na\pi}{l}(t-\tau)d\tau\right]\sin\dfrac{n\pi x}{l}$

其中 $A_n = \dfrac{2}{l}\int_0^l \varphi(x)\sin\dfrac{n\pi x}{l} dx;\ B_n = \dfrac{2}{n\pi a}\int_0^l \phi(x)\sin\dfrac{n\pi x}{l} dx;$

$$D_n(\tau) = \frac{2}{n\pi a}\int_0^l f(x,\tau)\sin\frac{n\pi x}{l}\mathrm{d}x$$

14. $u(x,t) = \dfrac{4I^2R}{\pi c\rho}\sum\limits_{n=0}^{\infty}\dfrac{1}{2n+1}\dfrac{1}{(2n+1)^2\pi^2 a^2/l^2 + h/(c\rho)}$
$\times \sin\dfrac{(2n+1)\pi}{l}x\left[1-\exp\left(-\dfrac{(2n+1)^2\pi^2 a^2}{l^2}+\dfrac{h}{c\rho}\right)t\right]$

15. $u(\rho,\varphi) = \rho_0^2 - \rho^2$，($u$ 与 φ 无关，即问题具有轴对称性)

16. $u(\rho,\varphi) = \dfrac{1}{24}\rho^2(\rho_0^2 - \rho^2)\sin 2\varphi$

17. $u(x,y) = x(a-x) - \dfrac{8a^2}{\pi^3}\sum\limits_{n=0}^{\infty}\dfrac{\mathrm{ch}[(2n+1)\pi y/a]\sin(2n+1)\pi x/a}{(2n+1)^3\mathrm{ch}\left[\left(n+\dfrac{1}{2}\right)\pi b/a\right]}$

第 4 章

1. $u(x,t) = \sin x\cos at + x^2 t + \dfrac{1}{3}a^2 t$

2. $u(x,t) = \dfrac{1}{2e^{\varepsilon t}}[\varphi(x+at) + \varphi(x-at)] + \dfrac{1}{2ae^{\varepsilon t}}\int_{x-at}^{x+at}[\psi(\xi) + \varepsilon\varphi(\xi)]\mathrm{d}\xi$

3. $u(x,t) = \dfrac{K}{2}e^{a^2\lambda^2 t}\left\{e^{-\lambda x}\mathrm{erfc}\left(\dfrac{2a^2\lambda t - x}{2a\sqrt{t}}\right) - e^{-\lambda x}\mathrm{erfc}\left(\dfrac{2a^2\lambda t + x}{2a\sqrt{t}}\right)\right\} - K\mathrm{erfc}\left(\dfrac{x}{2a\sqrt{t}}\right)$

4. $u(x,t) = At - A\int_0^t \mathrm{erf}(x/2a\sqrt{t-\tau})\mathrm{d}\tau = A\int_0^t \mathrm{erfc}(x/2a\sqrt{t-\tau})\mathrm{d}\tau$

5. $u(x,t) = \dfrac{1}{(2a\sqrt{\pi t})^3}\int_{-\infty}^{\infty}\varphi(x-\xi)e^{-x^2/4a^2 t}\mathrm{d}^3\xi$

6. $u(x,y) = \dfrac{1}{2\pi}\int_{-\infty}^{\infty}g(\xi)\ln\left[\dfrac{(\xi-x)^2 + y^2}{(\xi-x)^2 + a^2}\right]\mathrm{d}\xi$，其中 a 为任意常数

7. $u(x,t) = \begin{cases}\dfrac{1}{2}[\varphi(x+at)+\varphi(x-at)]+\dfrac{1}{2a}\int_{x-at}^{x+at}\phi(\xi)\mathrm{d}\xi, & x > at > 0 \\ \dfrac{1}{2}[\varphi(x+at)+\varphi(at-x)]+\dfrac{1}{2a}\int_{at-x}^{x+at}\phi(\xi)\mathrm{d}\xi, & 0 < x < at\end{cases}$

8. $u(x,t) = -\dfrac{a}{\sqrt{\pi}}\int_0^t\dfrac{q(\tau)}{\sqrt{t-\tau}}e^{-x^2/4a^2(t-\tau)}\mathrm{d}\tau$

9. $u(x,t) = \dfrac{1}{2}[\varphi(x+at)+\varphi(x-at)] + \dfrac{1}{2a}\int_{x-at}^{x+at}\psi(\xi)\mathrm{d}\xi$
$+ \dfrac{1}{2a}\int_0^t\int_{x-a(t-\tau)}^{x+a(t-\tau)}\psi(\xi)\mathrm{d}\xi\mathrm{d}\tau$

第 5 章

1. $u(\rho,\varphi) = \dfrac{a^2-\rho^2}{2\pi} \displaystyle\int_0^{2\pi} \dfrac{1}{a^2-2a\rho\cos(\varphi-\varphi_0)+\rho^2} f(\varphi_0)\mathrm{d}\varphi_0$

2. $u(x,y) = \dfrac{y}{\pi} \displaystyle\int_{-\infty}^{\infty} \dfrac{1}{(x-x_0)^2+y^2} f(x_0)\mathrm{d}x_0$

3. (1) $u(\rho,\varphi) = \dfrac{4}{a}\rho\cos\varphi$; (2) $u(\rho,\varphi) = A + \dfrac{B}{a}\rho\sin\varphi$

4. 对于 (x_0,y_0,z_0) 处的电荷，所有 $(x_0,y_0,2nH+z_0)$ 处的电像带同号电荷，所有 $(x_0,y_0,2nH-z_0)$ 处的电像带异号电荷. 其格林函数为

$$G(\boldsymbol{r},\boldsymbol{r}_0) = -\dfrac{1}{4\pi}\sum_{n=-\infty}^{\infty}\dfrac{1}{\sqrt{(x-x_0)^2+(y-y_0)^2+(z-2nH-z_0)^2}}$$
$$+\dfrac{1}{4\pi}\sum_{n=-\infty}^{\infty}\dfrac{1}{\sqrt{(x-x_0)^2+(y-y_0)^2+(z-2nH+z_0)^2}}$$

5. $u(\boldsymbol{x}) = \dfrac{1}{4\pi}\displaystyle\int_0^{2\pi}\mathrm{d}\varphi'\int_0^{\pi}\dfrac{a(a^2-\rho^2)f(\theta',\varphi')\sin\theta'}{(a^2+\rho^2-2\rho\cos\varphi')^{3/2}}\mathrm{d}\theta'$

6. $u(x,t) = \dfrac{l}{\pi a}\displaystyle\int_0^t\mathrm{d}\tau\int_0^l f(\xi,\tau)\sum_{n=1}^{\infty}\dfrac{1}{n}\sin\dfrac{n\pi a(t-\tau)}{l}\sin\dfrac{n\pi x}{l}\sin\dfrac{n\pi\xi}{l}\mathrm{d}\xi$

第 6 章

1. $J_0(x) - 4x^{-1}J_1(x) + c$

2. $\displaystyle\sum_{n=1}^{\infty}\dfrac{2}{x_n^{(0)}J_1(x_n^{(0)})}J_0(x_n^{(0)})$

3. $u(\rho,z) = 2\rho_0^2\displaystyle\sum_{n=1}^{\infty}\dfrac{1}{x_n^{(0)}J_1(x_n^{(0)})}\left[1-\dfrac{4}{x_n^{(0)}}\right]\left[\mathrm{sh}\dfrac{x_n^{(0)}L}{\rho_0}\Big/\mathrm{sh}\dfrac{x_n^{(0)}L}{\rho_0}\right]J_0\left(\dfrac{x_n^{(0)}}{\rho_0}\rho\right)$

4. $u(\rho,z) = \dfrac{u_0}{2}\rho_0^2 + \dfrac{u_1-(u_0\rho_0^2/2)}{L}z$
$\qquad + \displaystyle\sum_{n=1}^{\infty}\dfrac{4u_0\rho_0^2}{(x_n^{(1)})^2 J_0(x_n^{(1)})\mathrm{sh}(x_n^{(1)}L/\rho_0)}\mathrm{sh}\left[\dfrac{x_n^{(1)}}{\rho_0}(L-z)\rho_0\right]J_0\left(\dfrac{x_n^{(1)}}{\rho_0}\rho\right)$

5. $u(\rho,t) = 8u_0\displaystyle\sum_{n=1}^{\infty}\dfrac{4u_0\rho_0^2}{(x_n^{(0)})^3 J_1(x_n^{(0)})}J_0\left(\dfrac{x_n^{(1)}}{\rho_0}\rho\right)\cdot\cos\dfrac{x_n^{(1)}}{\rho_0}at$

习题参考答案

6. $u(\rho,t) = \dfrac{A}{p\omega^2}\left[\dfrac{J_0\left(\dfrac{\omega}{a}\rho\right)}{J_0\left(\dfrac{\omega}{a}\rho_0\right)} - 1\right]\sin\omega t$, p 是膜每单位面积的质量

7. $\text{Re}\left\{\left[\dfrac{v_0\rho_0}{4}H_0^{(1)}(k\rho) + \sum\limits_{m=1}^{\infty} H_m^{(1)}(k\rho)\dfrac{v_0 k^m \rho_0^{m+1}}{2^m m!}(\cos m\varphi_0 \cos m\varphi + \sin m\varphi_0 \sin m\varphi)\right]e^{-1\left(\omega t+\dfrac{\pi}{2}\right)}\right\}$

9. $u(\rho,z) = u_1 + \dfrac{u_2 - u_1}{L}z$

$\qquad - \sum\limits_{k=0}^{\infty} \dfrac{16u_2}{(2k+1)^3\pi^3}\left[I_0\left(\dfrac{(2k+1)\pi}{L}\rho\right)\Big/I_0\left(\dfrac{(2k+1)\pi}{L}\rho_0\right)\right]\sin\dfrac{(2k+1)\pi}{L}z$

10. $u(\rho,z) = u_0 + \sum\limits_{n=0}^{\infty} \dfrac{2q_0 L}{k\left(n+\dfrac{1}{2}\right)^2 \pi^2 K'_0\left[\dfrac{\left(n+\dfrac{1}{2}\right)\pi}{L}\rho_0\right]}K_0\left[\dfrac{\left(n+\dfrac{1}{2}\right)\pi}{L}\rho\right]$

$\qquad \sin\dfrac{\left(n+\dfrac{1}{2}\right)\pi}{L}z$

12. $u(r,t) = \dfrac{2}{r_0}\dfrac{1}{r}\sum\limits_{n=1}^{\infty} e^{-\dfrac{n^2\pi^2 a^2}{r_0^2}t}\sin\dfrac{n\pi}{r_0}r\int_0^{r_0} rf(r)\sin\dfrac{n\pi}{r_0}r\,dr$

13. $u(r,t) = \sum\limits_{n=1}^{\infty} A_n \dfrac{1}{r}\sin\dfrac{n\pi}{2r_0}r\,e^{-\dfrac{n^2\pi^2 a^2}{4r_0^2}t}$

14. $u(\rho,z) = u_0 + \sum\limits_{n=1}^{\infty} \dfrac{2(U_0 - u_0)r_0}{H} \cdot \dfrac{\sin k_n r_0}{k_n r_0 - (\sin 2k_n r_0)/2} \cdot \dfrac{\sin k_n r}{k_n r} e^{-k_n^2 at}$

其中 $k_n = x_n/r_0$. 而 x_n 是方程 $x + \eta\tan x = 0$ 的第个 n 根. $\eta = (r_0 - H)/H$

第 7 章

1. (1) $\dfrac{1}{5}P_0(x) + \dfrac{6}{5}P_1(x) + \dfrac{4}{7}P_2(x) + \dfrac{8}{35}P_4(x)$;

(2) $\sum\limits_{k=0}^{[n/2]} \dfrac{(2n-4k+1)n!}{(2k)!!(2n-2k+1)!!}P_{n-2k}(x)$;

(3) $\dfrac{1}{6}P_0(x) + \dfrac{3}{8}P_1(x) + \dfrac{1}{3}P_2(x) + \dfrac{7}{48}P_3(x) + \sum\limits_{n=2}^{\infty}\dfrac{(-1)^{n+1}(4n+3)(2n-3)!!}{(2n+4)!!}$

$\qquad P_{2n+1}(x)$

2. $u(r,\theta) = \dfrac{(u_1/2)r_2 - u_0 r_1}{r_2 - r_1} + (u_0 - u_1/2)\dfrac{r_1 r_2}{r_2 - r_1}\dfrac{1}{r}$

$\qquad + \left[\dfrac{(u_1/2)r_2^3}{r_2^5 - r_1^5}r^2 - \dfrac{(u_1/2)r_1^5 r_2^3}{r_2^5 - r_1^5}\dfrac{1}{r^3}\right]P_2(\cos\theta)$

3. (1) $u(r,\theta) = u_0 \sum\limits_{k=1}^{\infty}(-1)^k(4k+3)\dfrac{(2k-1)!!}{(2k+2)!!}\left(\dfrac{r}{r_0}\right)^{2k+1}P_{2k+1}(\cos\theta);$

   (2) $u(r,\theta) = u_0$

4. 球内：$u_i(r,\theta) = q\sum\limits_{l=0}^{\infty}\dfrac{2l+1}{[(\varepsilon+1)l+1]d^{l+1}}r^l P_l(\cos\theta)$

   球外：$u_e(r,\theta) = \dfrac{q}{\sqrt{d^2 + r^2 - 2rd\cos\theta}} - q(\varepsilon-1)\sum\limits_{l=0}^{\infty}\dfrac{lr_0^{2l+1}}{[(\varepsilon+1)l+1]d^{l+1}}\dfrac{1}{r^{l+1}}P_l(\cos\theta)$

5. $\Delta u = 0,\ (r < r_0);\ \left(\dfrac{\partial u}{\partial r} + Hu\right)\bigg|_{r=r_0} = f(\theta) = \begin{cases} q_0\cos\theta, & (0<\theta<\pi/2) \\ 0, & (\pi/2<\theta<\pi) \end{cases}$

   $u(r,\theta) = \dfrac{q_0}{4H} + \dfrac{1}{Hr_0+1} + \dfrac{q_0}{2}rP_1(\cos\theta) + \dfrac{1}{Hr_0+2}\cdot\dfrac{q_0}{r_0}\dfrac{5}{16}r^2 P_2(\cos\theta)$

   $\qquad + \sum\limits_{n=2}^{\infty}\dfrac{1}{Hr_0+2n}\dfrac{q_0}{r_0^{2n-1}}(-1)^{n+1}\dfrac{4n+1}{2}\cdot\dfrac{(2n-3)!!}{(2n+2)!!}r^{2n}P_{2n}(\cos\theta)$

6. $u(r,\theta) = \dfrac{q}{r_0}\sum\limits_{k=0}^{\infty}(-1)^k\dfrac{(2k-1)!!}{2^k k!}\left(\dfrac{r}{r_0}\right)^{2k+1}P_{2k}(\cos\theta),\quad (r < r_0)$

   $u(r,\theta) = \dfrac{q}{r_0}\sum\limits_{k=0}^{\infty}(-1)^k\dfrac{(2k-1)!!}{2^k k!}\left(\dfrac{r_0}{r}\right)^{2k+1}P_{2k}(\cos\theta),\quad (r > r_0)$

7. $I = \begin{cases} 1, & l=0 \\ 0, & l=2n\ (n=1,2,\cdots) \\ \dfrac{1}{2}, & l=1 \\ (-1)^n\dfrac{(2n-1)!!}{(2n+2)!!}, & l=2n+1\ (n=1,2,\cdots) \end{cases}$

8. (1) $P_1^1(\cos\theta)\cos\varphi + P_2^1(\cos\theta)\cos\varphi;$

   (2) $\dfrac{1}{2} - \dfrac{5}{8}P_2(\cos\theta) + \sum\limits_{n=2}^{\infty}(-1)^n(4n+1)\dfrac{(2n-3)!!}{(2n+2)!!}P_{2n}(\cos\theta)$

   $\qquad - \sum\limits_{n=1}^{\infty}(-1)^n(4n+1)\left[1 + \dfrac{6}{(2n-1)(2n+2)}\right]$

   $\qquad \cdot\dfrac{(2n-2)!(2n-1)!!}{(2n+2)!(2n)!!}P_{2n}^2(\cos\theta)\cos 2\varphi$

9. (1) 球内：$u(r,\theta,\varphi)=\dfrac{4}{3}P_0^0(\cos\theta)-\dfrac{4}{3}\left(\dfrac{r}{r_0}\right)^2 P_2^0(\cos\theta)+\dfrac{2}{3}\left(\dfrac{r}{r_0}\right)^3 P_2^2(\cos\theta)\sin2\varphi$；

(2) 球外：$u(r,\theta,\varphi)=\dfrac{4}{3}\dfrac{r_0}{r}P_0^0(\cos\theta)-\dfrac{4}{3}\left(\dfrac{r_0}{r}\right)^3 P_2^0(\cos\theta)+\dfrac{2}{3}\left(\dfrac{r_0}{r}\right)^3 P_2^2(\cos\theta)\sin2\varphi$

10. $u(r,\theta,\varphi)=\dfrac{2}{3}u_0 P_0^0(\cos\theta)-\dfrac{2u_0}{3r_0(r_0+2H)}r^2 P_2^0(\cos\theta)$

$\qquad\qquad +\dfrac{u_0}{3r_0(r_0+2H)}r^2 P_2^1(\cos\theta)\sin\varphi$

11. $u(r,\theta,\varphi)=\dfrac{u_1 r_1^2}{r_2^3-r_1^3}\left(-r+r_2^3\cdot\dfrac{1}{r^2}\right)P_1^0(\cos\theta)+\dfrac{u_2 r_2^3}{3(r_2^5-r_1^5)}\left(r^2-r_1^5\cdot\dfrac{1}{r^3}\right)P_2^1$

$\qquad\cdot(\cos\theta)\sin\varphi$

12. $\mathrm{Re}\left[\left(-\mathrm{i}\dfrac{v_0 k^3 r_0^4}{9}\right)h_1^{(1)} P_2(\cos\theta)\mathrm{e}^{-\mathrm{i}\omega t}\right]$

在远场区为：$\left(\dfrac{v_0 k^3 r_0^4}{9r}\right)P_2(\cos\theta)\cos k(r-at)$

第 8 章

1. 哈密顿原理指出，体系中 t_1 与 t_2 时刻之间的运动是按照作用量 $S=\int_{t_1}^{t_2}L(q_1,q_2,\cdots,q_n;\dot{q}_1,\dot{q}_2,\cdots,\dot{q}_n;t)\mathrm{d}t$ 为最小的方式运动，由 $\delta S=0$ 得 S 取极值的必要条件 —— $\dfrac{\partial F}{\partial y}-\dfrac{\mathrm{d}}{\mathrm{d}x}\left(\dfrac{\partial F}{\partial y'}\right)=0$ 为 $\dfrac{\partial L}{\partial r}-\dfrac{\mathrm{d}}{\mathrm{d}t}\left(\dfrac{\partial L}{\partial v}\right)=0$. 它称为拉格朗日方程. 其中 $\dfrac{\partial}{\partial r}=\nabla r$，$\dfrac{\partial}{\partial v}=\nabla_v=\sum_{i=1}^{3}e_i\dfrac{\partial}{\partial v}$. 将拉格朗日函数 $L=\dfrac{1}{2}mv^2-U$ 代入拉格朗日方程. 因为 v 与 ∇_r 无关，r 与 ∇_v 无关，故欧拉方程为 $-\nabla U-\dfrac{\mathrm{d}}{\mathrm{d}t}\sum_{i=1}^{3}e_i\dfrac{\partial}{\partial v_i}\dfrac{1}{2}mv^2=0$，即

$F=\dfrac{\mathrm{d}(mv)}{\mathrm{d}t}=\dfrac{\mathrm{d}\boldsymbol{P}}{\mathrm{d}t}$.

2. 将 L 代入拉格朗日方程 $\dfrac{\partial L}{\partial r}-\dfrac{\mathrm{d}}{\mathrm{d}t}\left(\dfrac{\partial L}{\partial v}\right)=0$，可得 $0+\dfrac{\mathrm{d}}{\mathrm{d}t}mc^2\sum_{i=1}^{3}e_i\dfrac{\partial}{\partial v_i}\sqrt{1-\dfrac{v^2}{c^2}}=0$，

即 $\dfrac{\mathrm{d}}{\mathrm{d}t}mc^2\sum_i e_i\dfrac{\partial}{\partial v_i}\left(1-\dfrac{v^2}{c^2}\right)^{1/2}\left(-\dfrac{2v_i}{c^2}\right)=0$，亦即 $\dfrac{\mathrm{d}}{\mathrm{d}t}\dfrac{mv}{\sqrt{1-\dfrac{v^2}{c^2}}}=0$.

3. 粒子的哈密顿算符为

$$\hat{H} = -\frac{h^2}{8\pi^2 m}\frac{d^2}{dx^2} + U(x), \quad U(x) = \begin{cases} 0, & |x| < a \\ \cdots\cdots \\ \infty, & |x| \geqslant a \end{cases}, \text{其中 } h \text{ 为普朗克常量}.$$

(1) 提出尝试波函数. 因为 $\hat{H}(-x) = \hat{H}(x)$, $\hat{H}$ 具有空间反演不变性, 即系统的宇称守恒, 因而 $[\hat{H}, \hat{I}] = 0$. 这样, 定态是宇称算符的本征态, 即定态波函数要么是偶函数, 要么是奇函数, 由此可提出基态的尝试波函数为

$$\psi(x, \alpha, \beta) = N\left[1 + \alpha\left(\frac{x}{a}\right)^2 + \beta\left(\frac{x}{a}\right)^4\right], \quad |x| < a \qquad ①$$

由边界条件 $\psi(a) = 0$, 在式①中令 $x = a$ 可得 $\beta = -(1+\alpha)$. 尝试波函数仅含独立参数 α

$$\psi(x, \alpha) = N\left[1 + \alpha\left(\frac{x}{a}\right)^2 - (1+\alpha)\left(\frac{x}{a}\right)^4\right] \qquad ②$$

(2) 计算积分

$$I(\alpha) = \int \psi^*(x,\alpha)\hat{H}\psi(x,\alpha)dx$$

$$= \frac{\int_{-a}^{a}\left[1+\alpha\left(\frac{x}{a}\right)^2 - (1+\alpha)\left(\frac{x}{a}\right)^4\right]\left(-\frac{h^2}{8\pi^2 m}\frac{d^2}{dx^2}\right)\left[1+\alpha\left(\frac{x}{a}\right)^2 - (1+\alpha)\left(\frac{x}{a}\right)^4\right]dx}{\int_{-a}^{a}\left[1+\alpha\left(\frac{x}{a}\right)^2 - (1+\alpha)\left(\frac{x}{a}\right)^4\right]dx}$$

$$= \frac{3}{4} \cdot \frac{11\alpha^2 + 36\alpha + 60}{\alpha^2 + 8\alpha + 28} \cdot \frac{h^2}{4\pi^2 ma^2} \qquad ③$$

(3) 由极值条件 $\frac{\partial I(\alpha)}{\partial \alpha} = 0$, 得 $\alpha_0 = -1.220750$, $\alpha_0 = -8.317712$. 基态的近似能量为

$$I(\alpha_0) = 1.23719\frac{h^2}{4\pi^2 ma^2} \qquad ④$$

它是基态能量的 1.000147 倍, 与精确解非常接近. 基态近似波函数为

$$\psi(x, \alpha_0) = N\left[1 + \alpha_0\left(\frac{x}{a}\right)^2 - (1+\alpha_0)\left(\frac{x}{a}\right)^4\right] \qquad ⑤$$

与精确解的偏差也很小. $I(\alpha_2)$ 为第二激发态的能量近似值. 如果尝试波函数为奇函数, 由 $\frac{\partial I(\alpha)}{\partial \alpha} = 0$, 求得 α_1, 相应的 $I(\alpha_1)$ 为第一激发态近似能量值, 它大于 $I(\alpha_0)$ 而小于 $I(\alpha_2)$.

4. (1) 提出尝试波函数

$$\psi(\alpha, R) = Ne^{-\alpha R/2a}$$

α 为变分参数，$N=\alpha^3/8\pi a^3$ 为归一化常数．

(2) 计算积分

$$I(\alpha) = 4\pi\int_0^\infty \psi^*(R,\alpha)\hat{H}\psi(R,\alpha)R^2\mathrm{d}R = \frac{h^2}{8\pi^2 m}\left(\frac{\alpha}{2a}\right)^2 - U_0\left(\frac{\alpha}{1+\alpha}\right)$$

式中 m 为质子-中子体系的约化质量．

(3) 由极值条件 $\dfrac{\partial I(\alpha)}{\partial \alpha}=0$ 得 $\alpha_0=1.326$. 基态近似能量为

$$I(\alpha_0) = \frac{h^2\alpha_0^2}{8\pi^2 ma^2}\left(\frac{1}{2}-\frac{1+\alpha_0}{3}\right) = -2.15 \mathrm{MeV}$$

(4) 基态最可几半径由径向几率密度 $\omega(R)$ 满足

$$\omega(R)\mathrm{d}R = \int|\psi|^2\mathrm{d}V = 4\pi N^2 \mathrm{e}^{-\frac{\alpha R}{a}}R^2\mathrm{d}R$$

由 $\omega(R)$ 的极值条件 $\dfrac{\mathrm{d}\omega(R)}{\mathrm{d}R}=\dfrac{\mathrm{d}}{\mathrm{d}R}(4\pi N^2 \mathrm{e}^{-\frac{\alpha R}{a}}R^2)=0$ 可得

$$R=\frac{2a}{\alpha_0}=3.26 \mathrm{~fm}$$

第 9 章

1. (1) $x^2+y^2+2cxy=1-c^2$；

   (2) $x(2-y^2)+cx\mathrm{e}^{-\frac{1}{2}y^2}=1$；

   (3) $(y-x-2)^4=c(x+5y+2)$；

   (4) $(xy-c)(yx^2-c)=0$；

   (5) $[(y+x-1)\mathrm{e}^x-c]\left(y-\dfrac{1}{2}x^2-c\right)=0$；

   (6) 通解 $y=cx+\sqrt{1+x^2}$，奇解 $x^2+y^2-1=0$；

   (7) 通解 $2yc+1=c^2(x^2-a^2)$，奇解 $x^2+y^2=a^2$；

   (8) $c^2-2cx=(n^2-1)(x^2+y^2)$

2. $y=\dfrac{1}{x}[\cosh c_1+(\sinh c_1)\sin(2\ln x+c_2)]^{1/2}$

3. $y^2=\dfrac{1}{x^2(c-2x)}$

4. $y=\dfrac{1}{x}\left[1+\dfrac{1}{c+\dfrac{1}{2}\ln x}\right]$

5. $y = -\dfrac{1}{4}x^2 - \dfrac{1}{2}(d \mp x)^2$. （$d$ 为积分常数）

9. $y = \begin{cases} \dfrac{2}{\lambda}\dfrac{A}{A+Bx}, & (C=0) \\ \dfrac{1}{x}A\tanh(\dfrac{\lambda A}{2x}+B), & (C>0) \\ -\dfrac{1}{x}A\tan(\dfrac{\lambda A}{2x}+B), & (C<0) \end{cases}$

其中 C 为第一次出现的积分常数.

参考书目

程建春.2004.数学物理方程及其近似方法.北京:科学出版社.
梁昆淼.2012.数学物理方法.北京:高等教育出版社.
刘式适,刘式达.2000.物理学中的非线性方程.北京:北京大学出版社.
南京工学院数学教研组.1982.数学物理方程与特殊函数.北京:高等教育出版社.
汪德新.2006.数学物理方法.北京:科学出版社.
王永成.1990.数学物理方程.北京:北京师范大学出版社.
徐士良.2007.数值分析与算法.北京:机械工业出版社.
姚壁芸,骆程,潘雪文.1983.复变函数理论与例题.杭州:浙江科学技术出版社.

附　录

附录 A　矢量微分算符 ∇ 的相关公式

在一般曲线正交坐标系中，空间一点 P 的位置用三个坐标 u_1, u_2 和 u_3 表示。沿这些坐标增加方向的单位矢量为 e_1, e_2 和 e_3。沿这三个方向的线元为

$$dl_1 = h_1 du_1, dl_2 = h_2 du_2, dl_3 = h_3 du_3 \tag{A.1}$$

其中 h_1, h_2 和 h_3 一般为坐标的函数。在 P 点上任一矢量可写为

$$f = f_1 e_1 + f_2 e_2 + f_3 e_3 \tag{A.2}$$

在曲线正交坐标系中有一般公式

$$\nabla \phi = \frac{1}{h_1} \frac{\partial \phi}{\partial u_1} e_1 + \frac{1}{h_2} \frac{\partial \phi}{\partial u_2} e_2 + \frac{1}{h_3} \frac{\partial \phi}{\partial u_3} e_3 \tag{A.3}$$

$$\nabla \cdot f = \frac{1}{h_1 h_2 h_3} \left[\frac{\partial}{\partial u_1}(h_2 h_3 f_1) + \frac{\partial}{\partial u_2}(h_1 h_3 f_2) + \frac{\partial}{\partial u_3}(h_1 h_2 f_3) \right] \tag{A.4}$$

$$\nabla \times f = \frac{1}{h_2 h_3} \left[\frac{\partial}{\partial u_2}(h_3 f_3) - \frac{\partial}{\partial u_3}(h_2 f_2) \right] e_1$$
$$+ \frac{1}{h_1 h_3} \left[\frac{\partial}{\partial u_3}(h_1 f_1) - \frac{\partial}{\partial u_1}(h_3 f_3) \right] e_2$$
$$+ \frac{1}{h_1 h_2} \left[\frac{\partial}{\partial u_1}(h_2 f_2) - \frac{\partial}{\partial u_2}(h_1 f_1) \right] e_3 \tag{A.5}$$

$$\nabla^2 \phi = \frac{1}{h_1 h_2 h_3} \left[\frac{\partial}{\partial u_1}\left(\frac{h_2 h_3}{h_1} \frac{\partial \phi}{\partial u_1}\right) + \frac{\partial}{\partial u_2}\left(\frac{h_1 h_3}{h_2} \frac{\partial \phi}{\partial u_2}\right) + \frac{\partial}{\partial u_3}\left(\frac{h_1 h_2}{h_3} \frac{\partial \phi}{\partial u_3}\right) \right] \tag{A.6}$$

最常用的曲线正交坐标系有柱坐标系和球坐标系。

1. 柱坐标系

$$u_1 = r, u_2 = \theta, u_3 = z \tag{A.7}$$

$$h_1 = 1, h_2 = r, h_3 = 1 \tag{A.8}$$

$$\nabla \phi = \frac{\partial \phi}{\partial r} e_r + \frac{1}{r} \frac{\partial \phi}{\partial \theta} e_\theta + \frac{\partial \phi}{\partial z} e_z \tag{A.9}$$

$$\nabla \cdot f = \frac{1}{r} \frac{\partial}{\partial r}(r f_r) + \frac{1}{r} \frac{\partial f_\theta}{\partial \theta} + \frac{\partial f_z}{\partial z} \tag{A.10}$$

$$\nabla \times f = \left(\frac{1}{r} \frac{\partial f_r}{\partial r} - \frac{\partial f_\theta}{\partial z}\right) e_r + \left(\frac{\partial f_r}{\partial z} - \frac{\partial f_z}{\partial r}\right) e_\theta + \left(\frac{1}{r} \frac{\partial (r f_r)}{\partial \theta} - \frac{1}{r} \frac{\partial f_r}{\partial \theta}\right) e_z \tag{A.11}$$

$$\nabla^2 \phi = \Delta \phi = \frac{1}{r}\frac{\partial}{\partial r}\left(r\frac{\partial \phi}{\partial r}\right) + \frac{1}{r^2}\frac{\partial^2 \phi}{\partial \theta^2} + \frac{\partial^2 \phi}{\partial z^2} \tag{A.12}$$

2. 球坐标系

$$u_1 = r, u_2 = \theta, u_3 = \varphi \tag{A.13}$$

$$h_1 = 1, h_2 = r, h_3 = r\sin\theta \tag{A.14}$$

$$\nabla \phi = \frac{\partial \phi}{\partial r}e_r + \frac{1}{r}\frac{\partial \phi}{\partial \theta}e_\theta + \frac{1}{r\sin\theta}\frac{\partial \phi}{\partial \varphi}e_\varphi \tag{A.15}$$

$$\nabla \cdot \boldsymbol{f} = \frac{1}{r^2}\frac{\partial}{\partial r}(r^2 f_r) + \frac{1}{r\sin\theta}\frac{\partial}{\partial \theta}(\sin\theta f_\theta) + \frac{1}{r\sin\theta}\frac{\partial f_\varphi}{\partial \varphi} \tag{A.16}$$

$$\nabla \times \boldsymbol{f} = \frac{1}{r\sin\theta}\left[\frac{\partial}{\partial \theta}(\sin\theta f_\varphi) - \frac{\partial f_\theta}{\partial \varphi}\right]e_r + \frac{1}{r}\left[\frac{1}{\sin\theta}\frac{\partial f_r}{\partial \varphi} - \frac{\partial}{\partial r}(rf_\varphi)\right]e_\theta + \frac{1}{r}\left[\frac{\partial}{\partial r}(rf_\theta) - \frac{\partial f_r}{\partial \theta}\right]e_\varphi \tag{A.17}$$

$$\nabla^2 \phi = \frac{1}{r^2}\frac{\partial}{\partial r}\left(r^2 \frac{\partial \phi}{\partial r}\right) + \frac{1}{r^2 \sin\theta}\frac{\partial}{\partial \theta}\left(\sin\theta \frac{\partial \phi}{\partial \theta}\right) + \frac{1}{r^2 \sin^2\theta}\frac{\partial^2 \phi}{\partial \varphi^2} \tag{A.18}$$

附录B Γ函数

1. Γ函数定义

$$\Gamma(x) = \int_0^\infty e^{-t} t^{x-1} dt \quad (x > 0) \tag{B.1}$$

上式右边的积分收敛条件是 $x > 0$，故式(B.1)只定义了 $x > 0$ 的 Γ 函数. 根据定义式(B.1)有

$$\Gamma(1) = \int_0^\infty e^{-t} dt = -e^{-t} \Big|_0^\infty = 1$$

$$\Gamma\left(\frac{1}{2}\right) = \int_0^\infty e^{-t} t^{-1/2} dt = 2\int_0^\infty e^{-t} d(t^{1/2}) = 2\int_0^\infty e^{-(\sqrt{t})^2} d(\sqrt{t}) = \sqrt{\pi} \tag{B.2}$$

2. $\Gamma(x)$ 函数的递推公式

对 $\Gamma(x+1) = \int_0^\infty e^{-t} t^x dt$ 进行分部积分，可得递推公式

$$\Gamma(x+1) = x\Gamma(x) \text{ 或 } \Gamma(x) = \frac{1}{x}\Gamma(x+1) \tag{B.3}$$

若 x 为正整数 n，则由式(B.3)得

$$\Gamma(n+1) = n\Gamma(n) = n(n-1)\Gamma(n-1) = \cdots = n!\,\Gamma(1) = n! \tag{B.4}$$

可见，对此情形，Γ 函数是阶乘的推广.

利用 $\Gamma(x) = \frac{1}{x}\Gamma(x+1)$ 可将 Γ 函数延拓到 $(-1, 0)$ 的区间，此时 $\Gamma(x) = \frac{1}{x}\Gamma(x+1)$ 仍有定义. 依此类推，对于区间 $(-n, -n+1)$ 上的 x，定义

$$\Gamma(x) = \frac{1}{x(x+1)\cdots(x+n-1)}\Gamma(x+n) \tag{B.5}$$

$x+n$ 在区间 $(0,1)$ 上，上式右边的 $\Gamma(x+n)$ 按式(B.1)是有定义的. 但必需注意：按式(B.3)有

$$\Gamma(0) = \frac{1}{0}\Gamma(1) = \infty \tag{B.6}$$

由此递推，$\Gamma(-1), \Gamma(-2), \cdots$ 均为 ∞，即凡是 x 为负整数或零，$\Gamma(x)$ 均等于 ∞.

以上定义的是实变数 x 的 Γ 函数，即在复平面的实轴上定义了 Γ 函数. 将其延拓到整个复平面有

$$\Gamma(z) = \int_0^\infty e^{-t} t^{z-1} dt \quad (\text{Re} z > 0) \tag{B.7}$$

$$\Gamma(z+1) = z\Gamma(z) \tag{B.8}$$

$$\Gamma(z) = \frac{1}{z(z+1)\cdots(z+n-1)} \Gamma(z+n) \quad [\text{Re}(z+n) > 0] \tag{B.9}$$

零和负整数是 $\Gamma(z)$ 的单极点. 证明如下:

$$\Gamma(z)|_{z\to 0} = \left[\frac{1}{z}\Gamma(z+1)\right]_{z\to 0} \to \frac{1}{z} = (-1)^0 \frac{1}{0!}\frac{1}{z}$$

$$\Gamma(z)|_{z\to -1} = \left[\frac{1}{z(z+1)}\Gamma(z+2)\right]_{z\to -1} \to \frac{1}{(-1)(z+1)} = (-1)^1 \frac{1}{1!}\frac{1}{z+1}$$

$$\Gamma(z)|_{z\to -2} = \left[\frac{1}{z(z+1)(z+2)}\Gamma(z+3)\right]_{z\to -2} \to \frac{1}{(-2)(-1)(z+2)} = (-1)^2 \frac{1}{2!}\frac{1}{z+2}$$

……

$$\Gamma(z)|_{z\to -n} = \left[\frac{1}{z(z+1)\cdots(z+n)}\Gamma(z+n)\right]_{z\to -n} \to \frac{1}{(-n)(-n+1)\cdots(-1)(z+n)}$$

$$= (-1)^n \frac{1}{n!}\frac{1}{z+n}$$

可见，$-n$（$n=0$ 或正整数）确是 $\Gamma(z)$ 的单极点，且其留数为 $(-1)^n \frac{1}{n!}$. 除这些单极点之外，$\Gamma(z)$ 为处处解析.

3. $\Gamma(z)$ 函数的几个常用公式

为便于读者参考，下面不加推导地给出 Γ 函数的几个常用公式.

$$\Gamma\left(z+\frac{3}{2}\right) = \left(z+\frac{1}{2}\right)\left(z+\frac{1}{2}-1\right)\cdots\frac{1}{2}\cdot\Gamma\left(\frac{1}{2}\right) \tag{B.10}$$

或

$$\Gamma\left(n+\frac{3}{2}\right) = \frac{1\cdot 3\cdot 5\cdots(2n+1)}{2^{n+1}}\Gamma\left(\frac{1}{2}\right)$$

$$= \frac{1\cdot 3\cdot 5\cdots(2n+1)}{2^{n+1}}\sqrt{\pi} \quad (n \text{ 为整数}) \tag{B.11}$$

$$\Gamma(z)\Gamma(1-z) = \frac{\pi}{\sin\pi z} \tag{B.12}$$

$$\frac{\Gamma'(z)}{\Gamma(z)} = -c - \frac{1}{z} + \sum_{n=1}^{\infty}\left(\frac{1}{n} - \frac{1}{n+z}\right) \tag{B.13}$$

$$\frac{1}{\Gamma(z)} = ze^{cz}\prod_{n=1}^{\infty}\left(1+\frac{z}{n}\right)e^{-z/n} = \lim_{n\to\infty}\frac{z(z+1)(z+2)\cdots(z+n)}{1\cdot 2\cdots n}n^{-z} \tag{B.14}$$

$$\sqrt{\pi}\Gamma(2z) = 2^{2z-1}\Gamma(z)\Gamma\left(z+\frac{1}{2}\right) \tag{B.15}$$

附录 C 椭圆积分与椭圆函数

1. 椭圆积分

第一类勒让德(Legendre)椭圆积分为

$$u = \int_0^\phi \frac{1}{\sqrt{1-k^2\sin^2\varphi}}\mathrm{d}\varphi = \int_0^{t=\sin\phi} \frac{1}{\sqrt{(1-x^2)(1-k^2x^2)}}\mathrm{d}x \qquad (C.1)$$

其中 $0<k<1$ 称为模数. 而

$$K(k) = \int_0^{\pi/2} \frac{1}{\sqrt{1-k^2\sin^2\varphi}}\mathrm{d}\varphi = \int_0^1 \frac{1}{\sqrt{(1-x^2)(1-k^2x^2)}}\mathrm{d}x \qquad (C.2)$$

称为第一类勒让德完全椭圆积分.

2. 椭圆函数

由式(C.1)知,u 是 t 和 k 的函数,或说 t 是 u 和 k 的函数,即

$$t = \mathrm{sn}(u,k) = \sin\phi \qquad (C.3)$$

式(C.3)称为雅可比(Jacobi)椭圆正弦函数. 而称

$$\sqrt{1-t^2} = \mathrm{cn}(u,k) = \cos\phi \qquad (C.4)$$

为雅可比椭圆余弦函数. 再称

$$\sqrt{1-k^2t^2} = \mathrm{dn}(u,k) = \sqrt{1-k^2\sin^2\phi} \qquad (C.5)$$

为第三类雅可比椭圆函数.

3. 椭圆函数特殊点的值

$$\mathrm{sn}(0,k) = 0, \quad \mathrm{cn}(0,k) = 1, \quad \mathrm{dn}(0,k) = 1$$

$$\mathrm{sn}(K,k) = 1, \quad \mathrm{cn}(K,k) = 0, \quad \mathrm{dn}(K,k) = k' \equiv \sqrt{1-k^2}.$$

4. 椭圆函数的几个恒等式

$$\mathrm{sn}^2 u + \mathrm{cn}^2 u = 1 \qquad (C.6)$$

$$1 - k^2 \mathrm{sn}^2 u = \mathrm{dn}^2 u \qquad (C.7)$$

$$k^2 \mathrm{cn}^2 u + k'^2 = \mathrm{dn}^2 u \qquad (C.8)$$

$$\mathrm{cn}^2 u + k'^2 \mathrm{sn}^2 u = \mathrm{dn}^2 u \qquad (C.9)$$

5. 椭圆函数的奇偶性

$$\mathrm{sn}(-u) = -\mathrm{sn}(u), \quad \mathrm{cn}(-u) = \mathrm{cn}(u), \quad \mathrm{dn}(-u) = \mathrm{dn}(u).$$

6. 椭圆函数的周期性

$$\mathrm{sn}(u+4K)=\mathrm{sn}(u),\ \mathrm{cn}(u+4K)=\mathrm{cn}(u),\ \mathrm{dn}(u+2K)=\mathrm{dn}(u).$$

7. 几个微商公式

$$\frac{\mathrm{d}(\mathrm{sn}u)}{\mathrm{d}u}=(\mathrm{cn}u)(\mathrm{dn}u)=\sqrt{1-\mathrm{sn}^2 u}\cdot\sqrt{1-k^2\mathrm{sn}^2 u} \qquad (\text{C.10})$$

$$\frac{\mathrm{d}(\mathrm{cn}u)}{\mathrm{d}u}=-(\mathrm{sn}u)(\mathrm{dn}u)=-\sqrt{1-\mathrm{cn}^2 u}\cdot\sqrt{k'^2-k^2\mathrm{cn}^2 u} \qquad (\text{C.11})$$

$$\frac{\mathrm{d}(\mathrm{dn}u)}{\mathrm{d}u}=-k^2(\mathrm{sn}u)(\mathrm{cn}u)=-\sqrt{1-\mathrm{dn}^2 u}\cdot\sqrt{\mathrm{dn}^2 u-k'^2} \qquad (\text{C.12})$$

8. 威尔斯查斯(Weierstrass)椭圆积分与函数

$$z=\int_\infty^\eta \frac{1}{\sqrt{4x^2-g_1 x-g_2}}\mathrm{d}x \qquad (\text{C.13})$$

称为第一类威尔斯查斯椭圆积分. 其中 g_1 和 g_2 为常数. 上式表明 z 是 η、g_1 和 g_2 的函数, 当然也可将 η 表为 z、g_1 和 g_2 的函数, 即

$$\eta=f(z,g_1,g_2) \qquad (\text{C.14})$$

式(C.14)称为威尔斯查斯椭圆函数. 显然有

$$\frac{\mathrm{d}f}{\mathrm{d}z}=\sqrt{4f^3-g_1 f-g_2}$$

附录 D 拉普拉斯变换简表

原函数	像函数
1	$\dfrac{1}{p}$
t^n（n 为整数）	$\dfrac{n!}{p^{n+1}}$
$t^a\,(a>-1)$	$\dfrac{\Gamma(a+1)}{p^{a+1}}$
$e^{\lambda t}$	$\dfrac{1}{p-\lambda}$
$\sin\omega t$	$\dfrac{\omega}{p^2+\omega^2}$
$\cos\omega t$	$\dfrac{p}{p^2+\omega^2}$
$\operatorname{sh}\omega t$	$\dfrac{\omega}{p^2-\omega^2}$
$\operatorname{ch}\omega t$	$\dfrac{p}{p^2-\omega^2}$
$e^{-\lambda t}\sin\omega t$	$\dfrac{\omega}{(p+\lambda)^2+\omega^2}$
$e^{-\lambda t}\cos\omega t$	$\dfrac{p+\lambda}{(p+\lambda)^2+\omega^2}$
$e^{-\lambda t}t^a$	$\dfrac{\Gamma(a+1)}{(p+\lambda)^{a+1}}$
$\dfrac{1}{\sqrt{\pi t}}$	$\dfrac{1}{\sqrt{p}}$
$\dfrac{1}{\sqrt{\pi t}}e^{-a^2/4t}$	$\dfrac{e^{-a\sqrt{p}}}{\sqrt{p}}$
$\dfrac{1}{\sqrt{\pi t}}e^{-2a\sqrt{t}}$	$\dfrac{1}{\sqrt{p}}e^{a^2/p}\operatorname{erfc}\left(\dfrac{a}{\sqrt{p}}\right)$

续表

原函数	像函数
$\dfrac{1}{\sqrt{\pi t}}\sin 2\sqrt{at}$	$\dfrac{1}{p\sqrt{p}}e^{-a/p}$
$\dfrac{1}{\sqrt{\pi t}}\cos 2\sqrt{at}$	$\dfrac{1}{p\sqrt{p}}e^{-a/p}$
$\mathrm{erf}(\sqrt{at})$	$\dfrac{\sqrt{a}}{p\sqrt{p+a}}$
$erfe\left(\dfrac{a}{2\sqrt{t}}\right)$	$\dfrac{1}{p}e^{-a\sqrt{p}}$
$e^{t}erfe(\sqrt{t})$	$\dfrac{1}{p+\sqrt{p}}$
$\dfrac{1}{\sqrt{\pi t}}-e^{t}erfe(\sqrt{t})$	$\dfrac{1}{1+\sqrt{p}}$
$\dfrac{1}{\sqrt{\pi t}}e^{-at}+\sqrt{a}erf(\sqrt{at})$	$\dfrac{\sqrt{p+a}}{p}$
$J_{0}(t)$	$\dfrac{1}{\sqrt{p^{2}+1}}$
$J_{n}(t)$	$\dfrac{(\sqrt{p^{2}+1}-p)^{n}}{\sqrt{p^{2}+1}}$
$\dfrac{J_{n}(at)}{t}$	$\dfrac{1}{na^{n}}(\sqrt{p^{2}+a^{2}}-p)^{n}$
$e^{-at}I_{n}(bt)$	$\dfrac{1}{\sqrt{(p+a)^{2}-b^{2}}}$
$\lambda e^{-\lambda t}I_{n}(\lambda t)$	$\dfrac{\left\lvert\sqrt{p^{2}+2\lambda p}-(p+\lambda)\right\rvert^{n}}{\sqrt{p^{2}+2\lambda p}}$
$t^{n}J_{n}(t)\left(n>-\dfrac{1}{2}\right)$	$\dfrac{2^{n}\Gamma\left(n+\dfrac{1}{2}\right)}{\sqrt{\pi}}\cdot\dfrac{1}{(p^{2}+1)^{n+\frac{1}{2}}}$
$J_{0}(2\sqrt{t})$	$\dfrac{2}{p}e^{\frac{1}{p}}$
$t^{n/2}J_{n}(2\sqrt{t})$	$\dfrac{2}{p^{n+1}}e^{-1/p}$

续表

原函数	像函数
$J_0(a\sqrt{t^2-\tau^2})H(t-\tau)$	$\dfrac{1}{\sqrt{p^2+a^2}}e^{-\tau\sqrt{p^2+a^2}}$
$\dfrac{J_1(a\sqrt{t^2-\tau^2})H(t-\tau)}{\sqrt{t^2-\tau^2}}$	$\dfrac{e^{-\tau p}-e^{-\tau\sqrt{p^2+a^2}}}{a\tau}$
$\displaystyle\int_t^\infty \dfrac{J_0(t)}{t}dt$	$\dfrac{1}{p}\ln(p+\sqrt{1+p^2})$
$\dfrac{e^{bt}-e^{at}}{t}$	$\ln\dfrac{p-a}{p-b}$
$\dfrac{1}{\sqrt{\pi t}}\sin\dfrac{1}{2t}$	$\dfrac{1}{\sqrt{p}}e^{-\sqrt{p}}\sin\sqrt{p}$
$\dfrac{1}{\sqrt{\pi t}}\cos\dfrac{1}{2t}$	$\dfrac{1}{\sqrt{p}}e^{-\sqrt{p}}\cos\sqrt{p}$
$-\displaystyle\int_t^\infty \dfrac{\sin\tau}{\tau}d\tau$	$\dfrac{\pi}{2p}-\dfrac{\arctan p}{p}$
$-\displaystyle\int_t^\infty \dfrac{\cos\tau}{\tau}d\tau$	$\dfrac{1}{p}\ln\dfrac{1}{\sqrt{p^2+1}}$